"十四五"职业教育国家规划教材

有机化学（实训篇）

新世纪高职高专教材编审委员会 组编
主　编　汤长青　陈淑芬
副主编　杨继朋　左国强

第四版

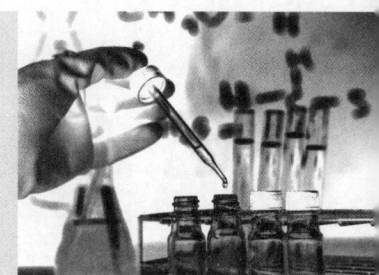

大连理工大学出版社

图书在版编目(CIP)数据

有机化学. 实训篇 / 汤长青，陈淑芬主编. -- 4 版. -- 大连：大连理工大学出版社，2022.1(2024.3重印)
新世纪高职高专化工类课程规划教材
ISBN 978-7-5685-3643-1

Ⅰ.①有… Ⅱ.①汤… ②陈… Ⅲ.①有机化学—高等职业教育—教材 Ⅳ.①O62

中国版本图书馆 CIP 数据核字(2022)第 022202 号

大连理工大学出版社出版
地址：大连市软件园路 80 号　邮政编码：116023
发行：0411-84708842　邮购：0411-84708943　传真：0411-84701466
E-mail:dutp@dutp.cn　URL:http://dutp.dlut.edu.cn
大连永盛印业有限公司印刷　　大连理工大学出版社发行

幅面尺寸:185mm×260mm　印张:13　字数:299千字
2006 年 2 月第 1 版　　　　　　　　　　2022 年 1 月第 4 版
2024 年 3 月第 2 次印刷

责任编辑：马　双　　　　　　　　　　责任校对：李　红
　　　　　　　　　　封面设计：张　莹

ISBN 978-7-5685-3643-1　　　　　　　　　　定　价：37.80 元

本书如有印装质量问题，请与我社发行部联系更换。

前　言

《有机化学（实训篇）》（第四版）是"十四五"职业教育国家规划教材、"十三五"职业教育国家规划教材，也是新世纪高职高专教材编审委员会组编的化工类课程规划教材之一，可与《有机化学（理论篇）》（第五版）配套使用，可单独作为高职高专、成人高等教育的化学、化工、制药、环境监测与治理、工业分析与检验等专业的教学用书，也可供相关专业技术人员参考。

本教材具有以下特点：

1. 坚持一个主线。内容的安排以加强基本操作技能和素质能力培养为主线，按照由浅入深、由简到繁、循序渐进的原则，遵循由单元操作技能训练到组合技能训练、基础能力培养到综合能力培养的程序，将所选实验分为基本操作、性质与鉴定、制备、有机化学品实验开发四个层次，可根据学习基础和学习要求按需选用。

2. 突出一个理念。突出基于工作过程的"教、学、做一体化"的职业教育理念，强调基于工作任务的有机化学品实验开发的基本程序及开发全过程的多种能力和素质的培养，培养学生查阅文献资料以获取信息的能力、解决实际问题的能力、独立进行科学研究的能力和创新能力，为其今后走上工作岗位从事化学品开发奠定基础。

3. 体现三项原则。第一项是安全的原则。在第一章安排有机化学实验室的安全内容，着重介绍实验室的安全守则、危险药品的使用规则、实验室事故的预防、事故的处理和急救、急救用具等内容；在第四章有机化合物的制备技术中每个实验都有安全提示，以树立学生的安全意识，培养学生实验室事故的预防、处理和急救能力。

第二项是绿色环保的原则。当代科学技术发展越来越呼吁可持续的科学发展观，有机化学实验应该少做或不做污染源的制造者。为此，在第四章有机化合物的制备技术中安排了几个微型合成实验及微波合成实验，并且在每个制备实验中都有环保提示，使学生树立绿色环保的观念，具备一定的环保意识。

第三项是整洁有序的原则。在注重学生职业技能培养的同时必须注重学生职业素养的训练，引入"6S"管理，规范操作行为，让学生养成良好的职业习惯，提高学生的职业素养。为此，本教材介绍了实验室"6S"管理；介绍了有机化学实验基本程序，包括实验预习、实验操作、实验记录和实验报告规范等内容，每个制备实验都安排预习指南，指导学生规范、整洁、有序地进行实验，养成良好的科学实验素养。

本教材由济源职业技术学院汤长青、兰州石化职业技术学院陈淑芬任主编，济源职业技术学院杨继朋和左国强任副主编，大连中科天一催化技术有限公司束庆宇参与了教材的编写。具体编写分工如下：汤长青编写了第一章、第三章，陈淑芬编写了第四章第一、第二节和实训4-10~4-20，杨继朋编写了第二章，左国强编写了第五章和第四章实训4-1~4-6，束庆宇编写了第四章实训4-7~4-9。全书由汤长青负责拟定编写大纲，并做最后的统稿和修改定稿工作。

陕西国防工业职业技术学院的卢永周通审了全书并提出了许多宝贵的改进意见。另外，在编写过程中，编者还借鉴了许多专家学者的研究成果。在此，对这些专家学者表示衷心的感谢和崇高的敬意。

由于编者水平有限及编写时间仓促，书中难免存有疏漏和不足之处，敬请各位专家、同行和读者批评指正。

编　者
2022年1月

所有意见和建议请发往：dutpgz@163.com
欢迎访问职教数字化服务平台：http://sve.dutpbook.com
联系电话：0411-84706671　84706104

目 录

第一章 有机化学实验的一般知识 ………………………………………………… 1
  第一节 有机化学实验室规则 …………………………………………………… 1
  第二节 有机化学实验常用玻璃仪器及装置 …………………………………… 2
  第三节 有机化学实验室的安全 ………………………………………………… 6
  第四节 实验室绿色环保及"6S"管理 ………………………………………… 13
  第五节 有机化学实验基本程序 ………………………………………………… 20

第二章 有机化学实验基本操作技术 ……………………………………………… 23
  第一节 常用玻璃仪器的洗涤和干燥技术 ……………………………………… 23
  第二节 玻璃管的加工与仪器的装配技术 ……………………………………… 26
  第三节 加热与冷却技术 ………………………………………………………… 30
  第四节 干燥技术 ………………………………………………………………… 35
  第五节 回流与分水技术 ………………………………………………………… 37
  第六节 蒸馏技术 ………………………………………………………………… 38
  第七节 分馏技术 ………………………………………………………………… 44
  第八节 重结晶与过滤技术 ……………………………………………………… 46
  第九节 萃取技术 ………………………………………………………………… 50
  第十节 色谱技术 ………………………………………………………………… 53
  第十一节 物理参数的测定技术 ………………………………………………… 60
  实训 2-1 塞子的钻孔和简单玻璃加工操作 …………………………………… 69
  实训 2-2 熔点的测定和温度计刻度的校准 …………………………………… 70
  实训 2-3 普通蒸馏 ……………………………………………………………… 72
  实训 2-4 乙酸乙酯和乙酸异戊酯混合物的分馏 ……………………………… 73
  实训 2-5 乙酰苯胺的制备及重结晶 …………………………………………… 74
  趣味实验 2-1 气温结晶瓶的制作 ……………………………………………… 75
  趣味实验 2-2 固体酒精的制备 ………………………………………………… 76

第三章 有机化合物的性质与鉴定 ………………………………………………… 77
  第一节 有机化合物的初步检验 ………………………………………………… 77
  第二节 有机化合物的元素定性分析 …………………………………………… 78
  第三节 有机化合物的官能团的定性分析 ……………………………………… 80
  实训 3-1 烃的性质与鉴定 ……………………………………………………… 80
  实训 3-2 卤代烃的性质与鉴定 ………………………………………………… 82
  实训 3-3 醇和酚的性质与鉴定 ………………………………………………… 83

实训 3-4　醛和酮的性质与鉴定 ………………………………………… 85
实训 3-5　羧酸及其衍生物的性质与鉴定 ………………………………… 87
实训 3-6　胺的性质与鉴定 ………………………………………………… 89
实训 3-7　碳水化合物的性质与鉴定 ……………………………………… 90
实训 3-8　氨基酸和蛋白质的性质与鉴定 ………………………………… 92
趣味实验 3　蔬菜中维生素 C 的测定 ……………………………………… 93

第四章　有机化合物的制备技术 …………………………………………… 94

第一节　概　述 …………………………………………………………… 94
第二节　实验的产率与计算 ……………………………………………… 97

实训 4-1　环己烯的制备 …………………………………………………… 99
实训 4-2　1-溴丁烷的制备 ………………………………………………… 101
实训 4-3　微波合成 1-溴丁烷 ……………………………………………… 104
实训 4-4　溴苯的制备 ……………………………………………………… 107
实训 4-5　三苯甲醇的制备 ………………………………………………… 109
实训 4-6　正丁醚的制备 …………………………………………………… 112
实训 4-7　环己酮的制备 …………………………………………………… 115
实训 4-8　己二酸的制备 …………………………………………………… 117
实训 4-9　微型合成乙酸乙酯 ……………………………………………… 120
实训 4-10　乙酰水杨酸的制备 ……………………………………………… 122
实训 4-11　微型合成乙酰水杨酸 …………………………………………… 125
实训 4-12　对二叔丁基苯的制备 …………………………………………… 128
实训 4-13　邻硝基苯酚和对硝基苯酚的制备 ……………………………… 131
实训 4-14　苯胺的制备 ……………………………………………………… 134
实训 4-15　2-乙基-2-己烯醛的制备 ………………………………………… 137
实训 4-16　甲基橙的制备 …………………………………………………… 139
实训 4-17　苯甲醇和苯甲酸的制备 ………………………………………… 142
实训 4-18　邻氨基苯甲酸的制备 …………………………………………… 145
实训 4-19　从茶叶中提取咖啡因 …………………………………………… 147
实训 4-20　从绿色植物中提取植物色素 …………………………………… 150
趣味实验 4　彩色肥皂的制备 ……………………………………………… 154

第五章　基于工作任务的有机化学品实验开发技术 …………………… 155

第一节　概　述 …………………………………………………………… 155
第二节　实验设计方法 …………………………………………………… 169

实训 5-1　肉桂酸的制备 …………………………………………………… 182
实训 5-2　十二烷基硫酸钠的制备与纯度测定 …………………………… 187
实训 5-3　邻苯二甲酸二丁酯的合成、提纯与检测 ……………………… 188
实训 5-4　汽油抗震剂甲基叔丁基醚的制备 ……………………………… 189

附　录 ·· 191
　附录一　常用元素的相对原子量表 ·· 191
　附录二　常用酸碱溶液质量分数、相对密度和溶解度表 ·· 191
　附录三　常用有机溶剂在水中的溶解度 ·· 192
　附录四　常用正交表 ·· 193
　附录五　常用有机试剂的配制 ·· 195
　附录六　常用有机溶剂的沸点及相对密度 ··· 197
　附录七　水蒸气压力表* ·· 197
　附录八　常用共沸混合物 ·· 198

第一章

有机化学实验的一般知识

第一节 有机化学实验室规则

在有机化学实验中经常会用到一些易燃、易爆的试剂(如乙醇、苯和乙醚等)和腐蚀性的试剂(如浓硫酸、浓硝酸、浓盐酸、烧碱等),实验过程中也经常使用玻璃器皿、燃气、电气设备等。因此,在实验过程中要时刻注意安全问题,特别是对于刚刚接触有机实验的低年级学生,更要认真做好课前预习,了解所做实验中用到的试剂和仪器的性能、用途、可能出现的问题及预防措施等,并严格按照操作规程进行实验,确保实验的顺利进行。

1.熟悉实验室水、电、燃气的阀门、消防器材、洗眼器与紧急淋浴器的位置和使用方法;熟悉实验室安全出口和紧急情况时的逃生路线。

2.掌握实验室安全与急救常识,进入实验室应穿实验服并根据需要戴防护眼镜。实验服要求长袖并过膝,不准穿短裤、拖鞋或凉鞋进行实验;书包、衣物及与实验无关物品应放在远离实验台的衣物柜中;要保持实验室的良好秩序,不允许在实验室听收音机、打电话、吸烟或进食等。

3.实验前认真预习,了解实验目的、原理、合成路线以及实验过程可能出现的问题,查阅有关文献,明确各化合物的物理化学性质,最后写出预习报告。

4.实验开始前,先检查仪器是否完好无损(如玻璃器皿是否破裂,接口是否结合紧密,电器线路是否完好等),装置是否正确。

5.严格按照实验步骤进行实验,注意观察实验现象并如实记录。

6.严防水银等有毒物质流失而污染实验室,温度计破损及发生意外事故要及时向老师报告并采取必要的措施;重做实验必须获得实验指导老师的批准;损坏仪器、设备应如实说明情况并按规定予以赔偿。

7.保持实验室桌面、地面、水池清洁,废纸、火柴杆等杂物不要扔进水槽以免造成堵塞;废弃有机溶剂要倒入指定的回收瓶中,废液及废渣不许倒进水池,必须倒在指定的废液缸中;实验开始前和结束后要清理自己的实验台,离开时要将公用仪器摆放整齐。

8.保持实验台整洁,取用试剂要小心,防止试剂撒在实验台上,撒落的试剂要及时处理;称量纸要预先准备好,称量后要将自己的称量纸带走并将天平(或台秤)归零;防止皮肤直接接触实验试剂,否则应及时清洗。

9.节约水、电、燃气及其他消耗品,严格控制试剂用量;公用仪器和试剂用完要放回原处,不得将实验所用仪器、试剂带出实验室。

10.实验结束后,应将自己的实验台整理好,关闭水、电、燃气,认真洗手,实验记录交老师审阅,签字后方可离开实验室;值日生要做好清洁卫生工作,检查实验室安全,关好门、窗,检查水、电、燃气的阀门,待老师检查同意后方可离开实验室。

第二节 有机化学实验常用玻璃仪器及装置

了解有机化学实验中所用仪器的性能、选用适合的仪器并正确地使用仪器是对每一个实验者最起码的要求。

玻璃仪器一般是由软质玻璃或硬质玻璃制作而成的。软质玻璃的耐温性、耐腐蚀性较差,但是价格便宜,因此,一般用它制作的仪器均不耐温,如普通漏斗、量筒、吸滤瓶、干燥器等。硬质玻璃具有较好的耐温性和耐腐蚀性,制成的仪器可在温度变化较大的情况下使用,如烧瓶、烧杯、冷凝管等,玻璃仪器一般分为普通玻璃仪器和标准磨口玻璃仪器两种。

一、有机化学实验常用玻璃仪器

图1-1所示的是有机化学实验常用的玻璃仪器。

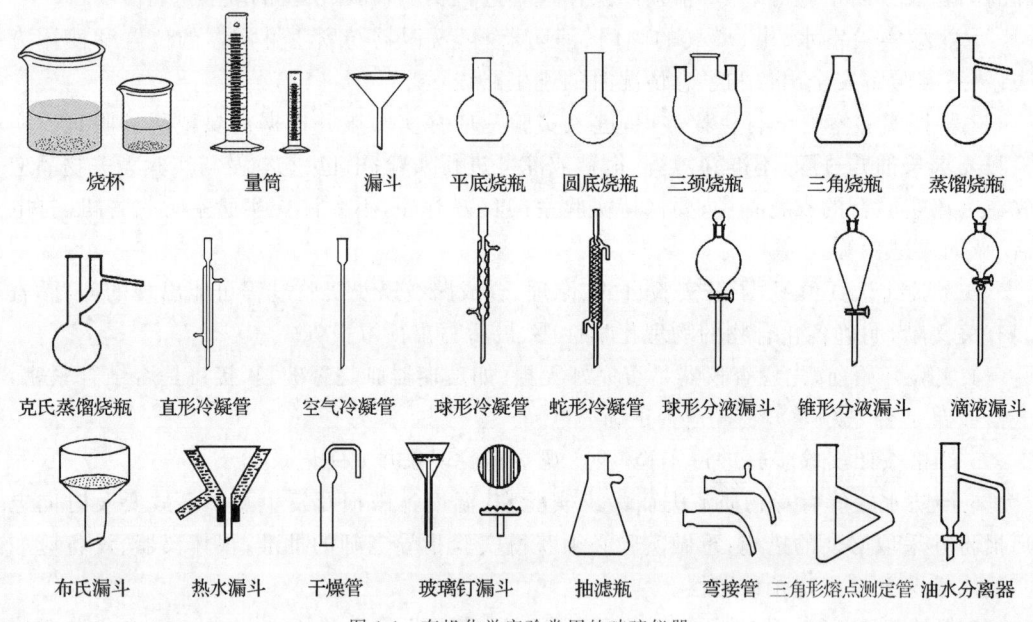

图1-1 有机化学实验常用的玻璃仪器

二、标准磨口玻璃仪器的简介

1.标准磨口玻璃仪器

标准磨口玻璃仪器是具有标准磨口和磨塞的玻璃仪器。由于其磨口尺寸的标准化、系列化以及磨砂密合,所以,凡属于同类规格的磨口,均可任意互换,各部件能组装成各种配套仪器。当不同类型规格的部件无法直接组装时,可使用变径接头使之连接起来。使用标准磨口玻璃仪器既可免去配塞子的麻烦手续,又能避免反应构成产物被塞子沾污的危险,而且磨口塞的磨砂性能良好,使密合性可达较高真空度,对蒸馏尤其减压蒸馏有利,对于毒物或挥发性液体的实验较为安全。

标准磨口玻璃仪器,均按国际通用的技术标准制造。当某个部件损坏时,可以选配。标准磨口玻璃仪器的每个部件在其口、塞的上或下显著部位均具有烤印的白色标志,标明规格。表 1-1 是标准磨口玻璃仪器的编号与大端直径:

表 1-1　　　　　　　标准磨口玻璃仪器的编号与大端直径

编号	10	12	14	16	19	24	29	34	40
大端直径/mm	10	12.5	14.5	16	18.8	24	29.2	34.5	40

有的标准磨口玻璃仪器有两个数字,如 10/30,其中,10 表示磨口的大端直径为 10 mm,30 表示磨口的高度为 30 mm。

2.常用的标准磨口玻璃仪器

图 1-2 为有机化学实验常用的标准磨口玻璃仪器。

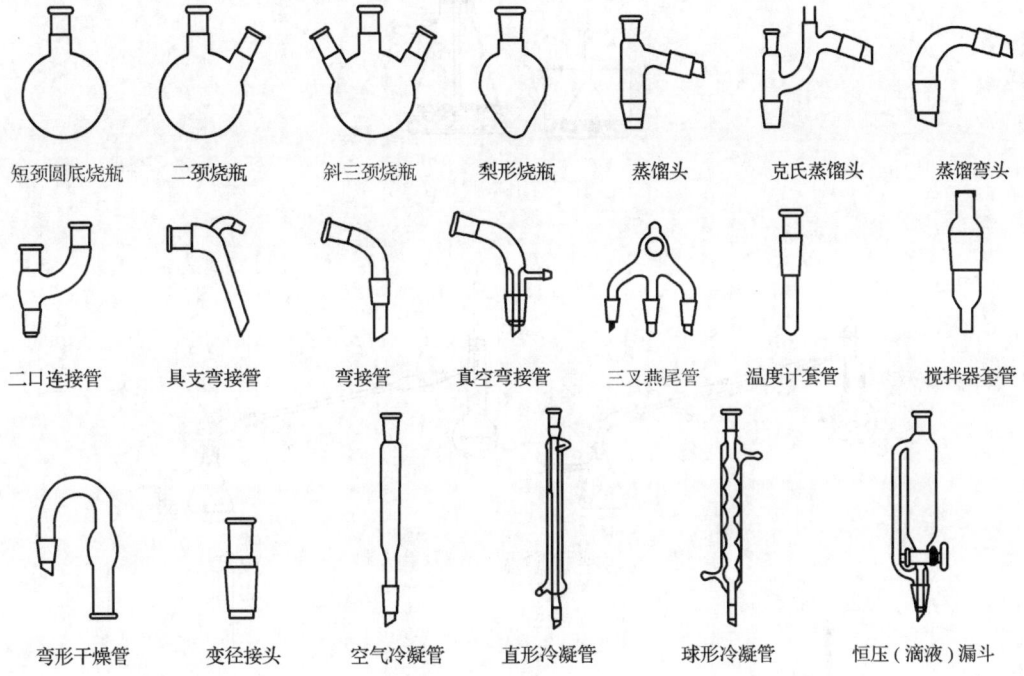

图 1-2　有机化学实验常用的标准磨口玻璃仪器

3.使用标准磨口玻璃仪器的注意事项

(1)磨口应保持清洁,使用前宜用软布擦拭干净,但不能附上棉絮。

(2)使用前在磨口表面涂以少量真空油脂或凡士林,以增强磨砂磨口的密合性,避免磨面的相互磨损,同时也便于磨口的装拆。

(3)装配时,把磨口和磨塞轻微地对旋连接,不宜用力过猛,且不能装得太紧,只要达到润滑密封要求即可。

(4)用后应立即拆卸、洗净,否则,对接处常会黏在一起,导致拆卸困难。

(5)装拆时应注意相对的角度,不能在有角度偏差时进行硬性装拆,否则极易造成破损。

(6)磨口套管和磨塞应该是由同种玻璃制成的。

三、有机化学实验常见装置(图 1-3～图 1-11)

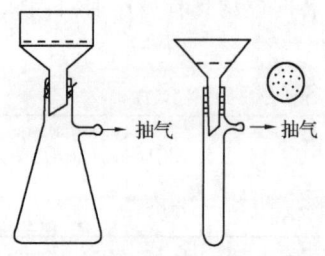

图 1-3 抽气过滤装置

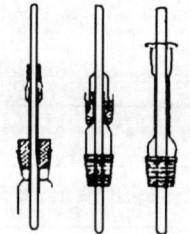

图 1-4 搅拌密封装置

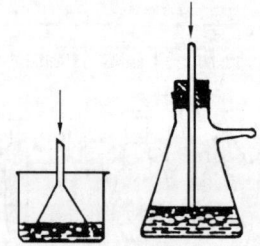

图 1-5 气体吸收装置

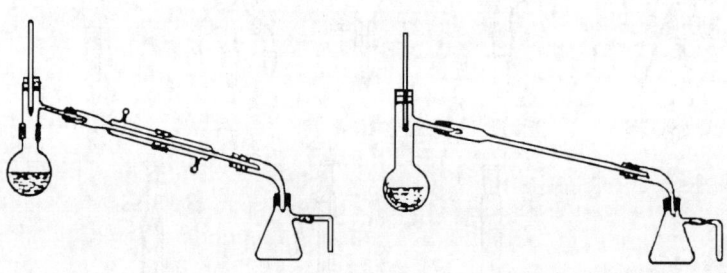

图 1-6 普通蒸馏装置(普通玻璃仪器)

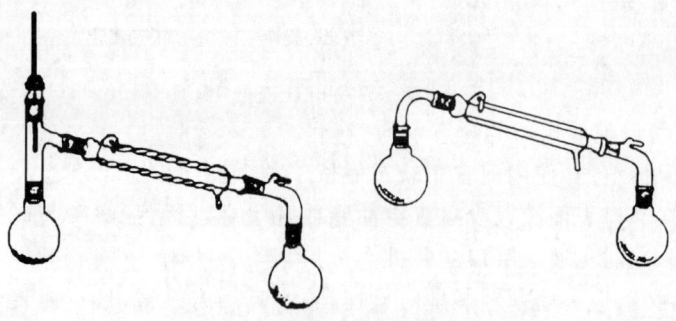

图 1-7 普通蒸馏装置(标准磨口仪器)

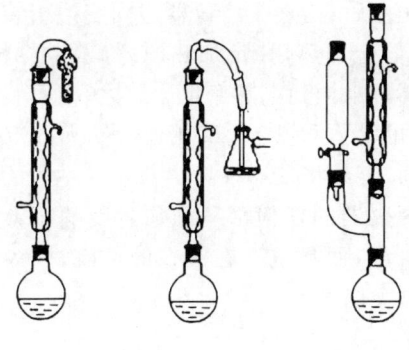
图 1-8 回流装置

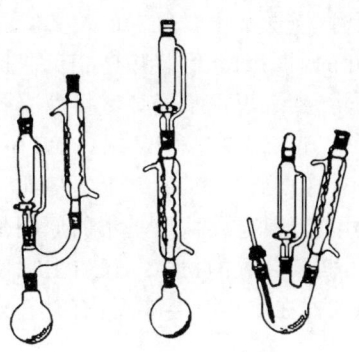
图 1-9 回流滴加装置

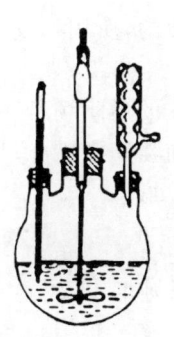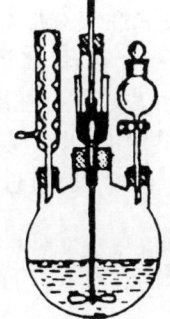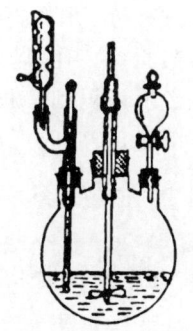

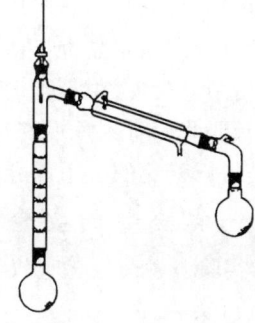

图 1-10 机械搅拌装置

图 1-11 分馏装置

四、仪器的选择、装配与拆卸

有机化学实验的各种反应装置都是由一件件玻璃仪器组装而成的，实验中应根据实验要求选择合适的仪器。一般选择仪器的原则如下：

1. 烧瓶的选择

烧瓶的选择应根据液体的体积而定，一般液体的体积应占容器体积的 1/3～1/2，也就是说，烧瓶容积的大小应是液体体积的 1.5 倍。进行水蒸气蒸馏和减压蒸馏时，液体体积不应超过烧瓶容积的 1/3。

2. 冷凝管的选择

一般情况下，回流用球形冷凝管，蒸馏用直形冷凝管。但是当蒸馏温度超过 140 ℃ 时应改用空气冷凝管，以防温差较大时，仪器受热不均而造成冷凝管断裂。

3. 温度计的选择

实验室一般备有 150 ℃ 和 300 ℃ 两种温度计，根据所测温度可选用不同的温度计。一般选用的温度计量程要高于被测物质的沸点 10～20 ℃。

有机化学实验中仪器装配得正确与否，对实验的成败有很大影响。首先，在装配一套装置时，所选用的玻璃仪器和配件都要干净。否则，会影响产物的产量和质量。其次，所选用的器材要恰当。例如，需选用圆底烧瓶时，应选用质量好的，其容积大小应根据所盛反应物的体积而定，所盛反应物占其容积的 1/2 左右为好，最多也应不超过 2/3。第三，安装仪器时,应选好主要仪器的位置,要先下后上,先左后右,逐个将仪器边固定边组装。最后,拆卸的顺序则与组装顺序相反。拆卸前,应先停止加热,移走加热源,待稍微冷却后,取下产物,然后再逐个拆掉。拆冷凝管时注意不要将水洒到电热套上。总之,仪器装配要做到严密、正确、整齐和稳妥。在常压下进行反应的装置,应与大气相通。铁夹的双钳内侧要贴有橡皮或绒布,或缠上石棉绳、布条等,否则,容易将仪器损坏。

使用玻璃仪器时,最基本的原则是切忌对玻璃仪器的任何部分施加过度的压力或使其扭歪,实验装置的扭歪不仅看上去使人感觉不舒服,而且也存在潜在的危险,因为扭歪的玻璃仪器在加热时会破裂,有时甚至在放置时也会崩裂。

第三节 有机化学实验室的安全

由于有机化学实验所用的试剂多数是有毒、可燃、有腐蚀性或有爆炸性的,所用的仪器大部分是玻璃制品,所以,在有机化学实验室工作,若粗心大意,就容易发生事故,如割伤、烧伤乃至火灾、中毒或爆炸等,因此,必须认识到有机化学实验室是潜在的危险场所。然而,只要我们时刻重视安全问题、提高警惕,实验时严格遵守操作规程,加强安全措施,事故是可以避免的。下面介绍实验室的安全守则以及实验室事故的预防和处理。

一、实验室的安全守则

1.实验开始前应检查仪器是否完整无损,装置是否正确,在征得指导老师同意之后,才可进行实验。

2.实验进行时,不得离开岗位,要注意反应进行的情况和装置有无漏气和破裂等现象。

3.当进行有可能发生危险的实验时,要根据实验情况采取必要的安全措施,如戴防护眼镜、面罩或橡皮手套等,但不能戴隐形眼镜。

4.使用易燃、易爆试剂时,应远离火源。实验试剂不得入口。严禁在实验室内吸烟或吃食物。实验结束后要仔细洗手。

5.熟悉安全用具,如灭火器材、沙箱以及急救药箱的放置地点和使用方法,并妥善保管和爱护。安全用具和急救试剂不准移作他用。

6.实验中,各种试剂不得散失和丢弃,废渣、废液和废气要按照规定处理。

二、一般试剂的使用规则

固体试剂应装在广口瓶内;液体试剂则应盛在细口瓶或带有滴管的滴瓶内;见光易分解的试剂应装在棕色试剂瓶内。试剂瓶上应贴上标签,标明试剂的名称、浓度和纯度。

根据试剂中杂质含量的多少,我国把化学试剂分为四个等级(见表1-2),使用时,应根据实验的具体要求选用试剂。

表1-2　　　　　　　　　化学试剂的等级规格标准

等级	优级纯 (guaranteed reagent)	分析纯 (analytical reagent)	化学纯 (chemical pure)	实验室试剂 (laboratory reagent)
缩写	G.R.	A.R.	C.P.	L.R.
标签颜色	绿色	红色	蓝色	黄色
用途	纯度最高,适用精密的分析实验和科学研究	纯度略差,适用于重要的分析实验和科学研究	适用于一般的化学制备及化学教学实验	适用于一般的化学制备和要求不高的实验

另外,取用试剂时,应遵守如下规则:

1. 不能用手直接接触试剂。

2. 试剂用量应按照实验中的规定来确定。如没有具体指明用量,仅说明"少许",则固体用豌豆大小,液体用3～5滴即可。

3. 要用洁净的药匙取用固体试剂,试剂取出后应立即盖紧瓶塞。已装入容器中的试剂,不能倒回原瓶,可放在指定的容器中。

4. 取用一定质量的固体试剂时,应把固体试剂放在称量纸或表面皿上称量。具有腐蚀性或易潮解的固体试剂必须放在称量瓶中称量。

5. 从试剂瓶中取用液体试剂时,用倾注法(如图1-12所示)。先将瓶塞倒放在桌面上,把试剂瓶贴标签的一面握在手中,试剂瓶口紧贴试管口,逐渐倾斜瓶子,让试剂沿着洁净的试管壁流入试管中;或借助洁净的玻璃棒,试剂瓶紧贴玻璃棒,使试剂沿着玻璃棒注入烧杯中。取完所需量试剂后,应将试剂瓶口在试管口或玻璃棒上靠一下,再慢慢竖起试剂瓶,以免遗留在瓶口的液体流到试剂瓶的外壁。悬空而倒或瓶塞底部与桌面接触都是错误的操作(如图1-13所示)。取完试剂后,瓶塞应盖在原来的试剂瓶上,把试剂瓶放回原处,并使瓶上的标签朝外。

6. 从滴瓶中取用少量试剂时,应提起滴管,使滴管口离开液面,用手紧捏滴管上部的乳胶头,以赶出滴管中的空气,然后再把滴管伸入试剂瓶中,放松手指,吸入试剂,再提起滴管,放在试管口的正上方将试剂逐滴加入。滴加试剂时,必须用左手垂直地拿着试管,右手持滴管乳胶头(如图1-14所示)。

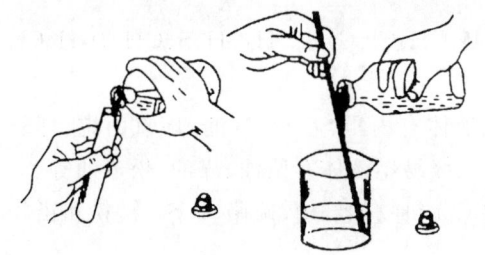  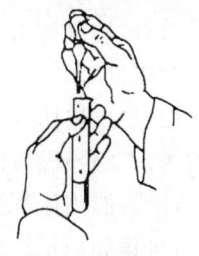

图1-12　倾注法　　　　　　　图1-13　错误操作　　　　图1-14　滴加试剂

使用滴管时,必须注意下列各点:

① 滴加试剂时绝对禁止将滴管伸入试管中(如图1-15(a)所示)。

② 滴瓶上的滴管只能专用,不能弄乱。使用后,应将滴管放回原来的滴瓶中,不能乱放,以免玷污滴管(如图1-15(b)所示)。

③ 滴管吸取试剂后,不能将滴管倒置,以防滴管中的试剂流入乳胶头,腐蚀乳胶头(如图1-15(c)所示)。

④ 滴加完毕后,应将滴管内剩余的试剂排空后再放入滴瓶中,滴管在放置不用时不能充有试剂(如图1-15(d)所示)。

需定量取用液体试剂时,可用量筒(如图1-16所示)或移液管。

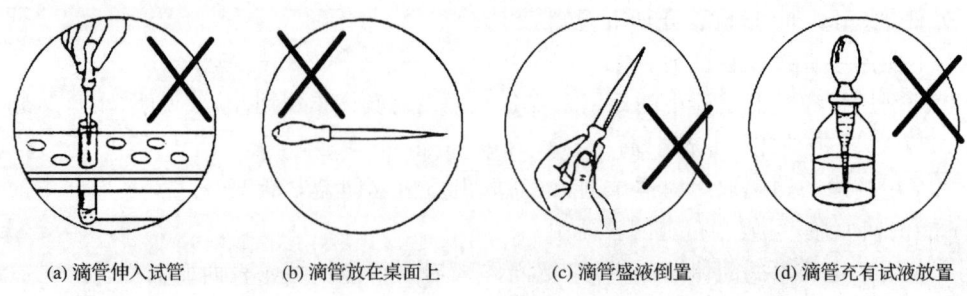

(a) 滴管伸入试管　　(b) 滴管放在桌面上　　(c) 滴管盛液倒置　　(d) 滴管充有试液放置

图 1-15　滴管的错误操作

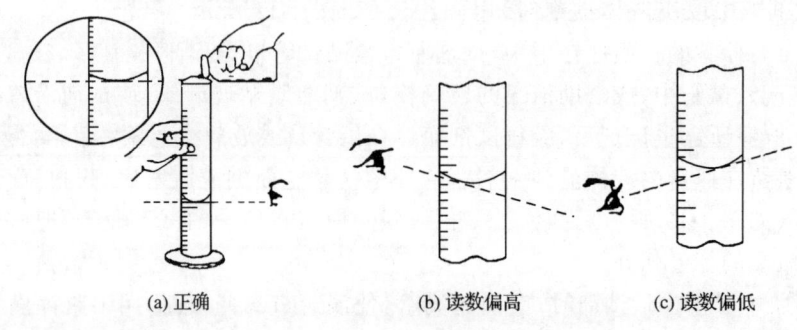

(a) 正确　　　　　　(b) 读数偏高　　　　　(c) 读数偏低

图 1-16　量取液体试剂

三、危险品的分类

1. 易燃化学试剂

(1) 可燃气体有 NH_3、$CH_3CH_2NH_2$、Cl_2、CH_3CH_2Cl、C_2H_2、H_2、H_2S、CH_4、CH_3Cl、SO_2 和煤气等。

(2) 易燃液体分一级、二级、三级。一级易燃液体有丙酮、乙醚、汽油、环氧丙烷、环氧乙烷等;二级易燃液体有乙酸乙酯、乙酸戊酯等;三级易燃液体有柴油、煤油、松节油等。

(3) 易燃固体可分为无机物和有机物两大类。无机物如红磷、硫磺、P_2S_3、镁粉和铅粉等;有机物如硝化纤维、樟脑等。

(4) 自燃物质有白磷等。

(5) 遇水燃烧的物品有 K、Na 等。

2. 易爆化学试剂

H_2、C_2H_2、CS_2、乙醚及汽油蒸气与空气或氧气的混合气,皆可因火花导致爆炸。

易引起爆炸的实验操作有:C_2H_5OH 加浓 HNO_3;$KMnO_4$ 加甘油;$KMnO_4$ 加 S;HNO_3 加 Mg 和 HI;NH_4NO_3 加 Zn 粉和水滴;硝酸盐加 $SnCl_2$;过氧化物加 Al 和 H_2O;S 加 HgO;Na 或 K 加 H_2O 等。

氧化剂与有机物接触,极易引起爆炸,故在使用硝酸、高氯酸、过氧化氢等时必须注意。

3. 有毒化学试剂

(1) Br_2、Cl_2、F_2、HBr、HCl、HF、SO_2、H_2S、$COCl_2$、NH_3、NO_2、PH_3、HCN、CO、O_3 和 BF_3 等均为有毒气体,具有窒息性或刺激性。

(2)强酸和强碱均会刺激皮肤,有腐蚀作用,会造成化学烧伤。强酸、强碱可烧伤眼睛角膜,其中强碱烧伤 5 min 后,可使眼睛角膜完全毁坏。HF、PCl_3、CCl_3COOH 等也具有强腐蚀性。

(3)剧毒性固体有:无机氰化物、As_2O_3 等砷化物;$HgCl_2$ 等可溶性汞化合物;铊盐、Se 及其化合物和 V_2O_5 等。

(4)有毒有机物有:苯、甲醇、CS_2 等有机溶剂和芳香硝基化合物、苯酚、硫酸二甲酯、苯胺及其衍生物等。

(5)已知的危险致癌物质有:联苯胺及其衍生物、β-萘胺、二甲氨基偶氮苯、α-萘胺等芳胺及其衍生物;N-甲基-N-亚硝基苯胺、N-亚硝基二甲胺、N-甲基-N-亚硝基脲、N-亚硝基氢化吡啶等 N-亚硝基化合物;双(氯甲基)醚、氯甲基甲醚、碘甲烷、β-羟基丙酸丙酯等烷基化试剂;苯并[a]芘、二苯并[c,g]咔唑、二苯并[d,h]蒽、7,12-二甲基苯并[a]蒽等稠环芳烃;硫代乙酰胺硫脲等含硫化合物;石棉粉尘等。

(6)具有长期积累效应的有毒物质有:苯、铅化合物(特别是有机铅化合物)、汞、二价汞盐和液态的有机汞化合物等。

四、危险试剂的使用规则

1.易燃、易爆和腐蚀性试剂的使用规则

(1)绝不允许把各种化学试剂任意混合,以免发生意外事故。

(2)使用氢气时,要严禁烟火,点燃氢气前,必须检验氢气的纯度。进行有大量氢气产生的实验时,应把废气通向室外,并需注意室内的通风。

(3)可燃性试剂不能用明火加热,必须用水浴、油浴、沙浴或可调电压的电热套加热。使用和处理可燃性试剂时,必须在没有火源并有通风的实验室中进行,试剂用完要立即盖紧瓶塞。

(4)钾、钠和白磷等暴露在空气中易燃烧,所以,钾、钠应保存在煤油(或石蜡油)中,白磷可保存在水中。取用它们时要用镊子。

(5)取用酸、碱等腐蚀性试剂时,应特别小心,不要洒出。废酸应倒入废酸缸中,但不能向废酸缸中倾倒废碱,以免因酸碱中和放出大量的热而发生危险。浓氨水具有强烈的刺激性气味,一旦吸入较多氨气,可能会导致头晕甚至晕倒。若氨水进入眼内,严重时可能造成失明。所以,在热天取用氨水时,最好先用冷水浸泡氨水瓶,使其降温后再开瓶取用。

(6)对某些强氧化剂(如氯酸钾、硝酸钾、高锰酸钾等)或其混合物,不能研磨,否则将引起爆炸;银氨溶液不能留存,因其久置后会生成氮化银而容易爆炸。

2.有毒、有害试剂的使用规则

(1)有毒试剂(如铅盐、砷化物、汞化合物、氰化物和重铬酸钾等)不得进入口内或接触伤口,也不得随便倒入下水道。

(2)金属汞易挥发,并能通过呼吸道而进入体内,逐渐积累而造成慢性中毒,所以在取用时要特别小心,不得把汞洒落在桌上或地上。一旦洒落,必尽可能收集起来,并用硫磺粉盖在洒落汞的地方,使汞变成不挥发的硫化汞,然后再除尽。

(3)制备和使用具有刺激性的、恶臭或有害的气体(如硫化氢、氯气、光气、一氧化碳、二氧化硫等)及加热蒸发浓盐酸、硝酸、硫酸等时,应在通风橱内进行。

(4)对某些有机溶剂如苯、甲醇、硫酸二甲酯,使用时应特别注意。因为这些有机溶剂均为脂溶性液体,不仅对皮肤及黏膜有刺激性作用,而且对神经系统也有损伤。生物碱大多具有强烈毒性,皮肤亦可吸收,少量即可导致中毒甚至死亡。因此,使用这些试剂时均需穿上工作服、戴上手套和口罩。

(5)必须了解哪些化学试剂具有致癌作用。在取用这些试剂时应特别注意,以免中毒。

五、实验室事故的预防

1. 火灾的预防

实验室中使用的有机溶剂大多数是易燃的,着火是有机实验室常见的事故之一,应尽可能避免使用明火。

防火的基本原则有下列几点注意事项:

(1)在操作易燃溶剂时要特别注意:

①应远离火源;

②勿将易燃液体放在敞口容器中(如烧杯)进行明火加热;

③加热必须在水浴中进行,切勿使容器密闭,否则,会导致爆炸。当附近有露置的易燃溶剂时,切勿点火。

(2)在进行易燃物质实验时,应养成先将酒精等易燃物质拿开的习惯。

(3)蒸馏装置不能漏气,如发现漏气时,应立即停止加热,检查原因。若塞子被腐蚀,则待冷却后,才能换掉塞子。接收瓶不宜用敞口容器如广口瓶、烧杯等,而应用窄口容器如三角烧瓶等。蒸馏装置接收瓶排放尾气的出口应远离火源,最好用橡皮管引入下水道或室外。

(4)回流或蒸馏低沸点易燃液体时应注意:

①应放数粒沸石、素烧瓷片或一端封口的毛细管,以防止暴沸。若在加热后才发现未放这类物质时,绝不能立即揭开瓶塞补放,而应先停止加热,待被蒸馏的液体冷却后才能加入,否则,会因暴沸而发生事故;

②严禁直接加热;

③瓶内液体量不能超过容器容积的 2/3;

④加热速度宜慢,避免局部过热。

总之,蒸馏或回流易燃低沸点液体时,一定要谨慎从事,不能粗心大意。

(5)用油浴加热蒸馏或回流时,必须十分注意,避免冷凝用水溅入热油浴中致使油外溅到热源上而引起火灾。通常发生危险的原因,主要是橡皮管套在冷凝管上不紧密、开动水阀过快、水流过猛把橡皮管冲掉而漏水。所以,要求橡皮管套入冷凝管侧管时要紧密,开动水阀时动作也要慢,使水流慢慢通入冷凝管内。

(6)当处理大量的可燃性液体时,应在通风橱中或在指定地方进行,室内应无火源。

(7)不得把燃着的或者带有火星的火柴梗或纸条等乱抛乱掷,也不得将其丢入废物缸中,否则,会发生危险。

2. 爆炸的预防

在有机化学实验里一般预防爆炸的措施如下:

(1)蒸馏装置必须正确,不能造成密闭体系,应使装置与大气相通;减压蒸馏时,不能用三角烧瓶、平底烧瓶、锥形瓶、薄壁试管等不耐压容器作为接收器或反应瓶,否则,易发生爆炸,而应选用圆底烧瓶作为接收器或反应瓶。无论是常压蒸馏还是减压蒸馏,均不能将液体蒸干,以免局部过热或产生过氧化物而发生爆炸。

(2)切勿使易燃、易爆的气体接近火源,有机溶剂如醚类和汽油等物质的蒸气与空气相混合时极为危险,可能会由一个热的表面或者一个火花、电火花而引起爆炸。

(3)使用乙醚等醚类物质时,必须检查有无过氧化物存在,如果发现有过氧化物存在时,应立即用硫酸亚铁除去过氧化物后,才能使用。使用乙醚时应在通风较好的地方或在通风橱内进行。

(4)易爆炸的固体,如重金属的乙炔化物、苦味酸金属盐、三硝基甲苯等都不能受重压或撞击,以免引起爆炸,对于这些危险品的残渣,必须小心销毁。例如,重金属的乙炔化物可用浓盐酸或浓硝酸使其分解,重氮化合物可加水煮沸使其分解等。

(5)卤代烷勿与金属钠接触,因反应剧烈易发生爆炸。钠屑必须放在指定的地方。

3.中毒的预防

大多数化学试剂都具有一定的毒性。中毒主要是通过呼吸道、皮肤接触有毒试剂而对人体造成危害。因此预防中毒应做到:

(1)称量试剂时应使用工具,不得直接用手接触,尤其是有毒试剂。做完实验后,应先洗手再吃东西。绝不能用嘴尝任何试剂。

(2)剧毒试剂应妥善保管,不许乱放,实验中所用的剧毒试剂应有专人负责收发,并向使用者提出必须遵守的操作规程和相关要求。实验后的有毒残渣必须妥善而有效地处理,不准乱丢。

(3)有些剧毒试剂会渗入皮肤,因此,接触这些物质时必须戴橡皮手套,操作后应立即洗手,切勿让试剂接触五官或伤口。例如,氰化钠接触伤口后就会随血液循环至全身,严重的会造成中毒死亡。

(4)在反应过程中可能会生成有毒或有腐蚀性气体的实验应在通风橱内进行,使用后的器皿应及时清洗。在使用通风橱时,实验开始后不要把头伸入通风橱内。

4.触电的预防

使用电器时,应防止人体与电器的导电部分直接接触,不能用湿手或用手握湿的物体接触电源插头。为了防止触电,装置和设备的金属外壳等都应连接地线,实验结束后应切断电源,再将连接电源的插头拔下。

六、事故的处理和急救

1.火灾的处理

实验室一旦发生火灾,室内全体人员应积极且有秩序地参加灭火,一般采用如下措施:一方面防止火势蔓延,立即关闭煤气灯,熄灭其他火源,关闭室内总电闸,拿开易燃物质;另一方面立即灭火,有机化学实验室灭火,常采用使燃着的物质隔绝空气的办法,通常不能用水,否则,会引起更大的火灾。在失火初期,不能用嘴吹,必须使用灭火器、沙土、毛毡等。若火势小,可用数层湿布把着火的仪器包裹起来。如在小器皿内着火(如烧杯或烧瓶内),可盖上石棉板或瓷片等,使之隔绝空气而灭火,绝不能用嘴吹。

如果油类着火,要用沙土或灭火器灭火,也可撒上干燥的碳酸氢钠固体粉末。

如果电器着火,首先应切断电源,再用二氧化碳灭火器或四氯化碳灭火器灭火(注意:四氯化碳蒸气有毒,在空气不流通的地方使用有危险),但绝不能用水和泡沫灭火器灭火,因为水能导电,会使人触电甚至死亡。

如果衣服着火,切勿奔跑,而应立即在地上打滚,邻近人员可用毛毡或棉衣之类的东西盖在其身上,使之隔绝空气而灭火。

总之,当失火时,应根据起火的原因和火场周围的情况,采取不同的方法灭火。无论使用哪一种灭火器材,都应从火的四周向中心扑灭,把灭火器的喷出口对准火焰的底部。在抢救过程中切勿犹豫。

2.玻璃割伤

玻璃割伤是常见的事故之一,受伤后要仔细观察伤口内有没有玻璃碎粒,如有,应先把伤口处的玻璃碎粒取出。若伤势不重,先进行简单的急救处理,如涂上万花油,再用纱布包扎;若伤口严重、流血不止时,可在伤口上部约 10 cm 处用纱布扎紧,减慢流血,压迫止血,并随即到医院就诊。

3.化学试剂的灼伤

皮肤接触了腐蚀性试剂后可能被灼伤,为避免灼伤,在接触这些试剂时,最好戴上橡胶手套和防护眼镜。发生灼伤时应按下列要求处理:

(1)酸灼伤

皮肤上:立即用大量水冲洗,然后用5%碳酸氢钠溶液洗涤,再涂上油膏,并将伤口扎好。

眼睛上:立即擦去溅在眼睛外面的酸,并用水冲洗,用洗眼杯或将橡皮管套在水龙头上,用慢水对准眼睛冲洗,最后滴入少许蓖麻油,严重者必须到医院就诊。

衣服上:依次用水、稀氨水和水冲洗。

地板上:撒上石灰粉,再用水冲洗。

(2)碱灼伤

皮肤上:先用水冲洗,然后用饱和硼酸溶液或1%醋酸溶液洗涤,再涂上油膏,并包扎好。

眼睛上:擦去溅在眼睛外面的碱,立即用水冲洗,再用饱和硼酸溶液洗涤后,滴入少许蓖麻油。

衣服上:先用水洗,然后用1%醋酸溶液洗涤,再用氢氧化铵中和多余的醋酸后用水冲洗。

(3)溴灼伤

如溴溅到皮肤上,应立即用水冲洗,涂上甘油或烫伤油膏,将伤口处包好。如眼睛受到溴的蒸气刺激,暂时不能睁开,可对着盛有酒精的瓶口注视片刻。

上述各种急救法,仅为暂时减轻疼痛的措施。若伤势较重,在急救之后,应立即送医院诊治。

4.烫伤

轻伤者涂以玉树油或鞣酸油膏,重伤者涂以烫伤油膏后立即送医院诊治。

5.中毒

溅入口中而尚未咽下的毒物应立即吐出来,并用大量水冲洗口腔;如已吞下,应根据毒物的性质服解毒剂,并立即送医院急救。

(1)腐蚀性中毒

对于强酸,先饮大量的水,再服氢氧化铝膏、鸡蛋蛋白;对于强碱,也要先饮大量的水,然后服用醋、酸果汁、鸡蛋蛋白。酸或碱中毒都需灌注牛奶,但不要吃呕吐剂。

(2)刺激性及神经性中毒

先服牛奶或鸡蛋蛋白使之缓和,再服用硫酸铜溶液(约30g溶于一杯水中)催吐,有时也可以用手指伸入喉部催吐,随后立即到医院就诊。

(3)吸入气体中毒

将中毒者移至室外,解开衣领及纽扣,若吸入大量氯气或溴气,可用5%碳酸氢钠溶液漱口。

七、急救用具

消防器材:泡沫灭火器、四氯化碳灭火器、二氧化碳灭火器、沙土、石棉布、毛毡和淋浴用的水龙头。

急救药箱:碘酒、过氧化氢、饱和硼酸溶液、1%醋酸溶液、5%碳酸氢钠溶液、70%酒精、玉树油、烫伤油膏、万花油、药用蓖麻油、硼酸膏或凡士林软膏、磺胺药粉、洗眼杯、消毒棉花、纱布、胶布、绷带、剪刀、镊子、橡皮管等。

第四节 实验室绿色环保及"6S"管理

一、化学实验绿色化

绿色化学,又称清洁化学、环境无害化学、环境友好化学,共有三层含义:第一,是清洁化学,致力于从源头制止污染,而不是污染后的再治理,绿色化学技术应不产生或基本上不产生对环境有害的废弃物;第二,是经济化学,绿色化学在其合成过程中不产生或少产生副产物,绿色化学技术应是低能耗和低原材料消耗的技术;第三,是安全化学,在绿色化学过程中尽可能不使用有毒或危险的化学品,其反应条件尽可能是温和的和安全的,总之,绿色化学是用化学的技术和方法去减少或消灭对人类健康、社区安全、生态环境有害的原料、试剂、催化剂、产物、副产物等的产生和使用。面对日益严重的环境问题,人们开始重新认识和寻找更有利于其自身生存和可持续发展的道路。近年来,各国化学家在绿色化学的研究领域里,运用物理学、生态学、生物学等最新理论、技术和手段取得了可喜的成绩。绿色化学的核心是"杜绝污染源"。化学实验中实现化学实验绿色化的途径可以从以下几个方面考虑:

1.在思想上树立绿色化

"绿色化学"不同于"环境化学",它是一门从源头上制止污染的化学,这一点只有从观念上进行"革命",才能理解,从而才有可能真正重视"绿色化学"教育。绿色化学实验是在绿色化学的思想指导下,用预防化学污染的新思想、新方法和新技术,对常规实验进行改革而形成的化学实验的新方法。

实验教学既是化学教学的重要组成部分,也是影响学生环境意识的最重要内容。因此,我们在实验教学中要尽量体现绿色化学的"5R"原则,即 Reject(拒绝用危害品)、Reduce(减量使用)、Recycling(回收未反应的试剂、副产物、助溶剂等)、Regeneration(再生利用、变废为宝、节省能源、减少污染的有效途径)、Reuse(重复利用催化剂、载体等),尽可能推广绿色实验。在化学实验的教学中,教师和学生应加强这种意识,建立绿色化学的思维方式,应从保护环境、经济和安全的角度来考虑各个实验的设置、实验手段、实验方法等,并遵循以下原则:

(1)设计合成方法时,只要可能,不论原料、中间体还是最终产物,均应对人体健康和环境无毒害。

(2)合成方法必须考虑能耗、成本,应设法降低能耗,最好采用在常温、常压下的合成方法。

(3)化工产品要设计成在其使用功能终结后,不会永存于环境中,要能分解成可降解的无害产物。

(4)选择化学生产过程的物质时,应使化学意外事故(渗透、爆炸、火灾等)的危险性降到最低程度。

(5)在技术可行和经济合理的前提下,原料要用可再生资源代替消耗性资源。

2.在实验设计时考虑绿色化

在实验设计过程中,要求学生积极查阅有关资料,开动脑筋,充分考虑试剂的用量、有害物质的使用和排放等问题,设计出绿色实验方案。我们可以从以下几个方面去考虑:

(1) 化学反应的绿色化,体现"原子经济"思想

在选择化学实验时,应尽量使涉及的化学反应具有较高的转化率,提高试剂的利用率;应尽量使涉及的化学反应具有较高的选择性,这样不仅可以提高实验的效果,而且可以避免副产物带来的环境污染问题。如硫代酰胺的合成,常规的合成方法是将酰胺和硫化试剂溶于有机溶剂如四氢呋喃(THF)中,在氮气保护下于常温反应 10 h 以上,反应方程式为:

$$\underset{R}{\overset{O}{\underset{\|}{C}}}-NH_2 \xrightarrow[N_2/THF]{P_2S_5 \text{ 或 Lawson 试剂}} \underset{R}{\overset{S}{\underset{\|}{C}}}-NH_2$$

该方法的缺点是:制造这类硫化试剂时有大量废水产生,而且成本较高,硫在该试剂中虽占有一定比例,但并不能完全被利用,反应过程中形成的磷、硫等化合物会进入水相。根据计算,生产 1 t 产品要排放 50 t 含磷、硫的废水,这对环境将造成极大的危害。

为解决上述存在的问题,用胺作催化剂,使硫化氢和腈进行加成反应:

$$R-CN + H_2S \xrightarrow{\text{胺}} \underset{R}{\overset{S}{\underset{\|}{C}}}-NH_2$$

该方法使原料的利用率达 100%,没有副产物和废物生成,实现废物的"零排放"。

(2) 选择绿色反应试剂和催化剂

在选择化学实验时,应尽量选择那些无毒、无害试剂的实验,或选择具有潜在环保属性的试剂,一律不使用有毒、有害试剂进行实验(特殊情况除外),将有机化学实验对环境的损坏降到最低程度。如苯乙酮的制备要用大量苯,此实验可用生理毒性比苯小得多的甲苯代替。又如,用1-溴丁烷实验替换溴苯实验,既达到学习带有吸收气体装置的回流操作的目的,又可以避开直接取用溴的危险性与污染性。对于己二酸的制备实验,现有的有机化学实验教材中以环己醇为原料、硝酸为氧化剂的传统工艺,硝酸是强腐蚀性的物质,副产物 NO 会破坏臭氧层,而且该反应为强放热反应,容易造成反应体系因升温过快而失去控制。己二酸的制备可以采用绿色合成工艺,即以环己烯为原料、以 H_2O_2 为氧化剂合成己二酸,该工艺以绿色氧化剂 H_2O_2 代替 HNO_3,反应条件温和,易于控制。再如,合成乙苯时以高效绿色催化剂分子筛固体酸代替传统催化剂三氯化铝,一方面提高了催化剂的寿命并使乙苯的产率达到 99.6%,另一方面消除了使用催化剂三氯化铝产生大量的废水、废酸、废渣和废气等污染问题。无毒、无害、高效催化剂是绿色化学研究的重要内容。

(3) 组合实验代替单独实验

组合实验是把几个相关实验合理组合成一个系列实验,使上一个实验的产物成为下一个实验的原料。如双酚 A 的合成实验产品,可以作为环氧树脂制备的原料;乙酰苯胺合成实验的产品可作为磺胺类化合物合成实验的原料。再如在做氯气的制备和性质的实验时,可以使用 V 型管串联的方法,使制备的氯气分别通过浓硫酸(干燥)、红墨水、$AgNO_3$ 溶液、KI 溶液、KBr 溶液、40% NaOH 溶液等,不仅节约了时间、试剂,而且在不开任何通风设备的情况下,基本上闻不到氯气、氯化氢气体的气味,实验和环保效果都很好。

组合实验也包括在一个合成实验中,进行尽可能多的实验技能训练。如选用乙酰乙酸乙酯和苯甲酰氯为原料,制备苯甲酰乙酰乙酸乙酯(A)、苯甲酰乙酸乙酯(B)、苯甲酰丙酮(C),即

乙酰乙酸乙酯+苯甲酰氯 —→ 苯甲酰乙酰乙酸乙酯(A) —→ 苯甲酰乙酸乙酯(B)+苯甲酰丙酮(C)

通过该实验,可以训练学生加热、搅拌、回流、干燥、冷却、萃取、蒸馏、水蒸气蒸馏、重结晶、过滤、熔点的测定、折射率的测定、层析等有机化学实验技术。通过较少的实验,学生可获得较多的实验技术训练,并掌握其技能,从而减少了实验的次数,减少了实验的"三废"污染。

3. 在实验过程中体现绿色化

在实验设计中考虑了绿色化,在实验过程中就必须体现绿色化。

(1) 推广微型化学实验,节约试剂,减少污染

微型化学实验是以尽可能少的试剂来获取所需化学信息,也可以认为是在微型化的仪器装置中进行的化学实验,是近十年来迅速发展起来的一种化学实验方法。使用微型化仪器,尽可能减少中间产物的转移过程,以减少试剂在器皿上的附着量,用尽可能少的

试剂(一般为常规实验用量的1/1 000~1/10)来进行实验。如用微量法合成肉桂酸,其反应方程式为:

$$\text{C}_6\text{H}_5\text{—CHO} + (\text{CH}_3\text{CO})_2\text{O} \xrightarrow[160\sim170\ ℃]{\text{CH}_3\text{COOK}} \text{C}_6\text{H}_5\text{—CH}=\text{CHCOOH} + \text{CH}_3\text{COOH}$$

该方法所用试剂约是常量的1/16,反应时间缩短了1/2(见表1-3)。

表1-3　　　　　　　　微量法和常量法合成肉桂酸的比较

实验方法	试剂用量			产率/%	合成时间/min
	苯甲醛/mL	乙酐/mL	醋酸钾/g		
微量法	0.1	0.8	0.42	48	50
常量法	1.7	11	6.6	52	100

由此可见,微量法大大减少了实验室产生的"三废",基本解决了实验室污染的问题。在化合物的制备、反应现象定性观测、定量滴定分析、定性分析(点滴法)等方面进行微型化实验,效果都非常好。

(2)仪器的选择要简单、轻便、价格低廉,甚至可以利用废品。

(3)有毒气体必须要有吸收装置,有毒物质必须经过处理使之转化成无毒物质。

(4)重视"三废"处理,实现实验处理绿色化。

在有机化学实验中往往会产生各种固体、液体废弃物,这些废弃物均有一定的毒性,如果不对其进行处理而直接排入环境中,就会污染环境,所以应当对废弃物进行无害化处理。少量的酸(如盐酸、硫酸、硝酸等)或碱(如氢氧化钠、氢氧化钾等)在倒入下水道之前必须被中和并用水稀释,以达到有关排放标准后才可进行排放。所有实验废弃物应按固体、液体、有害、无害等分类收集于不同的容器中,对能与水发生剧烈反应的试剂,处置前要用适当方法在通风橱内进行分解,对可能致癌的物质处理起来应格外小心,避免与皮肤接触;对一些难处理的有害废弃物可送至环保部门进行专门处理。"三废"处理不仅能减少环境污染、美化实验环境,还有利于增强学生绿色化学意识,实现化学实验绿色化。同时要注意废弃物的回收利用,如有机溶剂的分馏回收、银废液等贵重金属的回收,以减少实验室的污染。

总之,加强绿色化学教育,使学生树立绿色化学理念,掌握实现绿色化学的基本技术,是21世纪化学教学工作者的一项重要任务。

二、实验室"三废"处理

化学实验室的废气、废液与废渣(简称"三废")的种类很多,加上组成经常变化,如处理不当,就会造成环境污染,甚至发生安全事故。为了保护实验室及校园周边的环境,化学工作者应根据实验室废弃物的性质,选择最有效和适用的方法分别加以处理。"三废"的处理方法多种多样,本教材提供的方法仅供初学者参考。

1.废气的处理方法

化学实验室必须安装排风设备,产生少量有毒气体的实验可在通风橱内进行,通过通风设备将少量毒气排到室外,经室外空气稀释后,对环境不会造成大的影响。但对于产生毒气量较大的实验,必须装配吸收或处理装置,让气体通过适当的液体或固体吸收剂吸收后再排出。如四氟化硅、二氧化硫、二氧化氮、氯气、氟化氢、氯化氢、硫化氢及其他酸雾等,可用导管导入碱液中经吸收后再排放;氢气、一氧化碳可点燃转化为水和二氧化碳;氨气可导入酸性溶液吸收;苯、甲苯、二甲苯、丙酮、乙醇、乙醚、甲醛、乙酸乙酯、氯乙烯、二硫化碳、四氯化碳、三氯甲烷等有机物蒸气可用活性炭吸收。

2. 有机废液的回收、贮存

化学实验室必须备有废液、废渣回收桶,每次实验后,将废液、废渣分类回收,集中处理。处理废液时要戴防护眼镜、橡胶手套,在通风橱内进行操作,处理剧毒物质时必须十分谨慎。回收、贮存废液时应注意的事项:

(1)下面所列的废液不能互相混合:①过氧化物与有机物;②氰化物、硫化物、次氯酸盐与酸;③盐酸、氢氟酸等挥发性酸与不挥发性酸;④浓硫酸、磺酸、羟基酸、多聚磷酸等酸类与其他酸;⑤铵盐、挥发性胺类化合物与碱。

(2)要选择没有破损及不被废液腐蚀的容器进行回收,将所收集的废液贴上明显的标签,写上成分及其含量,置于安全的地方保存,特别是毒性大的废液,更要十分注意。

(3)对硫醇、胺等会发出臭味的废液,会产生氰、磷化氢等有毒气体的废液以及易燃的二硫化碳、乙醚之类的废液,要加以适当的处理,防止泄漏,并应尽快进行处理。

(4)对含有过氧化物、硝化甘油等爆炸性物质的废液,要谨慎地操作,并尽快处理。

(5)对含有放射性物质的废弃物,必须严格按照有关的规定,谨慎地进行回收和处理,严防泄漏。

3. 有机废液的处理方法

对于有机废液,首先应尽量回收溶剂,在对实验没有影响的情况下,循环使用。为了方便处理,往往分为可燃性物质、难燃性物质、含水废液和固体物质四类收集。但是可溶于水的物质容易成为水溶液流失,因此,回收时要加以注意。甲醇、乙醇及乙酸之类的溶剂,能被细菌作用而分解,故对这类溶剂的稀溶液,经大量水稀释后,即可排放。对于含重金属等的有机废液,将其有机物分解后,作为无机废液进行处理。

(1)一般处理方法

①焚烧法:将可燃性有机废液置于焚烧炉中焚烧,如果数量很少,可把它装入铁制或瓷制容器中,选择在室外安全的地方焚烧。点火时,取一长棒,在其一端扎上沾有油类的破布或木片等易燃物,站在上风方向进行点火焚烧。焚烧过程中,必须监视至烧完为止。对难以焚烧的物质,可把它与可燃性物质混合焚烧,或者把它放入配备有助燃器的焚烧炉中焚烧。多氯联苯之类难以燃烧的物质,往往会排出一部分还未被焚烧的物质,要加以注意。对含水的高浓度有机废液,亦能进行焚烧处理。对由于燃烧而产生 NO_2、SO_2 或 HCl 等有害气体的废液,必须用配备有洗涤器的焚烧炉焚烧,此时,必须用碱液洗涤燃烧废气,除去其中的有害气体。对固体物质,可将其溶解于可燃性溶剂中,然后使之燃烧。

对形成乳浊液之类的废液,需用焚烧法处理。

②溶剂萃取法:对含水的低浓度废液,用与水不相混溶的正己烷等挥发性溶剂进行萃取,分离出溶剂层后,再进行焚烧,然后用吹入空气的方法,将水层中的溶剂吹出。

③吸附法:用活性炭、硅藻土、矾土、层片状织物、聚丙烯、聚酯片、氨基甲酸乙酯泡沫塑料、稻草屑及锯末之类能良好吸附溶剂的物质,使其充分吸附后,与吸附剂一起焚烧。

④氧化分解法:对低浓度、易氧化分解的废液,用 $NaClO$、H_2O_2、$KMnO_4$、H_2SO_4 和 HNO_3 混合酸、HNO_3 和 $HClO_4$ 混合酸、H_2SO_4 和 $HClO_4$ 混合酸、废铬酸混合液等物质将其氧化分解,然后,按无机废液的处理方法加以处理。

⑤水解法:对有机酸或无机酸的酯类以及一部分有机磷化合物等容易发生水解的物质,可加入 $NaOH$ 或 $Ca(OH)_2$,在室温或加热下进行水解。水解后,若废液无毒害,可中和、稀释后排放。如果含有害物质,用吸附等适当的方法加以处理。

⑥生物化学处理法:利用微生物的代谢作用,使废水中呈溶解和胶体状态的有机污染物转化为无害物质,以实现有机废水的净化。生物化学处理法可分为好氧生物处理法和厌氧生物处理法,包括活性污泥法、生物膜法、氧化塘法等。例如,对含有乙醇、乙酸、动植物性油脂、蛋白质及淀粉等的稀溶液,可用此法进行处理。

(2) 含有机溶剂废液的处理方法

有机溶剂是指醇类、酯类、有机酸、酮及醚等由 C、H、O 元素构成的物质。对此类物质的废液中的可燃性物质,用焚烧法处理。对难以燃烧的物质及可燃性物质的低浓度废液,则用溶剂萃取法、吸附法及氧化分解法处理。若废液中含有重金属时,要保管好焚烧残渣。但是,对易被生物分解的物质,可进一步稀释后排放。

(3) 含 N、S 及卤素等有机废液的处理方法

此类废液包含的物质有吡啶、氨基酸、喹啉、甲基吡啶、酰胺、二甲基甲酰胺、二硫化碳、硫酰胺、硫醇、烷基硫、硫脲、噻吩、二甲亚砜、氯仿、四氯化碳、氯乙烯类、氯苯类、酰卤化合物以及含 N、S、卤素的染料、颜料、农药及其中间体等。对其可燃性物质,用焚烧法处理,但必须采取措施除去由燃烧而产生的有害气体(如 SO_2、HCl、NO_2 等);对多氯联苯之类的物质,因难以燃烧而有一部分直接被排出,要加以注意;对难以燃烧的物质及低浓度的废液,用溶剂萃取法、吸附法及水解法进行处理;对氨基酸等易被微生物分解的物质,经稀释后,即可排放。

(4) 含石油、动植物性油脂废液的处理方法

此类废液包括:苯、己烷、二甲苯、甲苯、煤油、轻油、重油、润滑油、切削油、机油、动植物性油脂及液体和固体脂肪酸等物质的废液。对可燃性物质,可用焚烧法处理;对难以燃烧的物质及低浓度的废液,则用溶剂萃取法或吸附法处理;含机油之类的废液中若含有重金属时,要回收焚烧残渣。

(5) 含酚类物质废液的处理方法

此类废液包含的物质有苯酚、甲酚、萘酚等。对浓度大的可燃性物质,可用焚烧法处理;而对浓度低的废液,则用吸附法、溶剂萃取法或氧化分解法处理。

(6)含有酸、碱、氧化剂、还原剂及无机盐的有机废液的处理方法

此类废液包括：含有硫酸、盐酸、硝酸等的酸类，氢氧化钠、碳酸钠、氨等碱类，过氧化氢、过氧化物等氧化剂以及硫化物、联氨等还原剂的有机废液。首先，按无机废液的处理方法，分别加以中和，然后，若有机物质浓度大时，用焚烧法处理（回收残渣）。若废液能分离出有机层和水层时，将有机层焚烧，对水层或其浓度低的废液，则用吸附法、溶剂萃取法或氧化分解法进行处理。但是，对易被微生物分解的物质，用水稀释后，即可排放。

(7)含有机磷废液的处理方法

此类废液包括：含磷酸、亚磷酸、硫代磷酸及磷酸酯类、磷化氢类以及膦系农药等物质的废液。对浓度高的废液进行焚烧处理（若含难以燃烧的物质多，可与可燃性物质混合进行焚烧）。对浓度低的废液，经水解或溶剂萃取后，用吸附法进行处理。

(8)含有天然化合物及合成高分子化合物废液的处理方法

此类废液包括：含有聚乙烯、聚乙烯醇、聚苯乙烯、聚二醇等合成高分子化合物以及蛋白质、木质素、纤维素、淀粉、橡胶等天然高分子化合物的废液。对含有可燃性物质的废液，可用焚烧法处理；而对难以焚烧的物质及含水的低浓度废液，经浓缩后，将其焚烧；但对蛋白质、淀粉等易被微生物分解的物质，其稀溶液不经处理即可排放。

4.废渣的处理方法

有毒的废渣必须先进行分类回收，再送往环保部门指定的废渣回收处理部门处理。

三、实验室"6S"管理

"6S"管理是在"5S"管理的基础上发展起来的，"5S"管理是20世纪80年代兴起于日本的先进的现场管理方法，在丰田等公司的倡导推行下，以低成本有效地提高了生产效率和办公效率。"5S"管理的核心思想由"整理（SEIRI）、整顿（SEITON）、清扫（SEISO）、清洁（SEIKETSU）、素养（SHITSUKE）"组成，由于其日文单词发音的首字母均为"S"，故名"5S"管理。海尔集团在"5S"管理模式的运作上又加了一个"S"（SAFETY），一切工作均以安全为前提，成为海尔"6S"管理。

我国在企业管理中应用"6S"管理模式来完善企业的现场管理取得了相当大的成果。在此我们模拟企业管理，把"6S"运用到高职学院实验实训室管理中，我们在注重学生职业技能培养的同时，也必须注重学生职业素养的训练，在实验实训室硬件建设方面考虑与企业技术平台对接，在管理方面也应考虑与企业管理平台的对接。模拟企业"6S"管理，在实验实训室管理中推行实验室"6S"管理模式，就是要营造企业管理氛围，规范操作行为，让学生养成良好的职业习惯，提高学生的职业素养，为实现"零距离"上岗打下基础。实验室"6S"管理的内涵如下：

1.整理

将工作场所中的所有物品区分必要的与不必要的，必要的留下来，不必要的彻底清除。其目的是改善、拓宽实验实训（含实习）作业面积；畅通通道，提高工效；减少和避免器皿、物件磕碰，保证质量。

2. 整顿

将物品分门别类地按规定的位置放置，并摆放整齐，加以标志。将不属于实验实训室的物品清出。将未经许可携入或不使用的有毒、易燃、易爆物品清出。将有害、非实验使用的物品清出。其目的是使物品类别、数量清晰，取放方便，井然有序。

3. 清扫

将实验实训室保持在无垃圾、无灰尘、干净整洁的状态。将整个橱柜抽屉及整个实验实训室打扫、擦拭干净，保持仪器设备表面清洁。其目的是随时保持一个整洁、明快、舒适的实验实训作业环境，保证安全、优质、高效的工作。

4. 清洁

岗位人员（含实验实训学生）在整理、整顿、清扫的基础上对实训现场认真维护，保持最佳状态，是前三项的继续与细化，并形成制度化、规范化。其目的是通过制度化来维持成果。

5. 素养

人人养成好习惯，按规定行事，培养积极进取的精神。其目的是培养具有良好习惯、遵守规则的学员。

6. 安全

消除隐患，创造良好的安全的实验实训（含实习）环境。其目的是避免各类事故的发生。

第五节　有机化学实验基本程序

一、实验预习

为了使实验能够达到预期的效果，在实验之前要做好充分的预习和准备。每个学生都必须准备一个实验记录本，并编上页码，不能用活页本或单页纸张代替。不准撕下记录本的任何一页。如果写错了，可以用笔删除，但不得涂抹或用橡皮擦掉。文字要简明扼要，书写整齐，字迹清楚。预习报告（以制备实验为例）包括以下内容：

1. 实验目的；
2. 实验原理，对于合成实验，应写出主反应和主要的副反应的反应方程式；
3. 实验器材和实验装置图；
4. 原料、产物和副产物的物理常数，原料用量（单位：g、mL、mol），计算理论产量；
5. 用图表形式表示实验步骤，特别注意本实验的关键事项和实验安全。

试剂的过量百分数、理论产量和产率的计算，在进行一个合成实验时，通常并不是完全按照反应方程式所要求的比例投入各原料，而是增加某原料的用量，究竟过量使用哪一种原料，则要根据其是否廉价、反应完成后是否容易去除或回收、能否引起副反应等情况来决定。

在计算时,首先要根据反应方程式找出哪一种原料的相对用量少,以它为基准计算其他原料的过量百分数。产物的理论产量是假定作为基准的原料全部转变为产物时所得到的产量。由于有机反应常常不能进行完全,常伴有副反应,而且操作中存在损失,因此产物的实际产量总比理论产量低。通常将实验产量与理论产量的百分比称为产率。产率的高低是评价一个实验方法以及考核实验者的一个重要指标。

二、实验操作及实验记录

做好实验记录是从事科学实验的一项重要训练。进行实验时要做到操作认真、观察仔细,并随时将测得的数据或观察到的实验现象记在记录本上,养成边实验边记录的好习惯,记录必须真实详尽,不能虚假,不能追记。记录的内容包括实验的全部过程,如加入试剂的数量、仪器装置、每一步操作的时间和内容、所观察到的现象(包括温度、颜色、体积或质量等数据)等。记录要求实事求是,准确反映真实的情况,特别是当观察到的现象和预期不同,以及操作步骤与教材规定不一致时,要按照实际情况记录清楚,以便作为总结讨论的依据。其他各项,如实验过程中一些准备工作、现象解释、称量数据以及其他备忘事项,可以记在备注栏内。应该牢记,实验记录是原始资料,科学工作者必须重视。

对于性质实验要记录化学现象,化学现象的解释最好用化学反应方程式表示;对于合成实验要写明产物的特征、产量,并计算产率。对实验中遇到的疑难问题要在实验小结中提出自己的见解,并分析成功或失败的原因,对实验方法、教学方法、实验内容、实验装置等提出意见或建议。

三、实验报告

实验完成后应及时写出实验报告。实验报告是学生完成实验的一个重要步骤,通过实验报告,可以培养学生判断问题、分析问题和解决问题的能力。一份合格的实验报告应包括以下内容:

1.实验名称:通常作为实验题目出现。

2.实验目的:简述该实验所要达到的目的和要求。

3.实验原理:简要介绍实验的基本原理、主要反应方程式及副反应方程式。

4.实验所用的仪器、试剂、装置:要写明所用仪器的型号、数量、规格,试剂的名称、规格,画出主要仪器装置图。

5.主要试剂的物理常数:列出主要试剂的相对分子质量、相对密度、熔点、沸点和溶解度等。

6.实验内容、步骤:要求简明扼要,尽量用表格、框图、符号表示,而不要全盘抄书。

7.实验现象和数据的记录:仔细观察,详细记录。

8.实验结果:化学现象的解释最好用化学反应方程式表示,如果是合成实验要写明产物的特征、产量,并计算产率。

9.思考题解答。

附：实验报告的格式示例如下：

有机化合物的制备实验报告示例

实验名称　　1-溴丁烷的制备　　　　
姓名　　　　　　班级　　　　　　学号　　　　　　
专业　　　　　　日期　　　　　　成绩　　　　　　

一、实验目的
1.学习具有气体吸收的回流装置的操作方法；
2.学习普通蒸馏和萃取的操作方法。

二、实验原理
主反应：
$$n\text{-}C_4H_9OH + HBr \underset{}{\overset{H_2SO_4}{\rightleftharpoons}} n\text{-}C_4H_9Br + H_2O$$

副反应：
$$n\text{-}C_4H_9OH \xrightarrow[\triangle]{H_2SO_4} CH_3CH_2CH=CH_2 + H_2O$$

$$n\text{-}C_4H_9OH \xrightarrow{\triangle} C_4H_9OC_4H_9 + H_2O$$

三、仪器装置

回流装置　　　蒸馏装置　　　萃取装置

四、实验步骤及结论
实验步骤(实验现象可写在步骤旁边,此处略)：

　　　　　　　50 mL 圆底烧瓶
10 mL H₂O →
滴入 12 mL 浓 H₂SO₄ →
　　　　　　　振荡冷却
7.5 mL 正丁醇 →
　　　　　　　混合均匀
10 g 研细 NaBr →
1～2 粒沸石 →
　　　装冷凝管及气体吸收装置
　　加热回流 40 min 并不断摇动烧瓶
稍冷,改蒸馏装置,蒸出正溴丁烷粗产品,剩余液体趁热倒入烧杯,冷却后倒入装有饱和 NaHSO₃ 溶液的废液缸

10 mL H₂O 洗涤 →
　　有机层
5 mL 浓 H₂SO₄ 洗涤 →
　　有机层
10 mL H₂O →
10 mL NaHCO₃ →
10 mL H₂O →
　　有机层
无水 CaCl₂ 干燥 →
倾滗,蒸馏,
收集 99～103 ℃馏分
产物称量

产物折射率:1.440 1　　（注：液体测折射率,固体测熔点）
密度:1.275 8 g/mL
收率:略
总结与讨论:可根据自己在实验过程中对本次实验的理解和体会进行总结和讨论

五、思考题:略

第二章

有机化学实验基本操作技术

第一节 常用玻璃仪器的洗涤和干燥技术

在进行化学实验的工作中,洗涤玻璃仪器不仅是一项必需的实验准备工作,也是一项技术性的工作。仪器洗涤是否符合要求,对检验结果的准确性和精密度均有影响。不同的分析工作有不同的仪器洗涤要求,我们以一般定量化学分析为主介绍仪器的洗涤方法。

一、玻璃仪器的洗涤和保养

1. 洁净剂及使用范围

最常用的洁净剂是肥皂、肥皂液(特制商品)、洗衣粉、去污粉、洗液、有机溶剂等。

肥皂、肥皂液、洗衣粉、去污粉用于可以用刷子直接刷洗的仪器,如烧杯、三角瓶、试剂瓶等。洗液多用于不便用刷子洗刷的仪器,如滴定管、移液管、容量瓶、蒸馏器等特殊形状的仪器,也用于洗涤长久不用的杯皿器具和刷子刷不下的结垢。用洗液洗涤仪器,是利用洗液本身可与污物起化学反应这一特性,从而将污物去除。因此需要浸泡一定的时间使其能与污物充分相互作用。有机溶剂是针对污物属于某种类型的油脂,而借助有机溶剂能溶解油脂的作用去除,或借助某些有机溶剂能与水混合而又挥发快的特殊性质,用以快速除去水。如甲苯、二甲苯、汽油等可以洗涤油垢,而酒精、乙醚、丙酮可以冲洗刚洗净而带水的仪器。

2. 洗涤液的配备

洗涤液简称洗液,根据不同的要求有各种不同的洗液。较常用的几种洗液介绍如下:

(1) 强酸氧化剂洗液

强酸氧化剂洗液是用重铬酸钾($K_2Cr_2O_7$)和浓硫酸(H_2SO_4)配成。$K_2Cr_2O_7$在酸性溶液中,有很强的氧化能力,又对玻璃仪器有较小的侵蚀作用,所以这种洗液在实验室内使用最广泛。

配制浓度各有不同,从5%~12%的各种浓度都有,但配制方法大致相同:取一定量的$K_2Cr_2O_7$(工业品即可),先用1~2倍的水加热溶解,稍冷后,将工业品浓H_2SO_4所需体积数徐徐加入$K_2Cr_2O_7$溶液中(千万不能将水或溶液加入H_2SO_4中),边倒边用玻璃棒搅拌,注意不要溅出,混合均匀,待冷却后,装入洗液瓶备用。新配制的洗液为红褐色,氧化能力很强。当洗液用久后变为黑绿色,即说明洗液无氧化洗涤能力。

例如,配制12%的洗液500 mL。取60 g工业品$K_2Cr_2O_7$置于100 mL水中(加水量不是固定不变的,以能溶解为度),加热溶解,冷却,徐徐加入 340 mL 浓 H_2SO_4,边加边搅拌,冷却后装瓶备用。

这种洗液在使用时要注意不能溅到身上,以防"烧"破衣服和损伤皮肤。洗液倒入要洗的仪器中,应使仪器周壁全浸洗后稍停一会再倒回洗液瓶。第一次用少量水冲洗刚浸洗过的仪器后,废水不要倒在水池里和下水道里,防止腐蚀水池和下水道,要倒在废液缸中,如果无废液缸而必须直接倒入水池时,要边倒边用大量的水冲洗。

(2)碱性洗液

碱性洗液可用于洗涤有油污物的仪器,用此洗液是采用长时间(24 h 以上)浸泡法,或者浸煮法。从碱性洗液中捞取仪器时,要戴乳胶手套,以免烧伤皮肤。

常用的碱性洗液有:碳酸钠液($NaCO_3$,纯碱)、碳酸氢钠液($NaHCO_3$,小苏打)、磷酸钠液(Na_3PO_4,磷酸三钠)、磷酸氢二钠液(Na_2HPO_4)等。

(3)碱性高锰酸钾洗液

用碱性高锰酸钾作洗液,作用缓慢,适用于洗涤有油污的器皿,洗后容器壁上如留有褐色的二氧化锰,可用盐酸洗去。其配制方法为:取 4 g 高锰酸钾($KMnO_4$)加少量水溶解后,再加入 10% 氢氧化钠(NaOH)100 mL。

(4)纯酸纯碱洗液

根据器皿污垢的性质,直接用浓盐酸(HCl)、浓硫酸(H_2SO_4)、浓硝酸(HNO_3)浸泡或浸煮器皿(温度不宜太高,否则浓酸易挥发产生刺激性气体)。纯碱洗液多采用 10% 以上的浓烧碱(NaOH)、氢氧化钾(KOH)、碳酸钠液(Na_2CO_3)浸泡或浸煮器皿(可以煮沸)。

(5)有机溶剂

带有脂肪性污物的器皿,可以用汽油、甲苯、二甲苯、丙酮、酒精、三氯甲烷、乙醚等有机溶剂擦洗或浸泡。但用有机溶剂作为洗液较浪费,所以能用刷子洗刷的大件仪器尽量采用碱性洗液。只有无法使用刷子的小件或特殊形状的仪器才使用有机溶剂洗涤,如活塞内孔、移液管尖头、滴定管尖头、滴定管活塞孔、滴管、小瓶等。

(6)洗消液

对于检验致癌性化学物质的器皿,为了防止对人体的侵害,在洗刷之前应使用对这些致癌性物质有破坏分解作用的洗消液进行浸泡,然后才能进行洗涤。在食品检验中经常使用的洗消液有 1% 或 5% 次氯酸钠(NaClO)溶液、20% 硝酸和 2% $KMnO_4$ 溶液。

3.注意事项

(1)使用洗液前最好先用水或去污粉将容器洗一下。

(2)使用洗液前应尽量把容器内的水去掉,以免将洗液稀释。

(3)洗液用后应倒入原瓶内,重复使用。

(4)不要用洗液洗涤具有还原性的污物(如某些有机物),这些物质能把洗液中的重铬酸钾还原为硫酸铬(洗液的颜色则由原来的深棕色变为绿色),已变为绿色的洗液不能继续使用。

(5)洗液具有很强的腐蚀性,会灼伤皮肤和破坏衣物。假如不慎将洗液洒在皮肤、衣物和实验桌上,应立即用水冲洗。

(6)因重铬酸钾严重污染环境,应尽量少用洗液。用上述方法洗涤后的容器还要用清水洗去洗涤剂,并用蒸馏水洗涤三次。

4.洗涤玻璃仪器的方法与要求

(1)一般的玻璃仪器(如烧瓶、烧杯等):先用自来水冲洗一下,然后用肥皂、洗衣粉刷洗,再用自来水清洗,最后用纯化水冲洗3次(应顺壁冲洗并充分振荡,以提高冲洗效果)。计量玻璃仪器(如滴定管、移液管、量瓶等)也可用肥皂、洗衣粉洗涤,但不能用毛刷刷洗。

(2)精密或难洗的玻璃仪器(如滴定管、移液管、量瓶、比色管、垂熔玻璃漏斗等):先用自来水冲洗后,沥干,再用铬酸清洁液浸泡一段时间(一般放置过夜),然后用自来水清洗,最后用纯化水冲洗3次。

(3)洗刷仪器时,应首先用肥皂将手洗净,免得手上的油污物黏附在仪器壁上,增加洗刷的困难。

(4)一个洗净的玻璃仪器应该不挂水珠(洗净的仪器倒置时,水流出后器壁不挂水珠)。洗涤容器时应符合"少量多次"(每次用少量的洗涤剂)的原则,既节约,又可提高了效率。用布或纸擦拭已洗净的容器非但不能使容器变得干净,反而会将纤维留在器壁上,沾污了容器。

(5)已洗净的容器壁上,不应附着不溶物或油污。这样的器壁可以被水完全润湿。检查是否洗净时,将容器倒转来,水即顺着器壁流下,器壁上只留下一层既薄又均匀的水膜,应该以内外不挂水珠为度。

二、玻璃仪器的干燥

经常要用到的仪器应在每次实验完毕后洗净干燥备用。由于不同实验对干燥度有不同的要求,应根据不同要求进行干燥仪器。

1.晾干

不急等用的仪器,可在蒸馏水冲洗后在无尘处倒置除去水分,然后自然干燥。可用装有木钉的架子或带有透气孔的玻璃柜放置仪器。

2.烘干

洗净的仪器可放在烘箱内烘干,烘箱温度为105~110 ℃烘1 h左右,也可放在红外线干燥箱中烘干,此法适用于一般仪器。称量瓶等在烘干后要放在干燥器中冷却和保存。带实心玻璃塞仪器及厚壁仪器烘干时要注意缓慢升温并且温度不可过高,以免破裂。量筒等仪器不可放于烘箱中烘烤。

硬质试管可用酒精灯加热烘干,要从底部烤起,把管口向下,以免水珠倒流把试管炸裂,烘干至无水珠后将试管口向上除净水气。

3.热(冷)风吹干

对于急于干燥的仪器或不适合放入烘箱的较大的仪器可用吹干的办法。通常用少量乙醇、丙酮(或最后再用乙醚)倒入已除去水分的仪器中摇洗,然后用电吹风机吹干,开始用冷风吹1~2 min,当大部分溶剂挥发后吹入热风至完全干燥,再用冷风吹去残余蒸气,使其不会冷凝在容器内。

第二节 玻璃管的加工与仪器的装配技术

一、玻璃管的简单加工

1. 玻璃管(棒)的清洗和干燥

玻璃管(棒)在加工前都要清洗和干燥,否则可能导致实验事故,尤其制备熔点管的玻璃管必须先用洗液浸泡半小时以上,再用自来水冲洗和蒸馏水清洗,干燥后方能进行加工。

2. 玻璃管(棒)的切割

取直径为 5~10 cm 的玻璃管(棒),用锉刀(三角锉或扁锉均可)的边棱或小砂轮在需要切割的位置上朝同一个方向锉一个锉痕,锉痕深度约为玻璃管(棒)直径的 1/6。注意不可来回乱锉,否则不但锉痕多,使锉刀和小砂轮变钝,而且容易使断口不平整,造成割伤。然后两手握住玻璃管(棒),以大拇指顶住锉痕的背后(锉痕向前),两大拇指离锉痕均约 0.5 cm。然后两大拇指轻轻向前推,同时朝两边拉,玻璃管(棒)就可以平整断裂,如图 2-1 所示。为了安全起见,推拉时应离眼睛稍远一些,或在锉痕的两边包上布再折断。

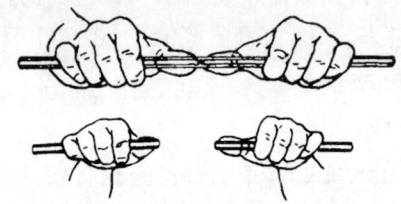

图 2-1 玻璃管(棒)的折断

对于比较粗的玻璃管(棒),采取上述方法处理则较难断裂。但我们可以利用玻璃骤热或骤冷容易破裂的性质,采用以下方法来完成玻璃管(棒)的折断:即将一根末端拉细的玻璃管(棒)在酒精喷灯的灯焰上加热至白炽,使成珠状,立即压触到用水滴湿的粗玻璃管(棒)的锉痕处,锉痕因骤然受强热而裂开。

裂开的玻璃管(棒)断口如果很锋利,容易割破皮肤、橡皮管或塞子,必须在灯焰上烧熔,使之光滑。方法是将玻璃管(棒)呈 45°左右倾斜地放在酒精喷灯的灯焰边沿处灼烧,边烧边转动,一直烧到平滑即可。但不可烧得过久,以免管口缩小。刚烧好的玻璃管(棒)不能直接放在实验台上,而应该放在石棉网上。

3. 玻璃管(棒)的弯曲

(1) 酒精喷灯的使用

在玻璃管(棒)的弯曲过程中,常用到鱼尾灯、酒精喷灯等。

酒精喷灯是利用压出式原理设计,以铜为原料制造而成,图 2-2 所示的是改进了的酒精喷灯。使用前,旋开入口旋钮 2,通过入口向底座 1 中加

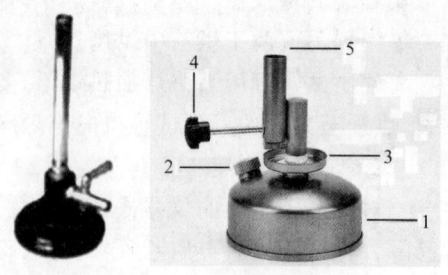

1—底座;2—入口旋钮;3—酒精槽;
4—控制柄;5—喷射口

图 2-2 酒精喷灯

入工业酒精至体积的 4/5 左右,然后旋紧入口旋钮 2。使用时,在酒精槽 3 中加入少量工业酒精,并点燃此处的酒精。一段时间后,底座 1 中的酒精由于受热而变成蒸气,由喷射口 5 喷出,由酒精槽 3 处燃烧的火苗引燃。火焰可由控制柄 4 进行上下移动来调节。当听到"呼呼……"声时,说明火焰温度已经接近 500 ℃,就可以旋转控制柄 4 将其固定在此处以得到稳定的喷射火焰。

若要熄灭酒精喷灯,用石棉网直接盖住喷射口 5 即可。

(2) 玻璃管(棒)的弯曲

玻璃管(棒)受热变软变成玻璃态物质时,就可以进行弯管操作,制成实验中所需要的配件。进行弯管操作时,两手水平拿着玻璃管(棒),将其在酒精喷灯的火焰中加热,如图 2-3(a)所示。受热长度约 1 cm,边加热边缓慢转动使玻璃管(棒)受热均匀。当玻璃管(棒)加热至黄红色并开始软化时,马上移出火焰(切不可在灯焰上弯玻璃管(棒)),两手水平持玻璃管(棒)轻轻用力,顺势弯曲至所需要的角度,如图 2-3(b)所示,注意弯管速度不要太快,否则在弯曲的位置易出现瘪陷或纠结现象;也不能太慢,否则玻璃管又会变硬,如图 2-3(c)所示。

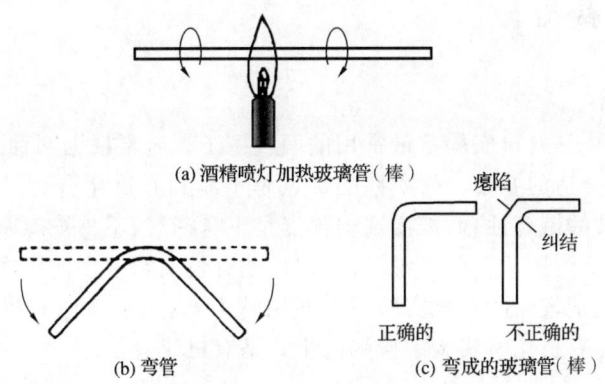

图 2-3 制作玻璃弯管

大于 90°的弯导管应一次弯到位。小于 90°的则要先弯到 90°,再加热由 90°弯到所需角度。质量较好的玻璃弯导管应在同一平面上,无瘪陷或纠结出现,如图 2-3(b)所示。

在弯管操作中应注意以下两点:①两手旋转玻璃管(棒)的速度必须均匀一致,否则弯成的玻璃管(棒)上会出现歪扭,致使两壁不在同一平面上。②玻璃管(棒)受热程度应掌握好,受热不够则不易弯曲,容易出现纠结和瘪陷,受热过度则在弯曲处的管壁会出现厚薄不均匀和瘪陷现象。对于管径不大(小于 7 mm)的玻璃管(棒),可采用重力的自然弯曲法进行弯管。

4. 胶头滴管的拉制

实验室常用的胶头滴管(玻璃端)也可以自己拉制。其方法是:两手水平拿着玻璃管(棒),两肘部搁在实验台上,以保证玻璃管(棒)的水平。将玻璃管(棒)在酒精喷灯的火焰中加热,如图 2-4(a)所示。受热长度约 1 cm,边加热边缓慢转动使玻璃管(棒)受热均匀。当玻璃管(棒)加热至黄红色并开始软化时,马上移出火焰(切不可在灯焰上拉制玻璃管(棒)),两手水平持着玻璃管(棒)同时轻轻用力往外拉,拉至如图 2-4(b)所示形状。注意拉得速度不要太快,否则中间部分会很细,但也不能太慢。

冷却后用锉刀将其截断,即变成两个胶头滴管如图 2-4(c)所示。将粗的一端在火焰上烧熔,用圆锉将其熨大,如图 2-4(d)所示,也可直接在石棉网上垂直压烧熔的粗的一端。

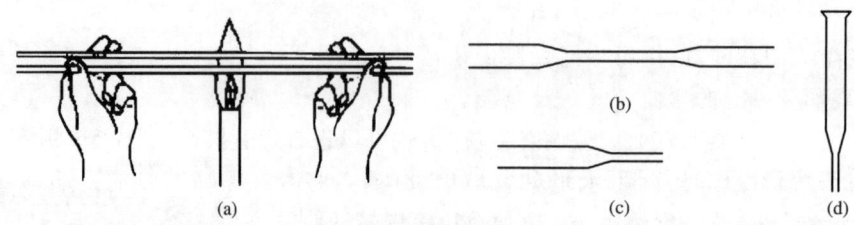

图 2-4　胶头滴管的拉制

加工后的玻璃管(棒)均应及时进行退火处理。退火方法是:趁热在弱火焰中加热一会,然后将其慢慢移出火焰,再放在石棉网上冷却到室温。如果不进行退火处理,玻璃管(棒)内部会因骤冷而产生很大的应力,使玻璃管(棒)断裂。

二、塞子的钻孔

1.塞子的选择

(1)类型的选择

软木塞和橡皮塞是有机实验室最常用的两种塞子。通常根据两种塞子的特点和实验的具体情况来选择合适的塞子。软木塞的优点是不易和有机化合物发生化学反应,缺点是容易漏气、容易被酸碱腐蚀;而橡皮塞的优点是不易漏气、不易被碱腐蚀,缺点是容易被有机化合物所侵蚀或溶胀。一般来说,级别较低的有机实验室多使用橡皮塞,主要考虑安全性和经济成本;级别较高的有机实验室多使用软木塞,主要考虑有机腐蚀和污染试剂、引入杂质等,因为在有机化学实验中接触的主要是有机化合物。

(2)规格的选择

塞子的规格通常分为六种,即 1 号塞、2 号塞、…、6 号塞。号数越大,塞子的直径就越大。塞子规格的选择标准是塞子的大小应与仪器的口径相适合,塞子进入瓶颈或管颈部分是塞子本身高度的 1/3～2/3,否则就不合用,如图 2-5 所示。使用新的软木塞时只要能塞入 1/3～1/2 时就可以了,因为经过压塞机压软打孔后就有可能塞入 2/3 左右了。

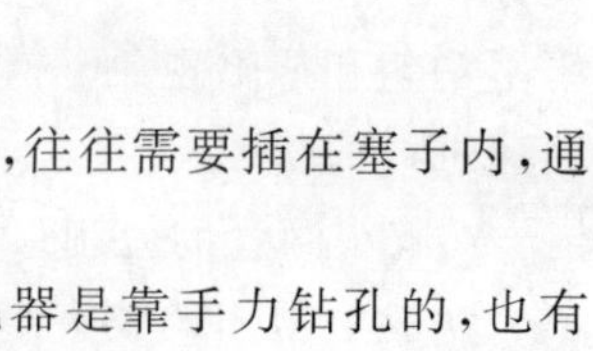

图 2-5　塞子规格的选择标准

2.钻孔器的选择

当有机化学实验中用到导气管、温度计、滴液漏斗等仪器时,往往需要插在塞子内,通过塞子和其他容器相连,这就需要在塞子上钻孔。

钻孔通常使用不锈钢制成的钻孔器(或打孔器)。这种钻孔器是靠手力钻孔的,也有把钻孔器固定在简单的机器上,借助机械力来钻孔的,这种机器叫做打孔机。一套钻孔器一般有六支直径不同的钻嘴和一支钻杆,以供选择。

钻嘴的选择根据塞子的类型不同而不同。例如要将温度计插入软木塞,钻孔时就应选用比温度计的外径稍小或接近的钻嘴,而如果是橡皮塞,则要选用比温度计的外径稍大的钻嘴,因为橡皮塞有弹性,钻孔后会收缩,使孔径变小。

总之,在塞子上所钻出的孔径的大小应该能够使其与欲插入的玻璃管紧密贴合、固定。

3.钻孔的方法

软木塞在钻孔之前,需在压缩机上压紧,防止在钻孔时塞子破裂。

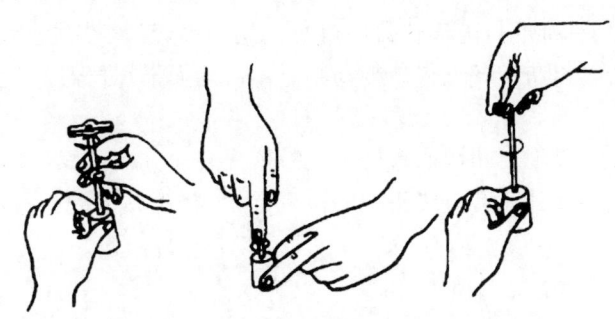

图 2-6　钻孔的方法

钻孔时,先在桌面放一块垫板,其作用是避免当塞子被钻穿后钻坏桌面。然后把塞子小的一端朝上,平放在垫板上。左手紧握塞子,右手持钻孔器的手柄,如图 2-6 所示。在选定的位置,使钻孔器垂直于塞子的平面,使劲地将钻孔器按顺时针方向向下转动,不能左右摇摆,更不能倾斜,否则孔径是偏斜的。等到钻至约塞子的一半时,按逆时针旋转取出钻嘴,用钻杆捅出钻嘴中的塞芯。然后把塞子大的一端朝上,将钻嘴对准大头的孔位,以上述同样的操作直至钻穿。拔出钻嘴捅出钻嘴中的塞芯。

为了减少钻孔时的摩擦,特别是对橡皮塞钻孔时,可以在钻嘴的刀口上涂一些甘油或水。钻孔后,要检查孔道是否合用。如果不费力就能够把玻璃管插入,说明孔径偏大,玻璃管和塞子之间不够紧密贴合,会漏气,不合用。相反,如果很费力才能够插入,则说明孔径偏小,插入过程中容易导致玻璃管折断,造成割伤,也不合用。当孔径偏小或不光滑,可以用圆锉修整。

三、仪器的连接与装配

1.仪器的连接

(1)塞子(软木塞与橡皮塞)连接

塞子与仪器接口尺寸相匹配,(一般以塞子的 1/2～2/3 插入仪器接口内为宜);塞子的材质取决于被处理物的性质(如腐蚀性、溶解性等)和仪器的应用范围(如温度高低、常压还是减压操作);用适宜孔径的钻孔器钻孔。

(2)标准磨口连接

分液漏斗的旋塞和磨塞,其磨口部位是非标准的,其余的是标准磨口玻璃仪器,常用的是锥形标准磨口。根据玻璃仪器的大小及用途不同,可采用不同尺寸的磨口。标准磨口见表 2-1。

表 2-1　　　　　　　　　标准磨口

编号	10	12	14	19	24	29	34
大端直径/mm	10.0	12.5	14.5	18.8	24.0	29.2	34.5

编号的数值是磨口大端直径(用 mm 表示)的整数值。每件仪器上带有内磨口还是

外磨口取决于仪器的用途。带有相同编号的一对磨口可以紧密连接。带有不同编号的一对磨口需要用一个大小接头或小大接头过渡才能紧密连接。

2.仪器的装配

（1）原则

使用同一编号的标准磨口玻璃仪器(方便、利用率高、互换性强)；每一件仪器都要固定在同一个铁架台上,以防止各件仪器振动频率不协调而损坏仪器。

（2）连接顺序

选定烧瓶的位置(高度由热源的高度决定)；依次装配分馏柱、蒸馏头、直形冷凝管、接引管和接收器；调整温度计在磨口接头中的位置并固定好,并装配到相应的磨口上；再装上恒压滴液漏斗。

（3）注意

①顺其自然固定仪器,各处不产生应力；夹子的双钳必须有软垫(软木片、石棉绳、布条、橡皮等),不能让金属与玻璃直接接触。

②冷凝管与接引管、接引管与接收器间的连接最好用磨口接头连接的专用弹簧夹固定。

③接收器应用升降台垫牢。

④磨口仪器的磨口处要清洁,不得黏有固体杂质。若反应中有强碱,应涂润滑脂以保护磨口。

（4）标志

从正面看,分馏柱和桌面垂直,其他仪器顺其自然；从侧面看,所有仪器处在同一个平面上。

（5）拆卸顺序

与连接顺序相反(在松开一个铁夹子时,必须用手托住仪器,特别是倾斜安装的仪器,不能让仪器的质量对磨口施加侧向压力)。

四、思考题

1.选用塞子要注意什么？

2.钻孔时,若钻孔器不垂直于塞子的平面会怎样？

3.截断玻璃管时要注意哪些问题？加热玻璃管时怎样防止玻璃管被拉歪？

4.怎样弯曲和拉细玻璃管？

第三节　加热与冷却技术

一、加热与热浴

在实验室中可用各种方法来加热化学试剂。我们所要涉及的则是用煤气灯、电热板、电热套、油浴、水浴以及微波炉等。

1.加热

（1）煤气灯

实验室中如果有煤气,在加热操作中常使用煤气灯(如图2-7所示)。煤气由导管输送到实验台上,用橡皮管将煤气龙头和煤气灯相连。煤气中含有毒性物质(但它燃烧后的产物却是无害的),所以应防止煤气泄漏。不用时,一定要注意把煤气龙头关紧。煤气中一般都添加具有特殊气味的气体,泄漏时极易嗅出。煤气灯不同火焰的对比如图2-8所示。

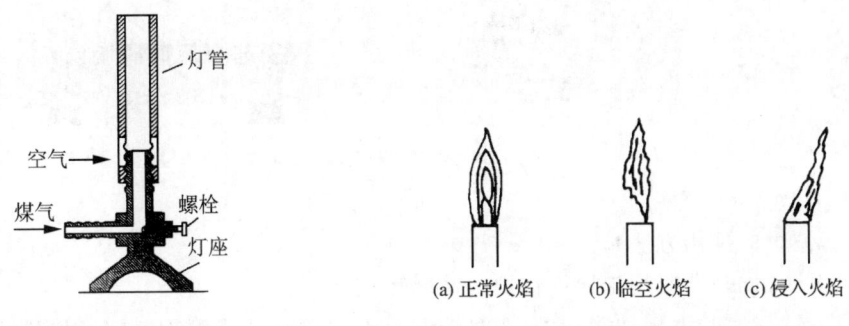

图 2-7　煤气灯的构造　　　　　　图 2-8　不同火焰的对比

在普通化学实验室中,经常使用煤气灯,但在有机实验室中,如果有可能的话应尽量避免使用它们,这是因为许多有机化合物是易燃的,明火会导致实验室起火,或使可燃蒸气爆炸。因此,当有易燃溶剂存在时,绝不能使用煤气灯。在有机化学实验室中,煤气灯为加热水或加热水和固体的悬浮液提供了一种高温热源(～1 000 ℃)。煤气灯还可用于少数需要高温的蒸馏。当加热一只任何类型的玻璃烧瓶时,为了使热量分布均匀,我们在火焰和烧瓶之间插入金属丝网或金属丝网-石棉垫衬,以防止烧瓶破裂(特别是圆底形的)。

(2)电热板

可调节温度的电热板是一种极为通用的加热器,应用电热板的主要优点在于一个无火焰的可调节温度的热源是由扁平的表面所提供的,因此在使用平底烧瓶时通常无需支架。装置附有变温控制和不外露加热线圈的电热板,在多数化学实验室中可方便地使用。对于低沸点的液体,使用电热板的较低温度挡,较高沸点的液体则使用较高的温度挡。

注意:为了防止暴沸,需在烧瓶中放置几粒沸石。

(3)电热套

电热套是一种设计特殊的空气浴加热设备,能从室温加热到300 ℃左右,是有机化学实验中最常见的一种加热方法,安装加热套时,要使反应瓶的外壁与加热套的内壁保持1 cm左右的距离,以便利用热空气传导和防止局部过热等。它仅仅用于加热回流或蒸馏液体时的圆底烧瓶。通常有两种类型的电热套:一种是为用于容积25～500 mL的圆底烧瓶而设计的;另一种设计成能适用于特定尺寸的烧瓶,例如1 000 mL圆底烧瓶。因此,对不同规格的烧瓶需要用不同大小的电热套。电热套的加热温度可以通过将它插入自耦变压器来加以控制。自耦变压器和附有圆底烧瓶的电热套如图2-9所示。自耦变压器调位在低电压挡,电热套的工作温度就低,随着电压的增加,电热套工作温度增高。一旦加热线圈获得电能,电热套就显示出红色的指示灯光。一开始自耦变压器调在低电压挡,然后逐渐增加电压,直至得到适宜的蒸馏速度。

图 2-9　自耦变压器和附有圆底烧瓶的电热套

(4)微波炉

微波炉的使用方法是：

①将待加热器皿均匀地放在炉内玻璃转盘上。

②关上炉门，选择加热方式，顺时针方向旋转定时器至所需时间。加热结束后，会自动停止工作，并发出提示声。

③金属器皿、细口瓶或密封的器皿不能放入微波炉内加热。

④微波炉内无待加热物体时，不能开机；待加热物体很少时，不能长时间开机，以免空载运行(空烧)而损坏机器。

⑤不要将炽热的器皿放在冷的转盘上，也不要将冷的带水器皿放在炽热的转盘上，以防止转盘破裂。

⑥前一批干燥物取出后，不要立即关闭炉门，应使其冷却 5～10 min 后才能放入下一批待加热的器皿。

2.热浴

(1)油浴

加热温度在 80～250 ℃之间的可采用油浴，油浴具有和电热套完全一样的效用，其使用方法也完全相同。油浴所能达到的最高温度取决于油的种类，若在植物油中加入 1% 的对苯二酚，可增加油在受热时的稳定性，甘油和邻苯二甲酸二丁酯的混合液可使油浴的温度达到 140～180 ℃。甘油吸水性强，放置过久的甘油，使用前应先蒸去吸收的水分，然后再用于油浴。液体石蜡可加热到 220 ℃以上，温度过高，液体石蜡虽不易分解，但易燃烧。固体石蜡也可加热到 220 ℃以上，其优点是室温时为固体，便于保存。硅油和真空泵油在 250 ℃以上时较稳定，但价格昂贵，一般实验室很少使用。

油浴是由盆底装有插入自耦变压器中的加热线圈的一盆矿物油组成，通过控制电压来控制油的温度。低的电压给出低的温度，当电压升高时，油浴温度也升高。油浴只用于加热回流或蒸馏时的圆底烧瓶。当使用油浴时，必须把圆底烧瓶夹在铁座上，仅将烧瓶的一半浸入油中。开始时自耦变压器调节在低压挡，然后逐渐增加电压，直至有恰当的回流或蒸馏速度。

注意：

①热油是危险的，可以引起严重烫伤，它还有一种难闻的气味，而使烧瓶极易滑脱。如果有电热套可用，尽量不用油浴。

②若水意外地溅到热油浴中,会造成油的严重飞溅。

(2) 水浴

简单的热水浴是盛有热水的烧杯或锅,有机化学实验室常用电热恒温水浴箱。例如当反应物在一段时间内始终要在 100 ℃ 的温度下加热时,则水浴是最方便的加热装置。可将反应容器浸入水浴中,热浴液面应略高于容器中的液面,勿使容器底触及水浴锅底。若长时间加热,水浴中的水汽化,可采用电热恒温水浴。还可以在水面加几片石蜡,石蜡熔化在水面上,可以减少水的蒸发。

为了制作热水浴,可用电热板把一烧杯水烧到所需温度,如果不存在可燃的物质,则可用酒精灯或本生灯把水烧到所需温度。

注意:在水中务必放沸棒或沸石,以防暴沸。

二、冷却与冷却剂

1. 冷却

使热物体的温度降低而不发生相变化的过程称为冷却。冷却有直接冷却法和间接冷却法两种。

(1) 直接冷却法

直接将冰或冷水加入被冷却的物料中,既简便有效,也很迅速。但只能在不影响被冷却物料的品质或不引起化学变化时才能使用。直接冷却法也可将热物料置于敞槽中或喷洒于空气中,使在表面自动蒸发而达到冷却的目的。

(2) 间接冷却法

间接冷却法是将物料放在容器中,使其热能经过器壁向周围介质自然散热。被冷却物料如果是液体或气体,可在间壁冷却器中进行。夹套、蛇管、套管、列管等热交换器都适用。冷却剂一般是冷水或空气,可根据生产实际情况来确定。

① 冷水冷却

可用冷水在容器的外壁流动,或把容器浸在冷水中,交换热量,也可用水和碎冰的混合物作冷却剂,其冷却效果比单用冰块好。当水不影响反应进行时,也可把碎冰直接投入反应器中,以便更有效地保持低温。

② 冰盐冷却

冰盐冷却需在 0 ℃ 以下操作,常用不同比例混合的碎冰和无机盐作为冷却剂,可把盐研细,把冰砸成小碎块,使盐均匀包在冰块上。使用过程中应随时加以搅拌。

③ 干冰或干冰与有机溶剂混合冷却

干冰(固体的二氧化碳)和乙醇、异丙醇、丙酮、乙醚或氯仿混合,可冷却到 $-78 \sim -50$ ℃。冷却时,应将这种冷却剂放在杜瓦瓶(广口保温瓶)中或其他绝热效果好的容器中,以保持其冷却效果。

④ 低温浴槽

低温浴槽是一个小冰箱,冰室口向上,蒸发面用桶状不锈钢槽代替,内装酒精,外设压缩机氟利昂制冷。压缩机产生的热量可用水冷或风冷散去。可装外循环泵,使冷酒精与冷凝器连接循环。还可装温度计等指示器。反应瓶浸在酒精液体中。适用于 $-30 \sim 30$ ℃ 范围的反应。

注意:温度低于$-38\ ℃$时,水银会凝固,因此不能用水银温度计。对于较低的温度,应采用添加少许颜料的有机溶剂(如酒精、甲苯、正戊烷等)的低温温度计。

2.冷却剂

冷却操作首选的冷却剂是水,具有价廉、不燃、热容量大等优点。其次可选用冰,使用前要敲碎,或使用碎冰和水,均可取得迅速冷却的效果。为了获得较低的冷却温度,可按表 2-2 配制较强的冷却剂。

表 2-2　　　　　　　　　　冷却剂配方 Ⅰ

冷却剂	盐含量(冰盐混合物)/%	冰浴最低温度/℃
氯化钠+冰	10.0	-6.56
	15.0	-10.89
	28.9	-21.20
氯化钙+冰	22.5	-7.8
	29.8	-55.00
氯化铵+冰	22.9	-15.80

为了使冰盐混合物能达到预期的冷却温度,按表 2-2 配方在配制冷却剂时要将盐类物质与冰块分别仔细地粉碎,然后混合均匀,在盛装冷却剂的容器外面,用保温材料仔细地加以保护,使之较长时间地维持在低温状态。如果在配制时,粉碎的冰块过大,混合不均匀,保温措施差,则所配制的冷却剂不可能达到预期的低温。如需使用更低温度的冷却剂,可使用表 2-3 的配方配制。

表 2-3 中固体 CO_2(干冰)可用保温桶向当地酒厂购买,也可用贮存在碳钢瓶中的二氧化碳(应在老师的指导下进行操作)。干冰必须在铁研缸(不能用瓷研缸)中粉碎,操作时应戴护目镜和手套。由于有爆炸的危险,如用保温瓶盛装时,外面应当用石棉绳(或类似材料)、金属丝网罩或木箱等加以防护,瓶的上沿是特别敏感的部位,使用时要特别小心,避免碰撞。在配制时,将固体 CO_2 加入工业酒精(或其他溶剂)中进行搅拌,两者用量并无严格规定,但固体 CO_2 应当使用过量。

表 2-3　　　　　　　　　　冷却剂配方 Ⅱ

冷却剂	质量/g	冷却剂温度/℃	冷却剂	质量/g	冷却剂温度/℃
酒精 (或碎冰)	77 73	-30	乙醚 固体 CO_2	过量	-77
酒精 固体 CO_2	过量	-72	氯乙烷 固体 CO_2	过量	-60
氯仿 固体 CO_2	过量	-77	氯甲烷 固体 CO_2	过量	-82

如果需要更低温度的冷却剂,还可使用液氮或液态空气,温度可冷却至$-195.8\ ℃$。液态空气随其存放时间的长短,温度会在$-193\sim-186\ ℃$变化,排出蒸气可以使液体的温度降为更低。在适当的液体(如戊烷)中,通过液态空气可以得到任意给定的低温。使用液氮或液态空气,应当在老师的指导下进行。

第四节　干燥技术

借助热能使物料中水分(或溶剂)汽化的过程称为干燥。干燥可分为自然干燥和人工干燥两种。在化学工业上,有真空干燥、冷冻干燥、气流干燥、微波干燥、红外线干燥和高频率干燥等方法。

在有机化学实验中,干燥是重要的操作之一。许多有机反应需要在绝对无水的条件下进行,所用的原料及溶剂都应当是干燥的,而且还要防止空气中的水分进入反应体系,因此需对进入的空气进行干燥处理。通过有机合成操作制得的产品,也要经过干燥处理后,才能成为合格的产品。

干燥剂是指能除去潮湿物质(固体、液体、气体)中水分的物质。干燥剂有化学干燥剂和物理干燥剂两种。化学干燥剂是一类能吸去水分而常伴有化学反应的物质(如石灰、五氧化二磷等),物理干燥剂是一类能吸附水分或与水形成共沸物,而不伴有化学反应的物质(如用硅胶除空气中的水分、用苯除去酒精中的水分等)。

干燥的方法可分为物理方法和化学方法两大类。

物理方法是指使用真空干燥、冷冻干燥、气流干燥、微波干燥、红外线干燥、高频率干燥、分馏、共沸蒸馏、吸附等方法进行干燥。

化学方法是指使用能与水生成水合物的化学干燥剂进行干燥,如硫酸、氯化钙、硫酸铜及氯化镁等以及能与水反应后生成其他化合物的物质,如磷酸酐、氧化钙、钙、钠、镁及碳化钙等。

一、气体物质的干燥

将固体干燥剂填装在干燥塔中,需要被干燥的气体从塔的底部进入,经过干燥剂脱水后,从塔的顶部逸出,即气体的干燥是在干燥塔内完成的。

化学惰性气体可用瓶内装有浓硫酸的洗气瓶进行干燥,但还需在该瓶的前后安装两只空的洗气瓶作为安全瓶。

当有机反应体系需要防止湿空气进入时,在反应器连通大气的开口处需连接干燥管,管内盛有氯化钙或碱石灰等干燥剂。不同性质的气体,应当选择不同类别的干燥剂,见表2-4。

表 2-4　　　　　　　　　　用于气体的干燥剂

干燥剂	气体
CaO	NH_3 等
$CaCl_2$(熔融)	H_2、O_2、HCl、CO、CO_2、N_2、SO_2、烷烃、烯烃、氯代烃、乙醚
P_2O_5	H_2、O_2、CO_2、N_2、SO_2、烷烃、乙烯
H_2SO_4	O_2、CO_2、CO、N_2、Cl_2、烷烃
$CaBr_2$	HBr
KOH(熔融)	NH_3 等
CaI_2	HI
碱石灰	O_2、N_2、NH_3

分子筛是由 SiO_2 与 Al_2O_3 组成的,具有均一微孔结构,分子筛的孔径大小可通过加工工艺的不同来控制,除了吸附水汽,它还可以吸附其他气体,并且能将不同大小的分子分离或作为选择性反应的固体吸附剂或催化剂。作为商品出售的 3A 分子筛(钾 A 型分子筛)只吸附水,而不吸附乙烯、乙炔、二氧化碳、氨气和更大的分子,是一种比较理想的气体干燥剂。

可用分子筛干燥的气体有:空气、天然气、氩气、氦气、氧气、氢气、裂解气、乙炔、乙烯、二氧化碳、硫化氢、六氟化硫。干燥后的气体中的含水量应小于 $10\ mg/m^3$。

二、液体物质的干燥

液体有机物中的微量水分常用干燥剂脱除。干燥剂的种类很多,效能也不尽相同,选用时应考虑以下因素:

(1)不与被干燥物质发生化学反应;
(2)不能溶解于被干燥物质中;
(3)吸水量大,干燥效能高;
(4)干燥速度快,节省实验时间;
(5)价格低廉,用量较少,利于节约。

三、固体物质的干燥

干燥固体有机化合物,主要是为了除去残留在固体中的少量低沸点溶剂,如水、乙醚、乙醇、丙酮、苯等。由于固体有机物的挥发性比溶剂小,所以可采取蒸发或吸附的方法来达到干燥的目的,常用的干燥法如下:

(1)晾干;
(2)烘干:用恒温烘箱、恒温干燥箱或红外灯烘干;
(3)冻干;
(4)干燥器干燥:用普通干燥器或真空干燥器干燥。

实验室中各类有机物常用的干燥剂见表 2-5。

表 2-5 各类有机物常用的干燥剂

化合物类型	干燥剂
烃类化合物	$CaCl_2$、Na、P_2O_5
卤代烃类化合物	$CaCl_2$、$MgSO_4$、Na_2SO_4、P_2O_5
醇类化合物	K_2CO_3、$MgSO_4$、CaO、Na_2SO_4
醚类化合物	$CaCl_2$、Na、P_2O_5
醛类化合物	$MgSO_4$、Na_2SO_4
酮类化合物	K_2CO_3、$CaCl_2$、$MgSO_4$、Na_2SO_4
酸、酚类化合物	$MgSO_4$、Na_2SO_4
酯类化合物	$MgSO_4$、Na_2SO_4、K_2CO_3
胺类化合物	KOH、NaOH、K_2CO_3、CaO
硝基类化合物	$CaCl_2$、$MgSO_4$、Na_2SO_4

第五节 回流与分水技术

一、回流

回流是为了防止长时间在沸腾状态下反应体系中的物质逃逸的一种装置,如图2-10所示。

回流冷凝装置中,回流冷凝管夹套中自下而上通入冷却水,水流速度可适当控制,但需保持蒸气充分冷凝。加热控制使蒸气不超过冷凝管高度的1/3。

如果反应体系需防潮,可在回流冷凝管上端安装干燥管;如果反应过程中放出有害气体,可接气体吸收装置;对于反应剧烈、放热量大的化学反应,可采用带滴液漏斗的回流装置。

回流中,圆底烧瓶的大小应使反应物占烧瓶容量的1/3~1/2,最多不超过2/3,回流装置应自下而上安装。

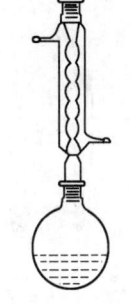

图2-10 回流装置

二、分水(共沸蒸馏)

对于能形成共沸物的混合溶液来说,普通的蒸馏方法是很难进行分离的。由于共沸物的气相和液相具有相同的组成,因此共沸物不可能通过蒸馏而分离为纯组分。但我们可根据共沸蒸馏的原理,利用共沸物的形成将混合物中的某一组分带出。所谓的共沸干燥剂,就是将一种既能与水形成共沸物,而又尽可能(在冷却时)与水不互溶的物质。

例如,将苯加入待干燥物质中,然后将混合物置于图2-11(b)所示的装置中加热至沸腾。水与苯形成共沸物而被蒸出(沸点69 ℃),冷却时流出的水滴沉积于分水器刻度管的底部;由于一般有机化合物的密度小于水,分水器下面的特殊容器可使有机物和水分层,有机物仍然在上层,随着有机物的增多,又回到反应瓶中继续带水,而水可以从下面放出。

例如,乙醇-水溶液,因为乙醇同水形成了共沸物。在常压下,共沸物的组成为4.43%水和95.57%乙醇,共沸点为78.15 ℃。即当乙醇-水溶液浓度为95.57%时,溶液的气液相组成(平衡组成)相等。

这就无法用普通蒸馏的方法将乙醇溶液再浓缩,即得不到纯度高于95.57%的乙醇。可选择一个好的共沸剂(苯),使之与水和乙醇形成三元共沸物,从而达到分离目的,便可得到无水乙醇。

表2-6列举了常压下共沸剂(苯)、乙醇与水形成共沸物的情况。

表2-6 乙醇、水、苯之间存在共沸物的情况

共沸物	共沸点/℃	共沸物组成(质量)		
		乙醇的含量/%	水的含量/%	苯的含量/%
乙醇-水(二元)	78.15	95.57	4.43	—
苯-水(二元)	69.25	—	8.83	91.17
乙醇-苯(二元)	68.24	32.37	—	67.63
乙醇-水-苯(三元)	64.85	18.50	7.40	74.10

当添加适量的苯于工业乙醇中蒸馏时,则乙醇-水-苯三元共沸物首先蒸出,其次为乙醇-苯二元共沸物,无水乙醇最后留于釜底,在进行某些可逆反应时,为促使正反应进行到

底,可将反应产物之一或能形成共沸物的产物不断地从反应体系中蒸出,其常用装置如图2-11所示。

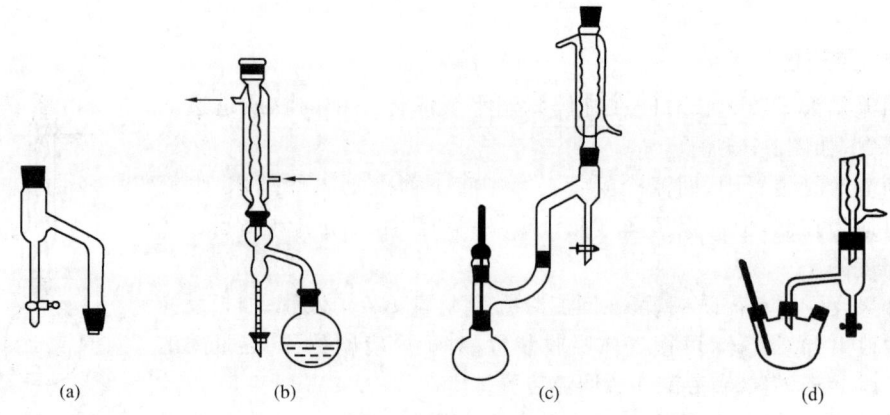

图 2-11 分水器及带有分水器的反应装置

再如,制备乙酸异戊酯的酯化反应是可逆的,实验中除了使反应物之一的冰醋酸过量外,还采用了带有分水器的回流装置,使反应中生成的水被及时分出,以破坏平衡,使反应向正反应方向进行。带有分水器的回流装置如图2-11(c)所示。

常用的带水剂有苯、甲苯、二甲苯、三氯甲烷以及四氯化碳。由于三氯甲烷和四氯化碳两种物质的密度比水大,则必须使用图2-12(a)所示的分水器,在开始加热之前,刻度管内应首先吸满带水剂,如果欲分除的水量大,图2-12(b)所示的装置则更适合,因为它能将蒸出的水连续排出。但需注意,该装置只在处于严格的垂直位置并充满流出液时才能有效地工作。

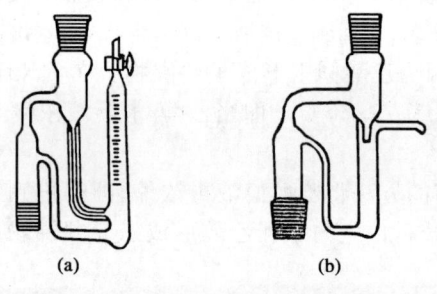

图 2-12 分水器

第六节 蒸馏技术

一、普通蒸馏

液体有机物的纯化和分离以及溶剂的回收通常是采用蒸馏的方式来完成的。通过蒸馏还可以测出液体化合物的沸点,这对鉴定纯有机化合物也有一定的意义。

1. 原理

液体化合物在一定的温度下具有一定的蒸气压,将液体加热,它的蒸气压随着温度的升高而增大,当液体的蒸气压增大至与外界施于液面的总压强(通常指大气压)相等时,就有大量的气泡从液体内部逸出,即液体沸腾,这时的温度称为液体的沸点。

将液体加热至沸腾,使液体变为蒸气,然后使蒸气冷凝为液体,这两个过程联合操作称为蒸馏。有些液体有机物通常和其他组分形成二元或三元共沸物,它们也有一定的沸点,但不是纯有机化合物。如95%乙醇就是一种二元共沸物,而非纯物质,它具有一定的沸点和组分,不能用普通蒸馏法分离。

2. 仪器的选择

(1) 热源的选择

一般沸点低于80 ℃的蒸馏采用水浴加热,可将烧瓶浸入水浴中,水浴的液面应略高于烧瓶内被蒸物质的液面,勿使烧瓶底触及水浴锅底,保持浴温不超过蒸馏物沸点20 ℃。这样的加热方式,不仅可避免局部过热及液体的暴沸,而且可使蒸气的气泡不断从烧瓶的底部上升,或沿着烧瓶的边沿上升,使液体平稳地沸腾。

(2) 烧瓶的选择

普通蒸馏要求待蒸馏物的质量不超过烧瓶容量的 2/3,但也不能少于 1/3。若超过 2/3 则待蒸馏物来不及汽化就直接溢出烧瓶,少于 1/3 则受热面积太小。

(3) 冷凝管的选择

沸点在 140 ℃ 以下的待蒸馏物选用直形冷凝管。冷凝水应从冷凝管的下口流入,上口流出,以保证冷凝管的套管中始终充满水,而且冷凝水下进上出,便于冷却,水龙头应缓慢打开,然后根据温度选择流量。沸点高于 140 ℃ 时选用空气冷凝管,以防温差较大时,冷凝管受热不均而断裂。

(4) 温度计的选择

根据被蒸馏物可能达到的最高温度,应选择量程高于 10~20 ℃ 的温度计。禁止以温度计用来搅拌,也不能用来测量超出刻度范围的温度。温度计用后要缓慢冷却,不能用冷水立即冲洗以免炸裂。

(5) 接收器

一般采用小口接收器(锥形瓶),以减少产品的挥发损失。

3. 仪器的安装

普通蒸馏装置如图 2-13 所示。仪器安装的总原则是从下而上,从左到右,先难后易逐个地装配,拆卸时,按照与装配相反的顺序逐个地拆除。

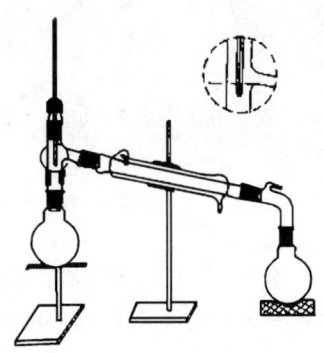

图 2-13 普通蒸馏装置图

在铁架台下放置电热套,上置 500 mL 烧杯,用烧瓶夹夹好 100 mL 圆底烧瓶,置于烧杯中,使水浴的液面略高于烧瓶内待蒸馏物的液面,蒸馏烧瓶上装一蒸馏头,蒸馏头的侧管向右侧,装有温度计的温度计套管置于蒸馏头的上口中。温度计的高度是温度计的水银球的上沿与蒸馏头侧管的下沿在同一水平线上。

用另一铁架台夹好已接好上下橡皮管的冷凝管,然后调整其位置,使它与已装好的蒸馏头的侧管同轴,然后松开固定冷凝管的铁架,使冷凝管沿此轴移动并与蒸馏头连接(铁夹不应夹得太紧或太松,以夹住后稍用力尚能转动为宜)。最后在冷凝管的下口套一弯接管,弯接管下置一个 100 mL 锥形瓶(弯接管与锥形瓶之间不能用塞子塞住,否则会造成封闭体系,引起爆炸)。

安装完的装置应无论从正面或侧面看,全套仪器装置的轴线都要在同一平面内,铁架台也需整齐地置于仪器的背面。

二、水蒸气蒸馏

1.水蒸气蒸馏的应用范围

水蒸气蒸馏是用来分离和提纯液态或固态有机化合物的一种方法,常用于下列几种情况:

(1)某些沸点高的有机化合物,在常压下蒸馏虽可与副产物分离,但易被破坏;
(2)混合物中含有大量树脂状杂质或不挥发性杂质,采用蒸馏、萃取等方法都难以分离;
(3)从较多固体反应物中分离出被吸附的液体。

2.基本原理

根据道尔顿分压定律,当与水不相混溶的物质与水共存时,整个体系的蒸气压应为各组分蒸气压之和,即:

$$p = p_A + p_B$$

其中,p 为总的蒸气压,p_A 为水的蒸气压,p_B 为与水不相混溶物质的蒸气压。

当混合物中各组分蒸气压总和等于外界大气压时,这时的温度即它们的沸点,此沸点比各组分的沸点都低。因此,在常压下应用水蒸气蒸馏,就能在低于 100 ℃的情况下将高沸点组分与水一起蒸馏出来,因为总的蒸气压与混合物中二者间的相对量无关,直到其中一组分几乎完全移去,温度才上升至留在瓶中液体的沸点。我们知道,混合物蒸气中各个气体分压(p_A,p_B)之比等于它们的物质的量(n_A,n_B)之比,即:

$$\frac{n_A}{n_B} = \frac{p_A}{p_B}$$

$$n_A = m_A / M_A$$

$$n_B = m_B / M_B$$

其中,m_A、m_B 为各物质在一定容积中蒸气的质量,M_A、M_B 为物质 A 和物质 B 的相对分子质量。因此:

$$\frac{m_A}{m_B} = \frac{M_A n_A}{M_B n_B} = \frac{M_A p_A}{M_B p_B}$$

可见,A、B 两种物质在馏出液中的相对质量(它们在蒸气中的相对质量)与它们的蒸气压和相对分子质量成正比。

以苯胺为例,它的沸点为 184.4 ℃,与水不相混溶。当和水一起加热至 98.4 ℃时,水的蒸气压为 95.4 kPa,苯胺的蒸气压为 5.6 kPa,它们的总压强接近大气压强,于是液体就开始沸腾,苯胺就随水蒸气一起被蒸馏出来,水和苯胺的相对分子质量分别为 18 和 93,代入上式得:

$$\frac{m_A}{m_B}=\frac{95.4\times18}{5.6\times93}=\frac{33}{10}$$

即蒸出 3.3 g 水能够带出 1 g 苯胺，苯胺在溶液中的组分占 23.3%。实验中蒸出的水量往往超过计算值，这是因为苯胺微溶于水，实验中尚有一部分水蒸气来不及与苯胺充分接触便离开蒸馏烧瓶的缘故。

利用水蒸气蒸馏来分离提纯物质时，要求此物质在 100 ℃ 左右时的蒸气压至少在 1.33 kPa 左右。如果蒸气压在 0.13~0.67 kPa，则其在馏出液中的含量仅占 1%，甚至更低。为了使馏出液中的含量增高，就要尽可能地提高此物质的蒸气压，也就是说要提高温度，使蒸气的温度超过 100 ℃，即要用过热水蒸气蒸馏。例如，苯甲醛（沸点 178 ℃）在进行水蒸气蒸馏时，于 97.9 ℃ 时沸腾，这时 $p_A=93.8$ kPa，$p_B=7.5$ kPa，则：

$$\frac{m_A}{m_B}=\frac{93.8\times18}{7.5\times106}=\frac{21.2}{10}$$

这时馏出液中苯甲醛占 32.1%。

假如导入 133 ℃ 过热水蒸气，苯甲醛的蒸气压可达 29.3 kPa，因而只要有 72 kPa 的蒸气压，就可使体系沸腾，如图 2-14 所示，则：

$$\frac{m_A}{m_B}=\frac{72\times18}{29.3\times106}=\frac{4.17}{10}$$

这样馏出液中苯甲醛的含量就提高到了 70.6%。

应用过热水蒸气还具有使水蒸气冷凝少的优点，为了防止过热水蒸气冷凝，可在蒸馏瓶下保温，甚至可加热，如图 2-14 所示。

从上面的分析可以看出，使用水蒸气蒸馏的分离方法是有条件限制的，被提纯物质必须具备以下几个条件：

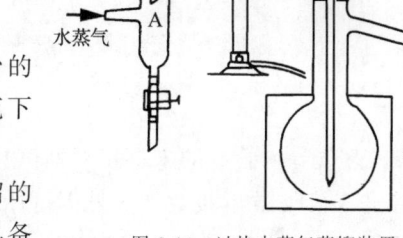

图 2-14　过热水蒸气蒸馏装置

(1) 不溶或难溶于水；
(2) 与沸水长时间共存而不发生化学反应；
(3) 在 100 ℃ 左右必须具有一定的蒸气压（一般不小于 1.33 kPa）。

水蒸气蒸馏的分离方法分为直接法和间接法两种。

直接法在实验中较为方便，常用于微量有机物的分离实验。操作时向盛有待蒸馏物的烧瓶中加入适量蒸馏水，通过导管往溶液中通入水蒸气进行加热，加热至沸以便产生蒸气，水蒸气与待蒸馏物一起蒸出。对于挥发性液体和数量较少的物料，此法非常适用。如图 2-15 所示。

间接法是常量实验中经常使用的方法，其操作比较复杂，需要安装水蒸气发生器，常用的水蒸气蒸馏的简单装置如图 2-16 所示。图中 1 是水蒸气发生器，可使用金属制成的水蒸气发生器，也可使用二口烧瓶或三口烧瓶，通常盛水量以其容积的 3/4 为宜。如果太满，沸腾时水将冲至烧瓶。安装装置时，应注意将安全管 3 插到发生器 1 的底部。

注意事项：

(1)蒸馏过程中如发现水从安全管顶端喷出，说明系统内压强过大，应立即打开 T 形管的螺旋夹 7，停止加热，待排除故障后，方可继续蒸馏。

(2)如蒸馏过程中出现倒吸现象，说明烧瓶内的压强大于水蒸气发生器内的压强，也应立刻打开螺旋夹 7，接通大气，待故障排除后再蒸馏。

蒸馏部分可用三口烧瓶 4，瓶内液体不宜超过其容

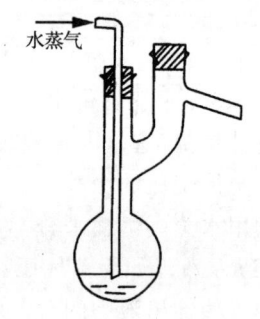

图 2-15　少量物质的水蒸气蒸馏装置

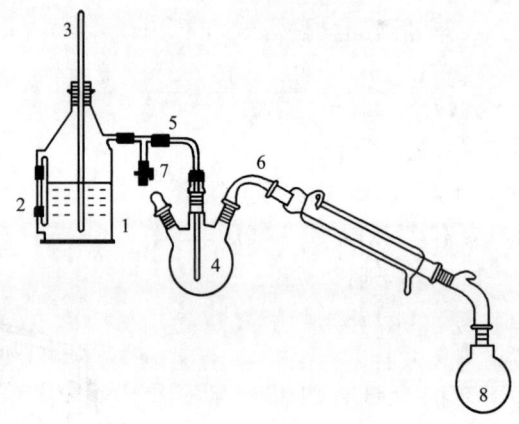

1—水蒸气发生器；2—玻璃液面计；3—安全管；4—三口烧瓶；
5—蒸气导入管；6—蒸气导出管；7—螺旋夹；8—接收器

图 2-16　水蒸气蒸馏装置

积的 1/3。蒸气导入管 5 的末端正对瓶底中央并伸到接近瓶底 2～3 mm 处。馏出液通过接液管进入接收器 8，接收器 8 外围可用冷水浴冷却。

水蒸气发生器与圆底烧瓶之间应装上一个 T 形管。在 T 形管下端连接一个带螺旋夹 7 的胶管或两通活塞，以便及时除去冷凝下来的水滴。整个装置应尽量缩短水蒸气发生器与圆底烧瓶之间的距离，以减少水蒸气的冷凝。

在蒸馏需要中断时或蒸馏完毕后，一定要先打开螺旋夹 7 使其接通大气，然后方可停止加热，否则蒸馏瓶中的液体将会倒吸到发生器中。在蒸馏过程中，如发现安全管中的水位迅速上升，则表示系统发生了堵塞，此时应立即打开活塞，然后再移去热源，待排除了堵塞后再继续进行水蒸气蒸馏。在 100 ℃ 左右、蒸气压较低的化合物可利用过热蒸气来进行蒸馏。例如，可在 T 形管和蒸馏瓶之间串联一段铜管（最好是螺旋形的），铜管下用火焰加热，以提高蒸气的温度。

三、减压蒸馏

普通蒸馏通常只适用于沸点在 40～150 ℃ 的液体混合物提纯，因为高于 150 ℃ 时，许多物质都可发生显著分解或者部分分解。

1.减压蒸馏原理

液体的沸点指的是液体的蒸气压与外压相等时的温度。外压降低时,其沸腾温度随之降低。在蒸馏操作中,一些有机物加热到其正常沸点附近时,会由于温度过高而发生氧化、分解或聚合等反应,使其无法在常压下蒸馏。若将蒸馏装置连接在一套减压系统上,在蒸馏开始前先使整个系统压强降低到只有常压的十几分之一至几十分之一,那么这类有机物就可以在较其正常沸点低得多的温度下进行蒸馏。这种在较低压强下进行的蒸馏操作称为减压蒸馏。

2.装置介绍

整个系统分为蒸馏、抽气(减压)以及保护和测压装置三部分。如图2-17所示。

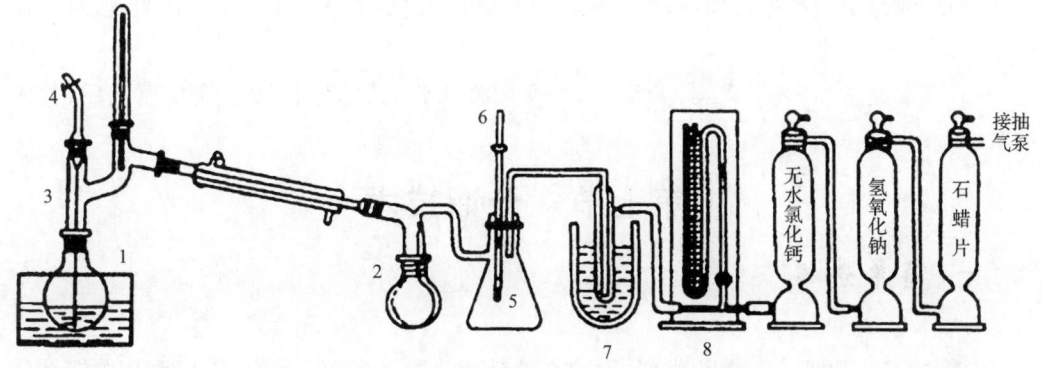

1—圆底烧瓶;2—接收器;3—克氏蒸馏头;4—螺旋夹;5—安全瓶;6—二通活塞;7—冷却阱;8—测压计

图2-17 减压蒸馏系统

(1)蒸馏:采用圆底烧瓶和克氏蒸馏头的目的是避免减压蒸馏时,瓶内蒸馏物由于沸腾而进入冷凝管中,其中一颈插温度计,另一颈插毛细管,毛细管距瓶底1~2 mm,毛细管的作用是为了平稳蒸馏,避免因液体过热而产生暴沸现象,毛细管上端带有螺旋夹的橡皮管可调节进入的空气量,使进入液体的少量空气呈微沸状态小气泡冒出,以作为液体沸腾的汽化中心。

(2)抽气:实验室通常用水泵或油泵进行减压,如果减压要求的真空度不高,可直接使用水泵,一般水泵可抽14~25 mmHg,若要求较低的压强,就必须使用油泵,通常油泵的效能决定于油泵的机械结构及油的好坏,好的油泵能抽至0.1 mmHg,油泵使用时一定要注意保护,所以通常在油泵前加了保护装置,以防止溶剂、水进入油泵,影响真空度。如果有挥发性的有机溶剂蒸气进入油泵,就会被油吸收,从而增加了油的蒸气压,影响真空效能;如果混入酸性蒸气就会腐蚀油泵;如果混入水蒸气就会使油形成乳浊液,破坏了油泵的正常操作。

(3)保护和测压装置:保护系统中装有安全瓶、冷却阱、酸、水吸收塔,安全瓶是用来调节系统压强及放气之用;冷却阱则用来吸收挥发性溶剂的气体;碱性吸收塔是用来吸收酸性蒸气的;无水氯化钙吸收塔是用来吸收经碱性吸收塔后还未除净的残余水蒸气;测压计的作用是指示减压蒸馏系统内的压强,常用的水银测压计有两种,一种是封闭式,另一种是开口式,我们常用的是封闭式:减压泵工作时,水银测压计的 A 管汞柱下降,B 管汞柱上升,待稳定后,移动滑动标尺,将零点调整在 B 管的水银平面外,两者之差则表示系统内的压强。

3.操作

(1)装好仪器,检查系统能否达到所要求的压强。检查方法是:关闭安全瓶上的活塞,旋紧毛细管上的夹子,然后抽气,观察能否达到所要求的压强。

(2)旋紧毛细管上的螺旋夹,打开安全瓶活塞,开泵抽气,逐渐关闭活塞,从测压计观察真空度,调到所需压强。

(3)加料至蒸馏瓶中,不超过容积的 1/2,再关好安全瓶活塞,开动油泵。

(4)调节毛细管上的螺旋管至液体有平稳气泡发生。

(5)压强稳定后再进行加热;此时应注意压强的变化,如果不符,应注意调节;蒸馏速度以 0.5～1 滴/s 为宜。

(6)蒸馏完毕,除去热源,打开活塞,平衡内外压强,待水银柱缓慢恢复原状后,关闭油泵。

第七节　分馏技术

一、简单分馏

1.基本原理

分馏的基本原理与蒸馏相类似,不同之处是在装置上多加一个分馏柱,利用分馏柱使汽化、冷凝的过程由一次改进为多次。简单地说,分馏即多次蒸馏。

蒸馏和分馏都是分离提纯液体有机化合物的重要方法。蒸馏主要用于分离两种或两种以上沸点相差较大(至少 30 ℃以上)的液体混合物,而分馏是分离和提纯沸点相差较小的液体混合物,目前最精密的分馏设备已能将沸点相差 1～2 ℃的混合物分开。分馏已在实验室和化学工业中被广泛应用。

2.分馏过程

当蒸馏瓶内沸点相差不大的混合物经加热沸腾变为蒸气进入分馏柱时,因柱外空气的冷却,蒸气中高沸点的组分就会被冷凝为液体,回流入烧瓶中,因而上升的蒸气含易挥发组分(低沸点部分)的相对量增多,而冷凝下的液体含难挥发组分(高沸点组分)的相对量增多。

当冷凝液在回流的过程中遇到上升的蒸气,二者便进行热交换,上升蒸气中难挥发组分又被冷凝,从而使易挥发组分又增加了,而分馏柱中的填充物则可以增加回流液体和上升蒸气的接触面积,从而达到更好的热交换效果。

如此在分馏柱中反复进行着汽化、冷凝、回流等程序,使易挥发组分首先从分馏柱的上部逸出,而难挥发组分则从下部回流入烧瓶,这就是分馏的基本过程。

3.分馏效率

分馏效率与分馏柱的高度、绝热性能及填充物的类型有关。

(1) 分馏柱的高度

分馏柱越高,蒸气和冷凝液接触的机会也越多,效率越高。但若分馏柱过高,分馏速度则变慢,所以选择分馏柱要适当。

(2) 填充物

分馏柱中填料物的品种与分馏效率也有关系,通常实验室采用玻璃管填料、瓷管填料、金属丝填料等。

4. 注意事项

(1) 安装好分馏装置,经检查合格后方可开始加热;

(2) 温度计水银球的位置应与支管口下缘位于同一水平线上;

(3) 蒸馏烧瓶中所盛液体不能超过其容积的 2/3,也不能少于 1/3;

(4) 冷凝管中冷凝水从下口进,从上口出;

(5) 加热温度不能超过混合物中沸点最高物质的沸点;

(6) 分馏过程一定要缓慢进行,控制好恒定的蒸馏速度(1~2 滴/s),这样可以得到比较好的分馏效果;

(7) 要使更多的馏出液沿分馏柱流回烧瓶中,即要选择合适的回流比,使上升的气流和下降的液体充分进行热交换,使易挥发组分尽量上升,难挥发组分尽量下降,从而才能使分馏效果更好(一般情况下,通过调节馏出液速度来保持分馏柱内温度梯度,加热速度太快或太慢,都会影响分馏效果);

(8) 必须尽量减少分馏柱的热量损失和波动。分馏柱的外面可用石棉绳包住,这样可以减少柱内热量的散发和波动以及外界的影响,使加热均匀,分馏操作平稳地进行。

二、用于制备反应的分馏装置

工业上最典型的设备是分馏塔。有机实验室常采用以下三种分馏柱:一种是韦氏分馏柱,又称为刺形分馏柱,它是一根分馏管,中间一段每隔一定距离向内伸入三根向下倾斜的刺状物,在柱中相交,每堆刺状物间排列成螺旋状,如图 2-18(a)所示;另一种是长 30~40 cm、直径为 1.5~2.5 cm 的分馏管,如图 2-18(b)所示;还有一种是上述分馏柱的改良,它是由克氏分馏管和附加的一根小型冷凝管构成的,如图 2-18(c)所示。

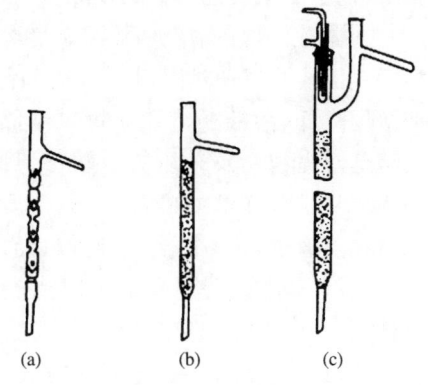

图 2-18 简单分馏柱

为了提高分馏效率,在分馏柱中装入大面积的填充物,填充物之间保留一定的空隙。最常用的方法是填料,包括玻璃、陶瓷或各种形状(螺旋形、马鞍形、网状等)的金属小片等,以增加表面积。简单分馏中几种常用的填料类型如图 2-19 所示。

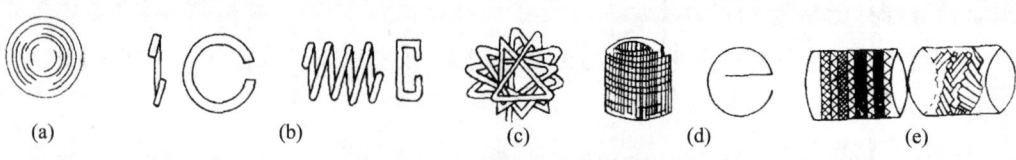

图 2-19　简单分馏中常用的填料类型

简单分馏装置是在一套蒸馏装置中,于圆底烧瓶与蒸馏头之间接入一支分馏柱(如刺形分馏柱)。为防止分馏柱中过度冷凝,通常在分馏柱外包裹绝热层,如图 2-20 所示。

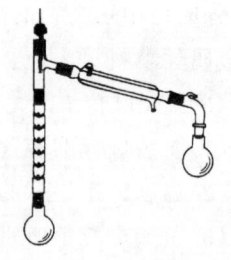

图 2-20　简单分馏装置

第八节　重结晶与过滤技术

一、重结晶

1. 原理

重结晶是把待结晶的物料溶于一种热的溶剂中,然后冷却此溶液,被溶解的物质在较低温度时溶解度下降,因此,将溶液冷却时物料便从溶液中析出,如果结晶生长相对较快而且具有选择性,则称为结晶;若这个过程发生得很快却没有选择性,则称为沉淀。结晶过程是一个可逆过程,最初它是生成一粒小晶种,随后一层层长大而得到非常纯的晶体产品。从某种意义上来说,这个晶种在溶液中"选择"恰当的分子,而沉淀过程中,晶体形成很快,以至于杂质也被包藏在晶格中,所以沉淀物是一个含有杂质的混合物。

固体有机物在溶剂中的溶解度与温度有密切的关系,一般情况下,温度升高,溶解度增大。固体溶解在热溶剂中达到饱和,冷却时,由于溶解度降低,溶液过饱和而析出结晶。这是利用不同溶剂对提纯物及杂质的溶解度不同,可以使被提纯物质从过饱和溶液中析出,而杂质全部或大部分仍留在溶液中,从而达到提纯的目的。

所以重结晶的首要问题是选择一种合适的溶剂。

如图 2-21 所示,A 是良好的溶剂,这条溶解度曲线的斜率很大,说明在较低温度(或室温),其溶解度较低,只是在较高温度时,溶解度才增大;而斜率小的 B 线,则表示溶液温度下降时不会造成有效的结晶,所以 B 类溶剂是差溶剂;C 线也是一条斜率小的曲线,是指被溶解物质在一切温度下都易溶于溶剂中,所以也是差溶剂,只有像 A 线所示性能的溶剂才是理想的重结晶溶剂。

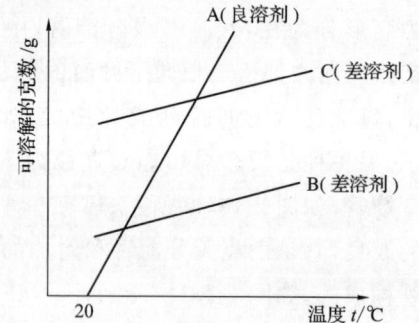

图 2-21　溶解度对温度的关系

有机物的溶解度是溶剂和溶质二者的函数,其规律是"相似相溶"。若溶质的极性很大,就需用极性很大的溶剂才能溶解,若溶质是非极性的,则需用非极性溶剂。例如:对于带有能形成氢键的官能团(例如—OH、—NH$_2$、—COOH、—CONH$_2$)的化合物来说,它们属于极性化合物,所以通常是选用水、醇等含羟基的溶剂,而不是选用苯、石油醚等非极性溶剂。

2. 重结晶的一般过程

(1)溶剂的选择

①与待提纯物质不起化学反应;

②在较高温度时能溶解更多量的待提纯物质,而在室温或更低的温度时只能溶解少量;

③对杂质的溶解度非常大或非常小(对杂质溶解非常大则使杂质留在母液中而不随待提纯物质析出,对杂质溶解度非常小则使杂质在热过滤时被滤出);

④溶剂的沸点要适中,不宜太高,也不宜太低,过低时溶解度改变不大,难分离且操作困难;过高时附着于晶体表面的溶剂不宜除去。

重结晶时需要知道用哪一种溶剂最合适和溶质在该溶剂中的溶解度情况。可从查阅手册或辞典中找到有关溶剂的资料,也可用少量样品进行反复实验。在选择溶剂时可根据"相似相溶"的一般原理,因为溶质往往易溶于结构相似的溶剂中。具体方法是:取约 0.1 g 粗产品置于一小试管中,滴入约 1 mL 某溶剂,不断振摇,观察是否溶解,若很快全溶,表明此溶剂不适用;若不溶,可加热并观察现象,如仍不溶,可逐滴加入溶剂,每次滴加约 0.5 mL,至 3~4 mL,若沸腾下仍不溶解,说明此溶剂不适用。总之,应能使粗产品溶于 1~4 mL 沸腾的热溶剂中,室温下或冷却能析出较多的结晶的溶剂才适用。重结晶操作中常用的一些溶剂见表 2-7。

表 2-7 重结晶操作中常用的一些溶剂

溶剂	沸点/℃	冰点/℃	密度/g·cm^{-3}	在水中的溶解度	易燃性
水	100	0	1.0	+	0
甲醇	64.96	<0	0.7914(20 ℃)	+	+
95%乙醇	78.1	<0	0.804	+	++
冰醋酸	117.9	16.7	1.05	+	+
石油醚	30~60	<0	0.64	−	++++
乙酸乙酯	77.06	<0	0.90	+	++
苯	80.1	5	0.88	−	++++
氯仿	61.7	<0	1.48	+	0
四氯化碳	76.54	<0	1.59	−	0

若未能找到某一合适的溶剂,可考虑选用混合溶剂。混合溶剂通常由两种互溶的溶剂组成,其中一种对待提纯物质溶解度较大,而另一种的溶解度较小。常用的混合溶剂有:水-乙醇、水-丙酮、水-乙酸、乙醇-苯、苯-石油醚、乙醚-甲醇等。

(2)固体的溶解

要使重结晶得到的产品纯且回收率高,溶剂的用量是关键,溶剂用量太大,会使待提纯物质过多地留在母液中造成损失;若用量太少,在随后的趁热过滤中又易析出晶体而损失掉,并且还会给操作带来麻烦。因此一般比理论需求量(刚好形成饱和溶液的量)多加10%~20%的溶剂。

(3) 脱色

不纯的有机物常含有有色杂质,常可向溶液中加入少量活性炭来吸附这些杂质,加入活性炭的方法是:待沸腾的溶液稍冷却后加入,活性炭用量视杂质多少而定,一般为干燥的粗产品重量的1%~5%,然后煮沸5~10 min,并不时搅拌以防暴沸。

(4) 热过滤(操作方法见本节二、过滤技术)

(5) 结晶

让热滤液在室温下慢慢冷却,结晶随之形成。如果冷却时无结晶析出,可用加入一小颗晶种(原来固体的结晶)或用玻璃棒在液面附近的容器壁上稍用力摩擦以引发结晶。

所形成晶体太细或过大都不利于纯化。晶体太细则表面积大,易吸附杂质;晶体过大则在晶体中央有杂质溶液且干燥困难。若让热滤液快速冷却或振摇则会使晶体很细;若使热滤液极缓慢地冷却则产生的晶体较大。

(6) 抽气过滤(减压过滤)

结晶与母液的分离一般采用布氏漏斗抽气过滤的方法。

(7) 干燥结晶

用重结晶法纯化后的晶体,其表面还吸附有少量溶剂,应根据所用溶剂及结晶的性质选择恰当的方法进行干燥。

二、过滤技术

过滤一般有两个目的,一是去除溶液中的不溶物而得到溶液,二是去除溶剂(或溶液)得到结晶。常用的过滤方法有三种:

1. 常压过滤

常压过滤是用内衬滤纸的锥形玻璃漏斗过滤,滤液靠自身的重力透过滤纸流下,实现分离。沉淀需要灼烧的,使用滤纸和普通玻璃漏斗进行过滤。

过滤时应使用定量滤纸(无灰滤纸),每张定量滤纸灼烧后的灰分重量应不大于0.1 mg。滤纸分为慢速滤纸(红带)、中速滤纸(蓝带)、快速滤纸(白带),晶形沉淀一般用慢速滤纸,非晶形沉淀一般用中速或快速滤纸。

滤纸多用四折法折叠,放开后为60°角,放入漏斗应与漏斗吻合,然后用蒸馏水润湿滤纸压紧,使其紧贴漏斗壁,并将空气全部排出(已经定容需进行干过滤的不在此例)。漏斗颈最好能充满无气泡的水柱,以加速过滤速度,盖上表面皿待用。

过滤时,左手拿烧杯,右手持玻璃棒。玻璃棒从烧杯内抽离液面后,应在烧杯壁轻轻点靠一下,使玻璃棒上带出的溶液顺势流回烧杯,然后再开始过滤。过滤时,玻璃棒应垂直于滤纸的厚层处,溶液应沿玻璃棒流到滤纸上,其液面高度不超过滤纸的2/3~3/4处。停止倒液时,玻璃棒暂不要离开,将烧杯往后倾,此时玻璃棒仍在漏斗上方,待溶液回到杯口以下后,再将玻璃棒轻轻上提,放入烧杯内,使玻璃棒靠向里侧放回实验台上,盖上表面皿。如果滤液还要进行其他项目的测定,漏斗颈的斜尖端处应紧贴下方接滤液的容器内壁,滤液从颈管顺杯壁流下,以免溅出。

2.减压过滤(抽气过滤)

减压过滤是用安装在抽滤瓶上铺有滤纸的布氏漏斗或玻璃砂芯漏斗过滤,抽滤瓶支管与抽气装置连接,过滤在负压下进行,滤液在内外压差作用下透过滤纸或砂芯流下,实现分离。

这种过滤方法只适用于烘干称重、不需灼烧的沉淀。它一般使用微孔玻璃坩埚(或微孔玻璃漏斗)过滤,一般与水泵或小型真空泵相连接,过滤沉淀速度比较快。减压过滤装置包括布氏漏斗、抽滤瓶、安全瓶和抽气泵。

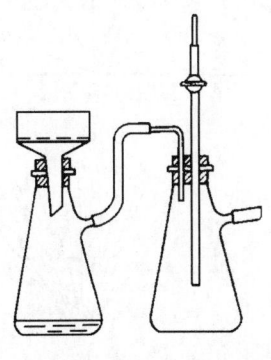
图 2-22 减压过滤装置

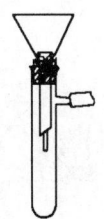
图 2-23 玻璃钉过滤装置

根据需要选用大小合适的布氏漏斗和刚好覆盖住布氏漏斗底部的滤纸。布氏漏斗的尖端应远离抽滤瓶的侧管,如图 2-22 所示。先用与待滤液相同的溶剂润湿滤纸,然后打开水泵,并慢慢关闭安全瓶上的活塞使抽滤瓶中产生部分真空,使滤纸紧贴漏斗。将待过滤溶液及晶体倒入漏斗中,液体穿过滤纸,晶体收集在滤纸上。关闭水泵前,先将安全瓶上的活塞打开或拆开抽滤瓶与水泵连接的橡皮管,以免溶液倒吸流入抽滤瓶中。在漏斗中洗涤滤饼的方法是:把滤饼尽量地抽干、压干,旋开安全瓶上的活塞恢复常压;把少量溶剂均匀地洒在滤饼上,使溶剂恰能盖住滤饼;静置片刻,使溶剂渗透滤饼,待有滤液从漏斗下端滴下时,重新抽气,再把滤饼尽量抽干、压干。这样反复几次,就可把滤饼洗净。

减压过滤的优点是过滤和洗涤的速度快,液体和固体分离得较完全,滤出的固体容易干燥。

过滤少量的结晶(1~2 g 以下),可用玻璃钉过滤装置,如图 2-23 所示。

3.加热过滤

加热过滤是用插有一个玻璃漏斗的热水漏斗过滤。热水漏斗是铜制的,内外壁间有空腔,可以盛水。热水漏斗中插一个玻璃漏斗。使用时在外壳支管处加热,可把夹层中的水烧热以使漏斗保温。

为了除去不溶性杂质常常需要趁热过滤。由于在过滤的过程中溶液的温度下降,往往导致结晶析出,因此常使用热水漏斗(保温漏斗)过滤。热水漏斗要用铁夹固定好,注入热水,并预先烧热。若是易燃的有机溶剂,应熄灭火焰后再进行加热过滤;若溶剂是不可燃的,则可煮沸后一边加热一边过滤。

为了提高过滤速度,滤纸最好折成扇形滤纸(又称折叠式滤纸或菊花形滤纸)。具体折叠法如图 2-24 所示,将圆形滤纸对折,然后再对折成 1/4,以边 3 对边 4 叠成边 5,以边 1

对边 4 叠成边 6,以边 4 对边 5 叠成边 7,以边 4 对边 6 叠成边 8,以边 1 对边 6 叠成边 10,以边 3 对边 5 叠成边 9,这时折得的滤纸外形如图 2-24(d)所示。在折叠时应注意,滤纸中心部位不可用力压得太紧,以免在过滤时滤纸底部由于磨损而破裂。然后将滤纸在边 1、边 10、边 6 等之间各朝相反方向折叠(如图 2-24(e)所示),做成扇形,打开滤纸如图 2-24(f)所示,最后做成如图 2-24(g)所示的折叠滤纸,使用前要将折叠滤纸翻转,以免过滤时手上的污物带入滤液中。

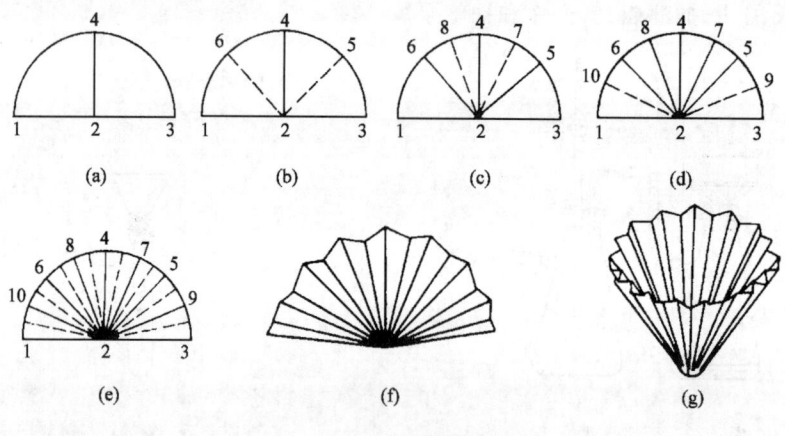

图 2-24 扇形滤纸的折叠法

第九节 萃取技术

萃取是提取或纯化化学物质的方法之一,由于该方法操作简便,因而被广泛应用。应用萃取可以从固体或液体混合物中提取出所需要的物质,也可以用来洗去混合物中的少量杂质。通常称前者为提取、抽提或萃取,后者为洗涤。

一、萃取的原理

萃取是利用待提取物在两种互不相溶(或微溶)的溶剂中溶解度或分配比不同,使其从混合物存在的溶剂(溶液)转移到另一种溶剂(萃取溶剂)中而达到分离、提取或纯化的目的。如碘的水溶液用四氯化碳萃取,几乎所有的碘都转移到四氯化碳中,碘得以与大量的水分开。

向含有溶质 A 和溶剂 1 的溶液中加入一种与溶剂 1 不相溶的溶剂 2,溶质 A 自动地在两种溶剂间分配,达到平衡。此时溶质 A 在两种溶剂中的浓度之比称为溶质 A 在两种溶剂间的分配系数 K,这就是分配定律:

$$K = C_2/C_1$$

式中,C_1 和 C_2 分别是溶质 A 在溶剂 1 和溶剂 2 中的浓度。

只有当溶质 A 在溶剂 2 中比在溶剂 1 中的溶解趋势大得多,即 K 值比 1 大得多时,溶剂 2 对于溶质 A 的萃取才是有效的。

假设 n_0 为溶质(待萃取物质)的总量,n_1 为第一次萃取后待萃取物质在原溶液中的剩余量,V 为原溶液的体积,V_s 为每次萃取所用萃取溶剂的体积,则待萃取物质在萃取溶剂中的浓度为$(n_0-n_1)/V_s$，在原溶液中的浓度为n_1/V，则有：

$$K=\frac{\dfrac{(n_0-n_1)}{V_s}}{\dfrac{n_1}{V}} \quad 即 \quad n_1=n_0\frac{V}{V+KV_s}$$

同理，经过二次萃取后待萃取物质在原溶液中的剩余量为：

$$n_2=n_0\left(\frac{V}{V+KV_s}\right)^2$$

经过 m 次萃取后：

$$n_m=n_0\left(\frac{V}{V+KV_s}\right)^m$$

K 是由实验测定溶质 A 在两相的平衡浓度而得到。显然，K 值越大，待萃取物质的剩余量越小，萃取分离的效果越好。不同物系具有不同的分配系数 K；同一物系，K 值随温度而变，在恒定温度下，K 值随溶质 A 的组成而变。只有在温度变化不大或恒温条件下，K 值才可近似看作常数。

另外，分式的值恒小于 1，从数学的意义上讲：当 $m\to\infty$ 时，$n_m\to 0$，即对于一定量的萃取溶剂，分多次萃取效率高。例如，在 60.0 mL 水中含有 2.0 g 异丁醇，在 20 ℃ 时用 60.0 mL 乙醚来萃取。已知此温度下异丁醇在乙醚中和水中的分配系数是 7.0，如果用 60.0 mL 乙醚一次萃取，水中剩余的异丁醇的量为：

$$n_1=n_0\frac{V}{V+KV_s}=n_0\frac{60.0}{60.0+7.0\times 60.0}=0.125n_0$$

萃取效率（萃取百分率）为 87.5%；若每次用 20.0 mL 乙醚，分三次萃取，水中剩余的异丁醇的量为：

$$n_3=n_0\left(\frac{60.0}{60.0+7.0\times 20.0}\right)^3=0.027n_0$$

萃取效率则为 97.3%。

在实际操作中，可根据分配系数和实验要求确定萃取次数，一般萃取 3～5 次。萃取后将各次萃取液合并，加入适当的干燥剂干燥，然后蒸去溶剂，所得物质可视其性质再用蒸馏、重结晶等方法进一步提纯。

当原溶液中含有多种物质时，选择的萃取剂对于待萃取物质的分配系数应该明显大于其他物质的分配系数，否则，就不能用萃取的方法对物质进行分离提纯。

如对于含有溶质 A、溶质 B 和溶剂 1 的溶液，用溶剂 2 萃取。A 和 B 在两种溶剂中各有分配系数 K_A 和 K_B（设 $K_A>K_B$），二者的比值称为溶质 A、B 在一定萃取系统中的分离因数，用 β 表示：

$$\beta=K_A/K_B$$

β 越大，对混合物一次萃取实现的 A 与 B 的分离程度越高。若 β 不够大，则 A、B 二者在两种溶剂间的分配差异不够大，一次萃取的效果就不会很好，只有多次萃取才能实现 A 和 B 的良好分离。

可见，萃取溶剂的选择对于萃取效果是非常重要的。在选择萃取溶剂时要遵循以下原则：

(1)萃取溶剂不能与原溶液的溶剂互溶；
(2)萃取溶剂对待萃取物质应有较大的分配系数；
(3)萃取溶剂与混合物不起化学反应；
(4)萃取溶剂应与待萃取物质易于分离；
(5)萃取溶剂应具有高纯度、低沸点、低毒性等特点。

以上的萃取方式属于液—液萃取，此外还有液—固萃取。液—固萃取用于从固相中提取物质，它利用溶剂对样品中待提取物质和杂质溶解度的不同来达到分离提纯的目的。

二、液体物质的萃取

1.分液漏斗萃取

在实验中用得最多的是水溶液中物质的萃取，最常使用的萃取器皿为分液漏斗。

(1)在使用分液漏斗前必须仔细检查玻璃塞和活塞是否紧密配套。然后在活塞孔两边轻轻地抹上一层凡士林，插上活塞旋转一下，查看是否漏水。

(2)将漏斗放于固定在铁架上的铁圈中，关好活塞，将要萃取的水溶液和萃取剂（一般为溶液体积的1/3）依次从上口倒入漏斗中，塞紧塞子。

(3)取下分液漏斗，用右手掌顶住漏斗的玻璃塞并握住漏斗，左手握住漏斗活塞处，大拇指压紧活塞，把漏斗放平，旋转振摇，振摇几次后，将漏斗的上口向下倾斜，下部的支管指向斜上方（朝无人处），左手仍握在活塞支管处，用拇指和食指旋开活塞放气（释放漏斗内的压力），以图2-25所示的方式握住漏斗振荡，使两相之间充分接触。如此重复几次，将漏斗放回铁圈中静置，待两层液体完全分开后，打

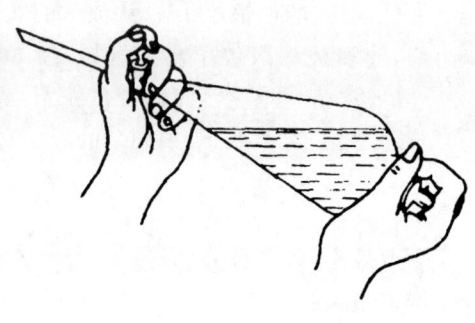

图2-25　分液漏斗的振荡方式

开上面的玻璃塞，再将活塞缓缓旋开，下层液体自活塞放出，然后将上层液体从分液漏斗的上口倒出。

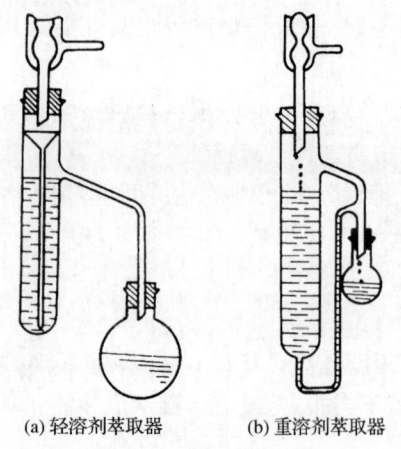

(a)轻溶剂萃取器　　(b)重溶剂萃取器

图2-26　连续萃取装置

2.间歇多次萃取

当被萃取物质在原溶剂中比在萃取溶剂中更容易溶解时，如果用间歇多次萃取的方法，就必须使用大量的溶剂并增加萃取次数。为了减少萃取溶剂的用量，最好采用连续萃取的方法，其装置有两种：一种是适用于萃取溶剂的密度小于原溶液溶剂的情况，即轻溶剂萃取器，如图2-26(a)所示；另一种是适用于萃取溶剂的密度大于原溶液溶剂的萃取器，即重溶剂萃取器，如图2-26(b)所示。装置中的圆底烧瓶既是接收器又是蒸发器，加热圆底烧瓶使萃取溶剂汽化，至冷凝管液化滴入萃取器，形成萃取液回流到接收器中，再经汽化、冷凝、萃取，依次反复循环，达到连续萃取的目的。

三、固体物质的萃取

固体物质的萃取是一种用适宜溶剂浸取固体混合物的方法。所选溶剂对此有机物有很大的溶解能力，有机物在固—液两相间以一定的分配系数从固相转向溶剂中。

实验室中常用索氏提取器进行液—固萃取。索氏提取器又称脂肪提取器，它是由烧瓶、抽提筒和回流冷凝管三部分组成的，如图 2-27 所示。

索氏提取器是利用溶剂回流和虹吸原理，使固体物质每一次都能被纯的溶剂所萃取，因而效率较高，为增加液体浸溶的面积，萃取前应先将物质研细，用滤纸套包好置于提取器中，提取器下端接盛有萃取剂的烧瓶，上端接冷凝管，当溶剂沸腾时，冷凝下来的溶剂滴入提取器中，

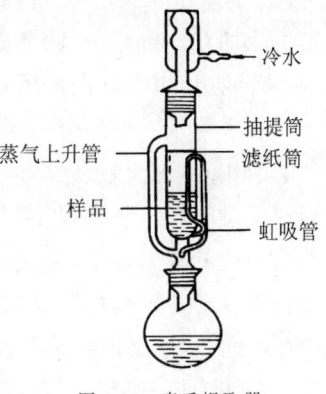

图 2-27 索氏提取器

待液面超过虹吸管上端后，即虹吸流回烧瓶，因而萃取出溶于溶剂的部分物质。因此，索式提取器可使固体中的可溶物质富集到烧瓶中，提取液浓缩除去溶剂后得到产物，必要时可用其他方法进一步提纯。

第十节 色谱技术

当流动相中携带的混合物流经固定相时，其与固定相发生相互作用，由于混合物中各组分在性质和结构上的差异，与固定相之间产生的作用力的大小、强弱不同，随着流动相的移动，混合物在两相间经过反复多次的分配平衡，使得各组分被固定相保留的时间不同，从而按一定次序由固定相中流出，再与适当的柱后检测方法结合，实现混合物中各组分的分离与检测。

色谱法分类：

(1) 气相色谱：流动相为气体(称为载气)。按分离柱的不同可分为：填充柱色谱和毛细管柱色谱；按固定相的不同又分为：气固色谱和气液色谱。

(2) 液相色谱：流动相为液体(也称为淋洗液)。按固定相的不同分为：液固色谱和液液色谱。

(3) 离子色谱：液相色谱的一种，以特制的离子交换树脂为固定相，不同 pH 的水溶液为流动相。

一、柱色谱

所谓柱色谱，通常是指经典的常压柱色谱，又称柱层析，是色谱史上最悠久的一种。1905 年，俄罗斯植物学家 M·G.茨维特首次采用装有碳酸钙的柱子分离叶绿素，获得成功而创立了柱色谱法。如图 2-28 所示。

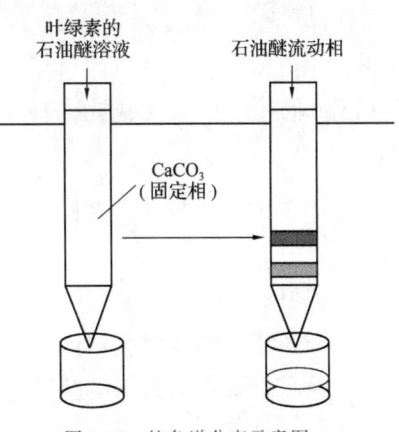

图 2-28 柱色谱分离示意图

1.原理

液－固色谱是基于吸附和溶解性质的分离技术,柱色谱属于液－固吸附色谱。当混合物溶液加在固定相上,固体表面借助各种分子间力(包括范德华力和氢键)作用于混合物中的各组分,以不同的作用强度被吸附在固体表面。

由于吸附剂对各组分的吸附能力不同,当流动相流过固体表面时,混合物各组分在液－固两相间分配。吸附牢固的组分在流动相分配少,吸附弱的组分在流动相分配多。流动相流过时各组分会以不同的速率向下移动,吸附弱的组分以较快的速率向下移动。随着流动相的移动,在新接触的固定相表面上又以这种吸附－溶解过程进行新的分配,新流动相流过已趋平衡的固定相表面时也重复这一过程,结果是吸附弱的组分随着流动相移动在前面,吸附强的组分移动在后面,吸附特别强的组分甚至会不随流动相移动,各组分在色谱柱中形成带状分布,实现混合物的分离。

柱色谱常用的有吸附柱色谱和分配柱色谱两类。前者常用氧化铝和硅胶作固定相。后者以硅胶、硅藻土和纤维素作为支持剂,以吸收大量的液体作固定相,而支持剂本身不起支持作用。

2.柱色谱分离条件

柱色谱使用的固定相材料又称吸附剂。常用的吸附剂有氧化铝、硅胶、活性炭等。

(1)氧化铝

吸附剂对有机物的吸附作用有多种形式。以氧化铝作为固定相时,非极性或弱极性有机物只有范德华力与固定相作用,吸附较弱;极性有机物同固定相之间可能有偶极作用或氢键作用,有时还有成盐作用。如图 2-29 所示。这些作用的强度依次为:成盐作用 > 配位作用 > 氢键作用 > 偶极作用 > 范德华力作用。有机物的极性越强,在氧化铝上的吸附越强。

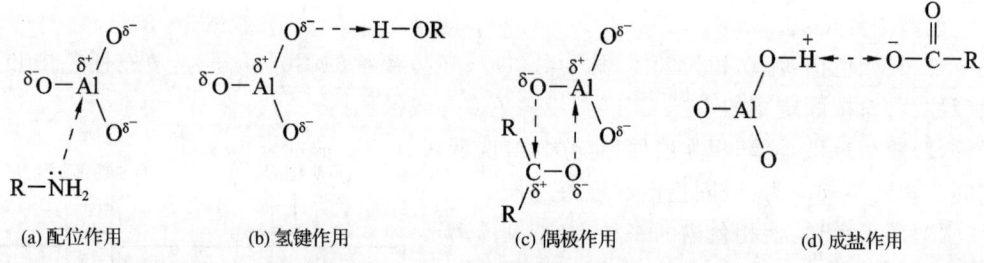

(a) 配位作用　　(b) 氢键作用　　(c) 偶极作用　　(d) 成盐作用

图 2-29　氧化铝对有机物质的作用类型

吸附剂的活性与其含水量有关,含水量越低,活性越高。脱水的中性氧化铝称为活性氧化铝。

(2)硅胶

硅胶是中性的吸附剂,可用于分离各种有机物,是应用最为广泛的固定相之一。硅胶是由多聚硅酸加热适度脱水制成的,一般可用 $SiO_2 \cdot xH_2O$ 的化学式表示,表面上具有一些吸附活性的硅羟基,对不同极性化合物有不同的吸附能力。对强极性、易生成氢键的分子,吸附力较大。如水分子存在时,可以和硅胶表面的羟基形成氢键,占据了硅胶的吸附活性中心,使硅胶失去吸附其他物质的能力,所以控制硅胶的含水量是调节硅胶吸附活性的有效方法。

室温下饱和吸水量可达38%以上,控制加热温度在100～120 ℃,可制成活性等级不同的硅胶。吸附水量呈可逆性变化。当加热超过150 ℃以上时,硅胶中的羟基会全部失水生成硅醚键,吸附活性急剧下降,到400 ℃时,出现熔融烧结,失去活性,遇水亦不可逆转,所以硅胶最常用的活化条件是105～115 ℃、30～60 min。

①硅胶的净化处理

由于硅胶具有很强的表面吸附活性,所以在生产、贮存过程中,它可能吸附空气以及生产设备、包装材料中的一些污染物,使用前必须进行净化处理,可以用浓HCl和NaOH净化处理的方法,但操作麻烦,费时较长。对一般有机组分的分离,只需用丙酮、乙醇、水依次在柱内洗脱一遍,适度活化后即可满足工作的需要。净化后的硅胶应保存在有盖的广口瓶中,尽量避免与空气和塑料容器长时间的接触。

②硅胶的活度选择

硅胶是一种微酸性的吸附剂,可用于分离大多数非极性、弱极性、中等极性和强极性的化合物。对非极性的化合物,如长链饱和烃等,吸附活性很低,分离各种石油制品时,常选用活性较大的氧化铝作吸附剂。一般不用于强极性化合物的分离,如多羟基、有机酸的盐等,这是因为它们与硅胶吸附作用力大,很难用有机溶剂完全洗脱,易造成较大的吸附残留,使样品损失。

一般不宜采用水和酸、碱等洗脱柱子,这是因为硅胶中水溶性的杂质可能会污染样品;有机碱类化合物,与硅胶吸附较强,用一般的溶剂难以洗脱,此时可用微碱性(如$NH_3 \cdot H_2O$)的甲醇溶液使之完全洗脱。

色谱分离使用的流动相又称展开剂。展开剂对于选定了固定相的色谱分离有重要的影响。在色谱分离过程中,混合物中的各组分在吸附剂和展开剂之间发生吸附-溶解分配,强极性展开剂对极性大的有机物溶解得多,弱极性或非极性展开剂对极性小的有机物溶解得多,随展开剂的流过,不同极性的有机物以不同的次序形成分离带。展开剂应尽量选择易挥发、毒性小的溶剂,以便于除去溶剂,回收样品。同时必须注意溶剂对样品中的各组分以及与吸附剂之间不发生化学反应。

各种展开剂对极性有机物的溶解能力(或极性由小到大的顺序):正己烷<石油醚<环己烷<四氯化碳<苯<甲苯<氯仿<乙醚<乙酸乙酯<丙酮<吡啶<乙醇<甲醇<水<乙酸<甲酸。

当一种溶剂不能实现很好的分离时,选择使用不同极性的溶剂分级洗脱。如一种溶剂作为展开剂只洗脱了混合物中一种化合物,对其他组分不能展开洗脱,需换一种极性更大的溶剂进行第二次洗脱。这样分次用不同的展开剂便可以将各组分分离。

3.柱色谱分离操作

(1)柱色谱装置

柱色谱装置包括色谱柱、滴液漏斗、接收器。如图2-30所示。色谱柱有玻璃制色谱柱和有机玻璃制色谱柱，后者只用于水作展开剂的场合。色谱柱下端配有活塞，色谱柱的长径比应不小于7～8∶1。

(2)分离操作

①装柱：色谱柱的装填有干装和湿装两种方法。干装时，先在柱底塞上少许玻璃纤维或脱脂棉，再加入一些细粒石英砂，然后将准备好的吸附剂用漏斗慢慢加到干燥的色谱柱中，边加入边敲击柱身，务必使吸附剂装填均匀而不能有空隙。吸附剂用量应是被分离混合物量的30～40倍，必要时可多达100倍，最后在吸附剂上覆盖少许石英砂。湿装时，将准备好的吸附剂用适量展开剂调成可流动的糊，如干装时一样准备好色谱柱，将吸附剂糊小心地慢慢加入柱中，加入时不停敲击柱身，务必使吸附剂装填均匀，不能有气泡和裂隙，还必须使吸附剂始终被展开剂覆盖。

图 2-30　柱色谱装置

②洗柱：干柱在使用前要洗柱，目的是排除吸附剂间隙中的空气，使吸附剂填充密实。洗柱时从柱顶由滴液漏斗加入所选的展开剂，适当放开柱下端的旋塞。加入时先快加，再放慢滴加速度，使吸附剂始终被展开剂覆盖。洗柱时也需轻敲柱身，排出气泡。

③装样和洗脱：将待分离的混合物用最小量展开剂溶解，小心加入柱中。待混合物溶液液面接近吸附剂上的石英砂时，旋开滴液漏斗活塞，滴加展开剂。整个过程中，应使展开剂始终覆盖吸附剂。一般采用间断式定体积收集流出液，控制流速1～3滴/s。

二、纸色谱

纸色谱属于液—液分配色谱。纸色谱使用的滤纸是载体，附着在纸上的水是固定相。样品溶液点在纸上，作为展开剂的有机溶剂自下而上移动，样品溶液中各组分在水和有机溶剂两相发生溶解分配，并随有机溶剂的移动而展开，达到分离的目的。

选择纸色谱条件主要是选择合适的展开剂。合适的展开剂一般有一定的极性，但难溶于水。在有机溶剂和水两相间，不同的有机物会有不同的分配性质。水溶性大或能形成氢键的化合物，在水相中分配得多，在有机相中分配得少；极性弱的化合物在有机相中分配较多。展开剂借毛细管的作用沿滤纸上行时，带着样品中的各组分以不同的速度向上移动。水溶性大或能形成氢键的化合物移动得较慢，极性弱的化合物移动得较快。随展开剂的不断上移，混合物中各组分在两相之间反复进行分配，从而把各组分分开（溶剂极性选择与柱色谱相同）。

这是一种微量分离法，用毛细管或微量注射器吸取待分离的试液点在滤纸条的一端离边缘一定距离处，点液处称为"原点"，利用纸上吸着的水作为固定相（吸附剂），将滤纸条点试样的一端浸入有机溶剂中（注意：不要把原点浸入有机溶剂中），如图 2-31 所示，该有机溶剂为流动相（展开剂），可以得到如图 2-32 所示的二组分分离谱。

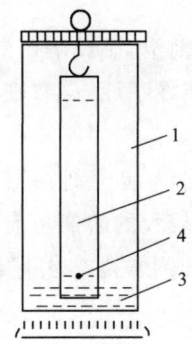

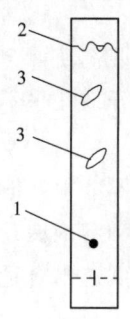

1—分离室；2—滤纸；3—展开剂；4—原点

图 2-31　纸色谱分离法图

1—原点；2—溶剂前沿；3—斑点

图 2-32　二组分分离谱图

纸色谱的操作与薄层色谱很相似，只是纸色谱的载样量比薄层色谱更小些。纸色谱在糖类、氨基酸和蛋白质、天然色素等有一定亲水性的化合物的分离中有广泛的应用。

三、薄层色谱

1. 原理

最常用的薄层色谱也属于液-固吸附色谱。与柱色谱不同的是，薄层色谱需要将吸附剂涂在玻璃板上，形成薄薄的平面涂层。干燥后在涂层的一端点样，竖直放入一个盛有少量展开剂的有盖容器中。展开剂接触到吸附剂涂层，借毛细作用向上移动。与柱色谱过程相同，经过在吸附剂和展开剂之间的多次吸附-溶解作用，将混合物中各组分分离成孤立的样点，实现各组分的分离。

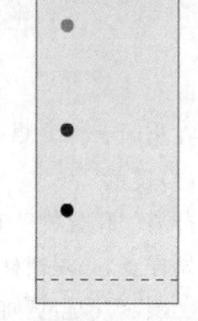

除了固定相的形状和展开剂的移动方向不同以外，薄层色谱和柱色谱在分离原理上基本相同。由于薄层色谱操作简单，

图 2-33　薄层色谱原理图

试样和展开剂用量少，展开速度快，所以经常被用于探索柱色谱分离条件和监测柱色谱过程。

2. 薄层色谱条件

(1) 固定相选择

柱色谱中提到的吸附剂都可以用作薄层色谱的固定相，分离性能及使用选择与柱色谱的选择原则相同。

一般用于薄层色谱时，要求吸附剂的粒度要小。商品吸附剂区分为色谱级（用于柱色谱）和薄层色谱级（用于薄层色谱）。

(2) 展开剂选择

薄层色谱展开剂的选择和柱色谱一样，主要根据样品中各组分的极性、溶剂对于样品中各组分溶解度等因素来考虑。展开剂的极性越大，对化合物的洗脱力也越大。

选择展开剂时，除可参照溶剂极性列表来选择外，更多地采用试验的方法，在一块薄

层板上进行试验:

①若所选展开剂使混合物中所有的组分点都移到了溶剂前沿,则此溶剂的极性过强;

②若所选展开剂几乎不能使混合物中的组分点移动,而留在了原点上,则此溶剂的极性过弱。

当一种溶剂不能很好地展开各组分时,常选用混合溶剂作为展开剂。先用一种极性较小的溶剂为基础溶剂展开混合物,若展开不好,则选用极性较大的溶剂与前一种溶剂混合,调整极性,直到选出合适的展开剂组合。合适的混合展开剂常需多次仔细选择才能确定。

(3)相对移动值

从点样原点开始到展开后的溶剂前沿,是溶剂的移动距离,记为 L_0,混合物中各组分的移动距离分别记为 L_1, L_2, L_3, …, L_i, 如图 2-34 所示。

在不同的展开条件下,各化合物的移动距离也不相同,而在同一条件下,相对于展开剂的移动距离,各化合物有可比较的展开数据,称为相对移动值或比移值:

$$比移值 = \frac{原点中心至斑点中心的距离}{原点中心至展开剂前沿的距离}$$

即

$$R_f = \frac{L_i}{L_0}$$

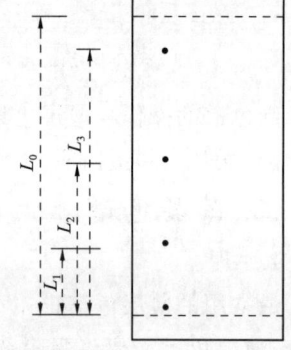

图 2-34 薄层色谱相对移动值

在相同条件下测得的比移值可以用于化合物的薄层色谱特征值进行比较对照。

(4)显色

分离的化合物若有颜色,很容易识别出来各个样点。但多数情况下化合物没有颜色,要识别样点,必须使样点显色。通用的显色方法有碘蒸气显色和紫外线显色。

①碘蒸气显色:将展开的薄层板挥发干展开剂后,放在盛有碘晶体的封闭容器中,升华产生的碘蒸气能与有机物分子形成有色的缔合物,完成显色。

②紫外线显色:用掺有荧光剂的固定相材料(如硅胶 F、氧化铝 F 等)制板,展开后再用紫外线照射展开的干燥薄层板,板上的有机物会吸收紫外线,在板上出现相应的色点,可以被观察到。

有时对于特殊有机物需要使用专用的显色剂显色。此时常用盛有显色剂溶液的喷雾器喷板显色。

3.仪器与材料

(1)玻璃板

除另有规定外,玻璃板常用的规格有 5 cm×20 cm、10 cm×20 cm 和 20 cm×20 cm,要求光滑、平整,洗净后不附水珠,晾干。

(2)固定相或载体

最常用的固定相或载体有硅胶 G、硅胶 GF254、硅胶 H、硅胶 HF254,其次有硅藻土、硅藻土 G、氧化铝、氧化铝 G、微晶纤维素、微晶纤维素 F254 等。一般要求颗粒的直径为

$10\sim40~\mu m$。薄层涂布一般可分无黏合剂和含黏合剂两种,前者系将固定相直接涂布于玻璃板上,后者系在固定相中加入一定量的黏合剂,一般常用 $10\%\sim15\%$ 煅石膏($CaSO_4 \cdot 2H_2O$ 在 140 ℃烘 4 小时),混匀后加水适量使用,或用适量的羧甲基纤维素钠水溶液($0.5\%\sim0.7\%$)调成糊状,均匀涂于玻璃板上。另外,也有含一定固定相或缓冲液的薄层。

(3)涂布器

涂布器应能使固定相或载体在玻璃板上涂成一层符合厚度要求的均匀薄层。

(4)点样器

同纸色谱法。

(5)展开室

应使用适合薄层板大小的玻璃制薄层色谱展开室,并有严密的盖子,除另有规定外,展开室的底部应平整光滑,便于观察。

4.操作方法

(1)薄层板制备

除另有规定外,将 1 份固定相和 3 份水在研钵中向一个方向研磨混合,去除表面的气泡后,倒入涂布器中,在玻璃板上平稳地移动涂布器进行涂布(厚度为 $0.2\sim0.3~mm$),取下涂好薄层的玻璃板,于室温下置水平台上晾干,然后在 110 ℃烘 30 min,即置有干燥剂的干燥箱中备用。使用前检查其均匀度(可通过透射光和反射光检视)。

(2)点样

除另有规定外,用点样器在薄层板上点样,一般为圆点,点样基线距底边 2.0 cm,样点直径及点间距离同纸色谱法,点间距离可视斑点扩散情况以不影响检出为宜,点样时必须注重勿损伤薄层表面。

(3)展开

展开室如需预先用展开剂饱和,可在展开室中加入足够量的展开剂,并在壁上贴两条与展开室一样高、宽的滤纸条,一端浸入展开剂中,密封室顶的盖子,使系统平衡或按规定操作。将点好样品的薄层板放入展开室的展开剂中,浸入展开剂的深度为距薄层板底边 $0.5\sim1.0~cm$(切勿将样点浸入展开剂中),密封室盖,待展开至规定距离(一般为 $10\sim15~cm$)后,取出薄层板,晾干,按各品种项下的规定检测。

(4)扫描

如需用薄层扫描仪对色谱斑点作扫描检出,或直接在薄层上对色谱斑点作扫描定量,则可用薄层扫描法。薄层扫描的方法,除另有规定外,可根据各薄层扫描仪的结构特点及使用说明,结合具体情况,选择吸收法或荧光法,用双波长或单波长扫描。由于影响薄层扫描结果的因素很多,故应在保证供试品的斑点在一定浓度范围内呈线性的情况下,将供试品与对照品在同一块薄层上展开后扫描,进行比较并计算定量,以减少误差。各种供试品只有得到分离度和重现性好的薄层色谱,才能获得满意的结果。

5.薄层色谱的应用

(1)可用于判断两种化合物是否相同(同一展开条件下是否有相同的比移值)。

(2)可用于确定混合物中含有的组分数。

(3)可用于为柱色谱选择合适的展开剂,监视柱色谱分离状况和效果。

(4)可用于检测反应过程。

第十一节 物理参数的测定技术

一、熔点的测定与温度计的校正

1.熔点的测定

(1)原理

①熔点

晶体化合物的固液两态在大气压强下达到平衡时的温度称为该化合物的熔点。纯的固体有机化合物一般都有固定的熔点,即在一定的压强下,固液两态之间的变化是非常敏锐的,自初熔至全熔(熔点范围称为熔程),温度不超过 0.5～1 ℃。如果该物质含有杂质,则其熔点往往较纯有机物的低,且熔程较长。固测定熔点对于鉴定纯有机物和判断固体化合物的纯度具有很大的价值。

如果在一定的温度和压强下,将某物质的固液两相置于同一容器中,将可能发生三种情况:固相迅速转化为液相、液相迅速转化为固相、固液两相同时并存。

图 2-35(a)表示该物质固体的蒸气压随温度升高而增大的曲线;图 2-35(b)表示该物质液体的蒸气压随温度升高而增大的曲线;图 2-35(c)表示(a)与(b)的加合,由于固相的蒸气压随温度变化的速率比相应的液相大,最后两曲线相交于 M 处(只能在此温度时),此时固液两相同时并存,它所对应的温度 T_M 即该物质的熔点。如图 2-35(d)所示,当含杂质时(假定两者不形成固溶体),根据拉乌尔定律可知,在一定的压强和温度下,在溶剂中增加溶质,使溶剂蒸气分压降低(图 2-35(d)中 M_1L_1'),固液两相交点 M_1 即代表含有杂质化合物达到熔点时的固液相平衡共存点,T_{M_1} 为含杂质时的熔点,显然,此时的熔点较纯固体化合物的低。

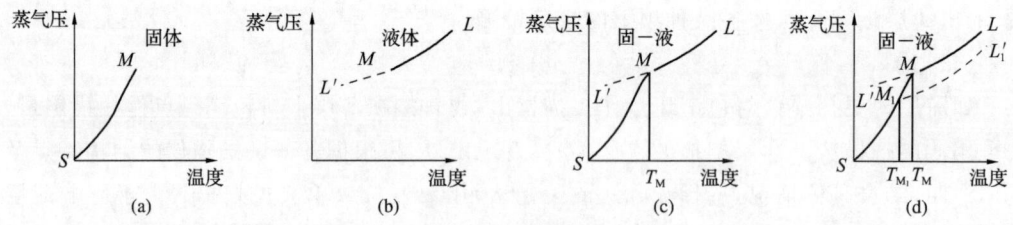

图 2-35 物质的温度与蒸气压曲线

②混合熔点

在鉴定某未知物时,如测得其熔点和某已知物的熔点相同或相近时,不能认为它们为同一物质,还需把它们混合,测该混合物的熔点,若熔点仍不变,才能认为它们为同一物质。若混合物熔点降低,熔程增大,则说明它们属于不同的物质。故此混合熔点实验,是检验两种熔点相同或相近的有机物是否为同一物质的最简便方法。多数有机物的熔点都在 400 ℃ 以下,较易测定,但也有一些有机物在其熔化以前就发生分解,只能测得分解点。

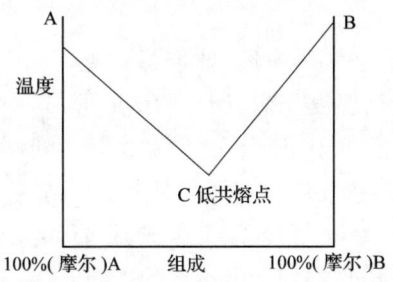

图 2-36　温度对 A、B 两种化合物的摩尔分数影响曲线

温度对 A、B 两种化合物的摩尔分数影响曲线如图 2-36 所示,随着混入杂质 B 含量的增加,A 的熔点逐渐下降,一直达到最低的熔点 C(称为低共熔点)。当混合物中化合物 B 的含量继续增大,则熔点又升高,一直达到纯 B 的熔点。例如,肉桂酸、尿素的熔点都是 133 ℃,但它们等量混合后(1∶1),其熔点要比 133 ℃ 低得多,这种现象就叫做混合熔点下降,这种实验也叫做混合熔点实验。

(2) 测定熔点的步骤

较简单的测定熔点的方法是毛细管法,也可采用熔点测定仪(如显微熔点测定仪或数显熔点自动测定仪)测定。

① 熔点管的准备

通常用内径约 1 mm、长度为 60～70 mm、一端封闭的毛细管作为熔点管。熔点管的制作方法:将两端开口的毛细管的一端放在酒精灯的外焰上加热,边加热边转动,使毛细管受热均匀,毛细管的开口即可闭合。闭合后的毛细管应笔直,无弯曲现象。没有封闭成功的毛细管,可以等毛细管冷却后,拧断弯曲的一端,再封闭另外一端。

② 样品的填装

用药匙柄取少量干燥的待测化合物放在表面皿上,用玻璃棒研磨成粉末状后堆成小堆,将熔点管的开口端插入试样中,装取少量粉末。然后把熔点管竖立起来,在桌面上蹾几下(熔点管的下落方向必须与桌面垂直,否则熔点管极易折断),使样品掉入管底。这样重复取样几次。最后使熔点管从一根长 40～50 cm 的玻璃管中掉到表面皿上,多重复几次,使样品粉末紧密堆积在毛细管底部。为使测定结果准确,样品一定要研得极细,填充要均匀、紧密,填充高度为 1～2 mm。

③ 熔点测定装置的安装

这里简单介绍用 b 形管(Thiele 管,又称提勒管)测定熔点的方法。

热载体又称为热浴液,可根据所测物质的熔点选择。一般用液体石蜡、硫酸、硅油等,此实验中选用液体石蜡作为热浴液。毛细管中的样品应位于温度计水银球的中部,可用乳胶圈捆好贴实(注意乳胶圈不要浸入溶液中,以免乳胶圈受热后断裂而使样品落入热浴液中而污染热浴液),用海绵塞或有缺口的木塞作支撑套入温度计并放到 b 形管中,并使水银球处在 b 形管的两支管口之间。在图 2-37 所示的位置加热。热载体被加热后在管内呈对流循环，使温度变化比较均匀。

④熔点的测定方法

熔点测定的关键步骤就是加热速度，热能透过毛细管使样品受热熔化，令熔化温度与温度计所示温度一致。

在测定已知熔点样品时，可先以较快速度加热，在距离熔点 15～20 ℃时，以每 min 上升 1～2 ℃ 的速度加热，当接近熔点时，加热要更慢，每 min 上升 0.2～0.3 ℃，此时要特别注意温度的上升和毛细管中样品的情况，直到测出熔程。在测定未知熔点的样品时，应先粗测熔点范围，再用上述方法细测。第二次细测前，应

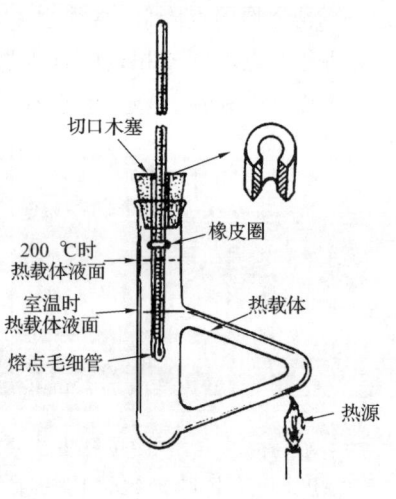

图 2-37 b 形管测定熔点装置

先等热浴液的温度下降 30 ℃ 左右后，再进行测定。测定时，应观察和记录样品开始萎缩并有液相产生时（初熔）和固体完全消失时（全熔）的温度读数，所得数据即该物质的熔程。另外，还要观察和记录在加热过程中是否有萎缩、变色、发泡、升华及碳化等现象，以供分析参考。

例如，某一化合物在 112 ℃时开始萎缩，113 ℃时有液滴出现，在 114 ℃时全部成为透明液体，应记录为：熔点 113～114 ℃，112 ℃萎缩。

测定熔点至少要有两次重复数据，每次要用新毛细管重新装入样品。测定熔点时，须用校准过的温度计。

2.温度计校准

用以上方法测定熔点时，温度计上的熔点读数与真实熔点之间常有一定的偏差。这可能是由于温度计的误差所引起的。例如，一般温度计中的毛细孔径不一定是很均匀的。有时刻度也不很准确。另外，经常使用的温度计，可能会发生体积变形而使刻度不准。为了校准温度计，可选用一支标准温度计与之比较，通常也可采用纯有机化合物的熔点作为校准的标准。

(1)比较法

选择一支标准温度计与要进行校准的温度计在同一条件下测量温度。比较其所指示的温度值。

(2)定点法

选择几种已知熔点的纯化合物作为标准，测定它们的熔点，以观察到的熔点（t_2）作纵坐标，此熔点（t_2）与已知准确熔点（t_1）的差数作横坐标，绘成曲线。在任一温度时的读数即可直接从曲线上读出。

一些标准样品的熔点见表 2-8，校准时可以选用。

表 2-8　　　　　　　　　　一些标准样品的熔点

化合物	熔点/℃	化合物	熔点/℃	化合物	熔点/℃
冰-水	0	苯甲酸	122.4	间二硝基苯	90.02
α-萘胺	50	尿素	135	二苯乙二酮	95~96
二苯胺	53	二苯基羟基乙酸	151	乙酰苯胺	114.3
对二氯苯	53	水杨酸	159	蒽	216
苯甲酸苄酯	71	对苯二酚	173~174	酚酞	262~263
萘	80.55	3,5-二硝基苯甲酸	205	蒽醌	286(升华)

注意事项：

①待测样品一定要干燥，样品必须仔细研磨，填装必须紧密，否则，样品颗粒间传热不均匀，会使熔程变长。

②b 形管内注入的热浴液不要过量，因为热浴液受热后体积会膨胀，热浴液装到上支管口后过量一些即可。

③乳胶圈不要浸入溶液中，以免乳胶圈受热后断裂，样品落入热浴液中而污染热浴液。

3.微量熔点测定法

熔点的测定方法有毛细管法和微量熔点测定法。毛细管法测定装置如图 2-37 所示。微量熔点测定法的优点是：

①可测微量及高熔点（温度最高达 350 ℃）样品的熔点。

②通过放大镜可以观察样品加热变化的全过程，如结晶的失水、多晶的变化及分解等。该方法所用仪器及部分部件如图 2-38 所示。

显微熔点测定仪有两种：反射式和透射式。反射式光源在侧面，如果显微镜上没有光源的话，可以在边上放一盏台灯，使用的时候打开台灯直接照射加热台，目前显微熔点测定仪大多是这种结构。透射式光源在加热台的下面，加热台上有个孔，光线从孔中透上来，这种结构因为加热台中心有孔，热电偶不能测量加热台中心的温度，因此有时温度测得不准。透射式的视野比较宽广，而反射式有时视野不宽阔，但温度测得准，制造也比较简单。

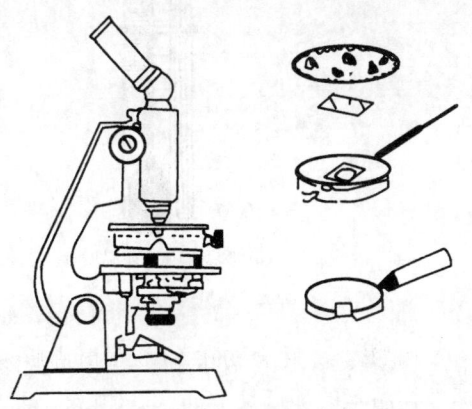

图 2-38　显微熔点测定仪

新买的熔点测定仪需要用标准物质校准温度，可以根据测定范围主要校准某一个范围，因为不可能这几个温度范围都能校准到同一精度。通常载玻片比较厚，导热比较慢，可以使用两个盖玻片夹住样品，对于不挥发的样品可以只用一片盖玻片托住样品，而不在样品上加盖。加热台上的玻璃片也可以不加，但建议加，可以保护物镜。但每次测定必须采用同样的方法，以免测定的结果存在误差。

加热时，开始升温速度可快一些，当达到预计熔点温度以下 10~20 ℃时，将升温速度调到每 min 1~3 ℃，当颗粒形状变圆或出现明显液滴时记录初熔点，视野内完全变成液体时记录终熔点。升华样品一定要加盖，否则还没到熔点，样品就不见了。有些样品在低于熔点的温度会发生晶型的转变,这时就需要靠经验来分辨是达到了初熔点,还是晶型变化。

测定时取少量的样品,放在载玻片上,盖上盖玻片,轻轻研磨,让样品形成很薄的一层。在显微镜下观察,样品最好为分散得很小的颗粒,能看到颗粒形状即可,颗粒太小不利于观察,颗粒太大测量不准,更不能形成一片,因为样品如果堆积在一起,导热会不均匀,一方面熔点测不准,另一方面会使熔程变长。准备好样品后盖上加热台上配备的玻璃片,以防止样品挥发而污染物镜,调整焦距后即可加热。

二、沸点的测定

由于分子运动,液体的分子有从表面逸出的倾向,这种倾向随着温度的升高而增大,进而在液面上部形成蒸气。当液体的蒸气压增大到与外界施于液面的总压强(通常是大气压强)相等时,就有大量气泡从液体内部逸出,即液体沸腾,这时的温度称为液体的沸点。在一定外压下,纯液体有机化合物都有一定的沸点,而且沸程也很小(一般为 0.5~1.0 ℃),但液体不纯时沸程很长,所以测定沸点是鉴定有机化合物和判断物质纯度的依据之一。测定沸点常用的方法有常量法(蒸馏法)和微量法(沸点管法)两种。微量法测定沸点的装置如图 2-39 所示。

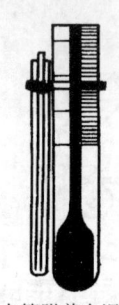
(a)沸点管附着在温度计上的位置

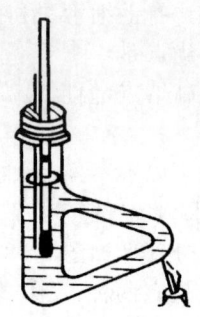
(b)b形管测沸点装置

图 2-39 微量法测定沸点的装置

例如,某一化合物在 84.5 ℃时沸腾,在相同实验条件下,与它结构相近、沸点相近的标准样品苯的沸点是 79.5 ℃。由表 2-9 可知,苯在标准压强下的沸点是 80.10 ℃,因此该化合物校准到标准压强下的沸点应该是 84.5+0.6=85.1 ℃。

表 2-9　　　　　　　测定沸点用的标准样品及其沸点(标准压强下)

化合物	沸点/℃	化合物	沸点/℃
溴乙烷	38.40	环己醇	161.10
丙酮	56.11	苯胺	184.40
氯仿	61.27	苯甲酸甲酯	199.50
四氯化碳	76.75	硝基苯	210.85
苯	80.10	水杨酸甲酯	222.95
水	100.00	对硝基甲苯	238.34
甲苯	110.62	二苯甲烷	264.40
氯苯	131.84	α-溴萘	281.20
溴苯	156.15	二苯酮	306.10

微量法测定沸点:

①沸点管的制备:沸点管由外管和内管组成,外管用长 7~8 cm、内径 0.2~0.3 cm 的

玻璃管将一端烧熔封口制得,内管用毛细管截取 3~4 cm 封其一端而成。测量时将内管开口向下插入外管中。

②沸点的测定:测定液体沸点时,先要拉制沸点管,将样品加入外管内甩到管底,使液柱高约 6 mm,插入内管(毛细管)。然后用小橡皮圈把沸点管附于温度计旁,使装样品处位于水银球中部。先缓缓加热,加热时由于气体膨胀,内管中会有小气泡缓缓逸出,当温度升到比沸点稍高时,管内会有一连串的小气泡快速逸出。这时停止加热,使溶液自行冷却,气泡逸出的速度即渐渐减慢。在最后一个气泡不再冒出并要缩回内管的瞬间记录温度,此时的温度即该液体的沸点,待温度下降 15~20 ℃后,可重新加热再测一次(两次所得温度数值不得相差 1 ℃)。

三、折射率的测定

1.实验原理

光在不同介质中的传播速度是不相同的,所以光线从一个介质进入另一个介质,且它的传播方向与两个介质的界面不垂直时,则在界面处的传播方向发生改变,这种现象称为折射现象,如图 2-40 所示。

根据斯内尔折射定律,波长一定的单色光线,在确定的外界条件(如温度、压强等)下,从一个介质 A 进入另一个介质 B 中,入射角 α 和折射角 β 的正弦之比和介质 A 的折射率 N 与介质 B 的折射率 n 成反比,即:

$$\sin\alpha : \sin\beta = n : N$$

若介质 A 是真空,则规定 $N=1$(为一常数),于是 $n=\sin\alpha : \sin\beta$,称为绝对折射率。

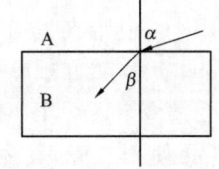

图 2-40 光的折射

所以一个介质的折射率,就是光线从真空进入这个介质的入射角和折射角的正弦之比,这种折射率称为该介质的绝对折射率,而我们通常要测定的折射率,都不是在真空条件下的,而是在大气中,所以我们都是以空气作为标准介质。

2.折射率的影响因素

折射率是有机化合物最重要的物理常数之一,作为液体化合物的纯度标准比沸点更可靠,这样可以鉴定化合物。

物质的折射率不但与它的结构和光线波长有关,而且也受温度、压强等因素的影响,所以折射率的表示需注明所用的光线和测定时的温度,常用 n_D^t 表示。其中,D 是以钠灯的 D 线(589.3 nm)光作光源,t 是与折射率相对应的温度。

由于大气压的变化并不显著影响折射率,所以在一般测定中都不作考虑。但温度对折射率有一定的影响,当温度升高 1 ℃时,液体有机物的折射率就减少 $3.5\times10^{-4}\sim5.5\times10^{-4}$,对于某些有机物,特别是测定折射率时的温度与沸点接近时,其温度系数可达 7×10^{-4},为了便于计算,一般采用 4×10^{-4} 为其温度系数,这样一般都会带来一些误差。在严格的测定中,折射仪应与恒温槽相连。

3.常用折射仪

常用折射仪是阿贝折射仪,阿贝折射仪的简单光学原理是:当光由介质 A 进入介质

B，如果介质A对介质B是疏物质，即$n_A<n_B$，则折射角β必小于入射角α，当入射角α为$90°$，$\sin\alpha=1$，这时折射角β达到最大值，称为临界角，我们用β_o表示。很明显，在一定波长与一定条件下，β_o是常数，它与折射率的关系是：

$$n=1/\sin\beta_o$$

阿贝折射仪就是通过测定临界角β_o而得到折射率的。为了测定临界角β_o值，阿贝折射仪是采用"半明半暗"的方法，就是让单色光由$0\sim90°$的所有角度从介质A射入介质B，这时介质B中的临界角以内的整个区域有光线通过，因而是光亮的，而临界角以外的全部区域没有光线通过，因而是暗的，明暗两区域的界限十分清楚，如果在介质B的上方用一目镜观测，就可见到一个界限十分清晰的半明半暗的图像。阿贝折射仪的构造如图2-41所示，其主要组成部分是两块折射率较大的直角棱镜，上面一块表面是光滑的，下面一块表面是磨砂的，可以开启。左面有一个镜筒和刻度盘，刻有1.300 0~1.700 0格子，右边也有一个镜筒，是测量望远镜，用来观察折射情况。筒内装有消色散镜，光线由反射镜反射入下面的棱镜，发生漫射，以不同入射角射入两个棱镜之间的液层，然后再射到上面棱镜光滑的表面上，由于它的折射率很高，一部分光线可以再经折射进入空气而达到测量镜，另一部分光线则发生全反射，调节螺旋以使测量镜中的视野在其临界角，再从读数中读出折射率。阿贝折射仪的标尺上所刻的读数是换算后的折射率，可直接读数。同时阿贝折射仪有消色散装置，故可直接使用日光，其测得的数字与钠光所测一样，这是阿贝折射仪的优点。

4．阿贝折射仪的使用

（1）具体操作

①清洗镜面，用滴管取少许无水乙醇，滴在直角棱镜表面，清洗镜面，再用擦镜纸吸干、擦净；

②加入样品，使液体在玻璃上展成薄膜，立即合紧两个直角棱镜；

③调节光（自然光）路、目镜、消色补偿器，转动读数螺旋使观察视野的明暗界面在"＋"交叉点上，记下读数，精确到四位小数；

④计算折射率，取五次观察数的平均值，并记下测定温度；

⑤清洗镜面，打开直角棱镜，用擦镜纸轻轻地单向擦拭，并用无水乙醇将镜面擦洗干净。

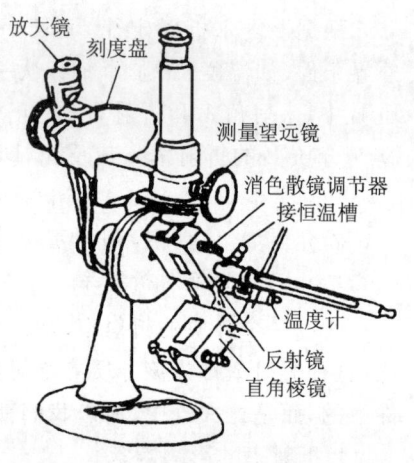

图2-41 阿贝折射仪

（2）操作要点

①仪器应放在干燥、空气流通和温度适宜的地方，以免仪器的光学零件受潮发霉；

②仪器使用前后及更换样品时，必须先清洗干净折射棱镜系统的工作表面；

③被测样品不能有固体杂质，测试固体样品时应防止折射棱镜系统的工作表面拉毛或产生压痕，严禁测试腐蚀性较强的样品；

④仪器应避免强烈振动或撞击，防止光学零件振碎、松动而影响精度。

四、旋光度的测定

1.基本原理

某些有机化合物因具有手性,能使偏振光振动平面旋转,我们将能使偏振光振动向左旋转的物质称为左旋性物质,使偏振光振动向右旋转的物质称为右旋性物质。一种化合物的旋光度和旋光方向可用它的比旋光度来表示。物质的旋光度大小与测定时溶液的浓度、溶剂、温度、旋光管长度和所用光源的波长有关。为了能比较物质的旋光性能,通常规定含 1 g 旋光性物质的溶液 1 mL,放在长 1 dm 的样品管中测定的旋光度为该物质的比旋光度。比旋光度是旋光物质特有的物理常数,用 $[\alpha]_\lambda^t$ 表示。物质在其他浓度或管长条件下测得的旋光度,可以换算成比旋光度。

溶液的比旋光度:
$$[\alpha]_\lambda^t = \frac{\alpha}{Lc}$$

若所测样品为纯液体,可直接测定,然后再按如下公式换算成比旋光度。

纯液体的比旋光度:
$$[\alpha]_\lambda^t = \frac{\alpha}{Ld}$$

式中 $[\alpha]_\lambda^t$——旋光性物质在温度为 t,光源的波长为 λ 时的旋光度,一般用钠光(λ 为 589.3 nm);

t——测定时的温度,℃;

d——密度,$g \cdot cm^{-3}$;

λ——光源的波长;

α——标尺盘转动角度的读数(旋光度),°;

L——旋光管的长度,dm;

c——质量浓度(溶液中所含样品的克数),$g \cdot mL^{-1}$;

比旋光度是物质特性常数之一,通过测定旋光度,可以鉴定旋光性物质的纯度和含量。

2.旋光度的测定

(1)旋光仪的结构

测定旋光度的仪器叫旋光仪,市售的旋光仪有两种,一种是直接目测的旋光仪,另一种是自动显示数值的旋光仪。直接目测的旋光仪的基本结构及仪器外形如图 2-42 和图 2-43所示。

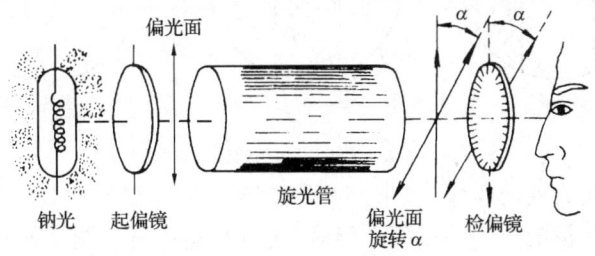

图 2-42 旋光仪

光线从光源经过起偏镜,再经过盛有旋光性物质的旋光管时,因物质的旋光性致使偏

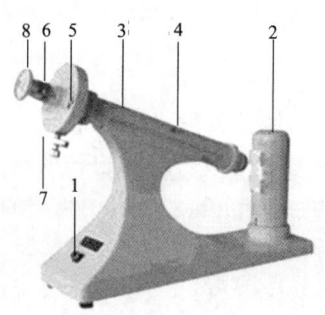

1—电源开关；2—钠光灯；3—镜筒；4—镜筒盖
5—刻度游盘；6—视度调节螺旋；7—刻度盘转动手轮；8—目镜

图 2-43　旋光仪的外形图

振光通过第二个棱镜，必须转动检偏镜才能通过。因此，要调节检偏镜进行配光，由标尺盘上转动的角度，可以指示出检偏镜的转动角度，即该物质在此浓度时的旋光度。

（2）装待测溶液

测定管有 1 dm 和 2 dm 等规格，选取适当的测定管，洗净后用少量待测液润洗 2~3 次，然后注入待测液，使液面在管口成一凸面，将玻璃盖沿管口边缘平推盖好，勿使管内留有气泡，装上橡皮圈，旋上螺帽至不漏水，螺帽不宜旋得过紧，以免产生应力，影响读数。测定管中若有气泡，应先让气泡浮在凸颈处。

（3）旋光仪零点的校正

将仪器电源接入 220 V 交流电源，打开电源开关，这时钠光灯应启亮，经 5 min 预热后发光稳定。通光面两端的雾状水滴，应用软布擦干。将装有蒸馏水或其他空白溶剂的试管放入样品室，盖上箱盖。测定管安放时应注意标记的位置和方向，将凸颈朝上。

旋转目镜上视度调节螺旋，直到三分视场界限变得清晰，达到聚焦为止。转动刻度盘手轮，使游标尺上的 0 度线对准刻度盘上 0 度，观察三分视场亮度是否一致，如不一致说明零点有误差，转动刻度盘手轮（检偏镜随刻度盘一起转动），直到三分视场明暗程度一致（都很暗），记录刻度盘读数，重复 2~3 次，取平均值，该值即零点校正读数。

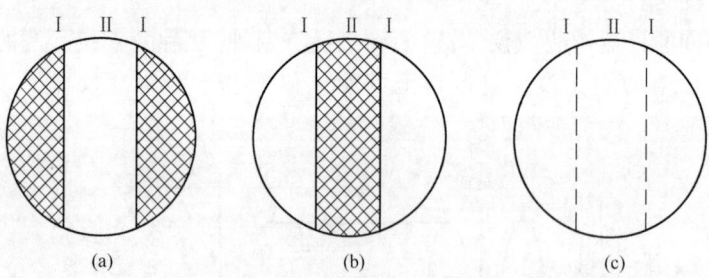

图 2-44　旋光仪中观察到的三分视场图

为了准确判断旋光度的大小，通常在视野中分出三分视场，如图 2-44 所示。当检偏镜的偏振面与通过棱镜的光的偏振面平行时，通过目镜可看到图 2-44(a)所示的图像（中间亮，两边暗）；当检偏镜的偏振面与起偏镜的偏振面平行时，通过目镜可看到图 2-44(b)所示的图像（中间暗，两边亮）；只有当检偏镜的偏振面处于 $1/2\phi$（半暗角）的角度时，可看到图 2-44(c)所示的图像(明暗度相同,看不到明显的界线,即虚线),将这一位置作为零点。

(4)测定

取出调零测定管,将待测样品管按相同的位置和方向放入样品室内,盖好箱盖。转动刻度盘手轮,使三分视场的明暗程度一致,记录刻度盘上所示读数,准确至小数点后两位。此读数与零点校准读数之间的差值即该化合物的旋光度。重复 2～3 次,取平均值。

(5)旋光仪的读数

对观察者来说,偏振面顺时针地旋转为向右(+),这样测得的 $+\alpha$,既符合于右旋 α,也可以代表 $\alpha+n\times180°$ 的所有值,因为偏振面在旋光仪中旋转 α 度后,它所在的平面和从这个角度向左或向右旋转 n 个 $180°$ 后所在平面完全重合。所以观察值为 α 时,实际角度可以是 $\alpha\pm n\times180°$。例如,读数为 $+38°$,实际读数为 $218°$、$398°$或$-142°$等。如此,在测定一个未知物时,至少要做改变浓度或盛液管长度的测定。如观察值为 $38°$,在稀释后,读数为 $+7.6°$,则此未知物的 α 应为 $7.6\times5=38°$。

读数方法:刻度盘分 $0°\sim180°$,并有固定的游标,分为 20 等分,等于刻度盘 19 等分,读数时先看游标的 0 落在刻度盘上的位置,记下整数值,如图 2-45 中整数为 9,再利用游标尺与主盘上刻度画线重合的方法,读出游标尺上的数值为小数,可以读到两位小数,此时图中为 0.30,所以最后的读数为 $\alpha=9.30°$。

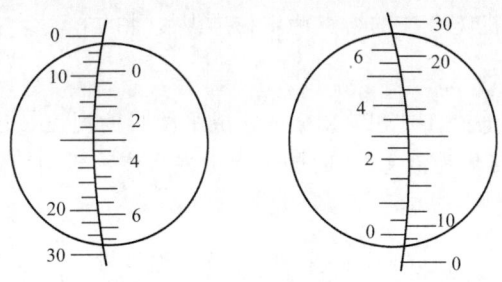

图 2-45 读数示意图

测量完毕,测定管中的溶液要及时倒出,用蒸馏水洗干净,擦干放好,所有镜片不能用手直接擦,而需用柔软绒布擦干。

实训 2-1 塞子的钻孔和简单玻璃加工操作

一、实验目的

1.掌握塞子的选择和练习塞子的钻孔方法;
2.掌握玻璃管和玻璃棒的简单加工。

二、实验用品

钻孔器(一套) 垫板 圆锉 三角锉 玻璃管($\phi=0.5\sim1.0$ cm) 橡皮塞 软木塞 酒精喷灯 工业酒精 火柴

三、实验内容

1. 玻璃管（棒）的切割；
2. 弯曲玻璃管（棒），弯成120 ℃、90 ℃、60 ℃等角度；
3. 制作胶头滴管；
4. 制作直径1.0～1.5 mm，长15～20 cm的毛细管两根。

四、思考题

1. 选用塞子要注意什么？
2. 钻孔时，钻孔器不垂直于塞子的平面，结果会怎样？
3. 截断玻璃管时要注意哪些问题？加热玻璃管时怎样防止玻璃管被拉歪？
4. 怎样弯曲和拉细玻璃管？

实训 2-2　熔点的测定和温度计刻度的校准

一、实验目的

1. 了解熔点测定的意义；
2. 掌握熔点测定的操作方法；
3. 了解利用对纯有机化合物的熔点测定校准温度计的方法。

二、实验原理

熔点是物质固液两态在101.325 kPa下达成平衡时的温度。通常当结晶物质加热到一定温度时，即从固态转化为液态，此时的温度可视为该物质的熔点。

三、实验用品

浓硫酸　苯甲酸　乙酰苯胺　萘　熔点管　温度计　b形管（Thiele管）

四、实验操作

1. 样品的装入

分别将苯甲酸、乙酰苯胺、萘等少许样品放在干净的表面皿上，用玻璃棒将其研细并集成一堆。把毛细管开口一端垂直插入堆集的样品中，使一些样品进入管内，然后，把该毛细管垂直桌面轻轻上下振动，使样品进入管底，再用力在桌面上下振动，尽量使样品装得紧密，或者也可将装有样品的管口向上的毛细管，放入长50～60 cm垂直桌面的玻璃管中，管下可垫一表面皿，使之从高处落到表面皿上，如此反复几次后，便可把样品装实，样品高度为2～3 mm。熔点管外的样品粉末要擦干净以免污染热浴液。装入的样品一定要研细、夯实，否则影响测定结果。

2. 测熔点

安装好装置，放入热浴液（浓硫酸），用温度计水银球蘸取少量热浴液，小心地将熔点管黏附于水银球壁上，或用橡皮圈套在温度计和熔点管的上部。将黏附有熔点管的温度计小心地插入加热浴中，以小火加热。开始时升温速度可以快些，当热浴液温度距离该化合物熔点10～15 ℃时，调整火焰使每min上升1～2 ℃，愈接近熔点，升温速度应愈缓慢,控制在每 min 温度上升 0.2~0.3 ℃。为了保证有充分时间让热量由管外传至毛细管内使固体熔化,升温速度是准确测定熔点的关键;另一方面,观察者不可能同时观察温度计所示读数和试样的变化情况,只有缓慢加热才可使此项误差减小。记下试样开始萎缩并有液相产生时(初熔)和固体完全消失时(全熔)的温度读数,即该化合物的熔程。要注意在加热过程中试样是否有萎缩、变色、发泡、升华、碳化等现象,均应如实记录。

熔点测定,至少要有两次的重复数据。每一次测定必须用新的熔点管另装试样,不得将已测过熔点的熔点管冷却,使其中试样固化后再做第二次测定,因为有时某些化合物部分分解,而另一些经加热会转变为具有不同熔点的其他结晶形式。

如果测定未知物的熔点,应先对试样粗测一次,加热可以稍快,知道大致的熔程,待浴温冷却至熔点以下 30 ℃ 左右,再另取一根装好试样的熔点管做准确的测定。一定要等加热浴冷却后,方可将硫酸(或液体石蜡)倒回瓶中。温度计冷却后,用纸擦去硫酸方可用水冲洗,以免硫酸遇水发热而使温度计水银球破裂。

3. 温度计校准

选择几种已知熔点的纯化合物(见表 2-8)为标准,测定它们的熔点,以观察到的熔点为纵坐标,测得熔点与已知熔点差值为横坐标,绘出曲线,即可从曲线上读出任一温度的校准值。

五、实验注意事项

1. 熔点管必须洁净,如含有灰尘等,能产生 4~10 ℃ 的误差。
2. 熔点管底未封好会产生漏管。
3. 样品粉碎要细,填装要实,否则产生空隙,不易传热,造成熔程变大。
4. 样品未完全干燥或含有杂质,会使熔点偏低,熔程变大。
5. 样品量太少不便观察,且熔点偏低;太多会造成熔程变大,熔点偏高。
6. 升温速度应慢,让热传导有充分的时间,若升温速度过快,熔点偏高。
7. 熔点管壁太厚,热传导时间长,会使熔点偏高。
8. 使用硫酸作热浴液时要特别小心,不能让有机物中混入浓硫酸,否则热浴液颜色将变深,有碍熔点的观察。若出现这种情况,可加入少许硝酸钾晶体共热后使之脱色。采用浓硫酸作热浴液,适用于测定熔点在 220 ℃ 以下的样品。若要测定熔点在 220 ℃ 以上的样品可用其他热浴液。

六、思考题

测定熔点时,若有下列情况将产生什么结果?
1. 熔点管壁太厚;
2. 熔点管底部未完全封闭,尚有一针孔;
3. 熔点管不洁净;
4. 样品未完全干燥或含有杂质;
5. 样品研得不细或装得不紧密;
6. 加热太快。

实训 2-3　普通蒸馏

一、实验目的
1. 初步了解普通蒸馏的原理和方法；
2. 初步掌握普通蒸馏装置的安装和使用。

二、实验原理
液体化合物在一定的温度下具有一定的蒸气压，将液体加热，它的蒸气压随着温度的升高而增大，当液体的蒸气压增大至与外界施于液面的总压强（通常指大气压）相等时，就有大量的气泡从液体内部逸出，即液体沸腾，这时的温度称为液体的沸点。

将液体加热至沸腾，使液体变为蒸气，然后使蒸气冷却，再冷凝为液体，这两个过程联合操作即蒸馏。如果将某液体混合物（内含两种以上物质，这几种物质沸点相差较大）进行蒸馏，那么沸点较低者先蒸出，沸点较高者后蒸出，不挥发的组分留在蒸馏瓶内，这样就达到分离和提纯的目的。

三、实验用品
工业酒精　电热套　圆底烧瓶　蒸馏头　温度计　尾接管　锥形瓶　直型冷凝管

四、实验操作
用 50 mL 量筒，量取 50 mL 工业酒精倒入蒸馏瓶内，加 1～2 粒沸石（沸石的作用是为液体沸腾提供汽化中心，但不宜多加，太多会影响产率，中断蒸馏或补加沸石应降低反应温度，否则会产生暴沸）。安装好蒸馏装置，经检查无误后，开始加热。

开始加热速度可以快一些，加热一段时间后，液体沸腾，蒸气逐渐上升，上升至水银球时，温度计水银柱急剧上升，这时适当调慢加热速度，使蒸气不是立即冲出冷凝管而是冷凝回流，水银球上保持有液滴，待温度稳定后稍升高温度进行蒸馏。控制加热温度，通常馏出液滴出以每 s 1～2 滴为宜。

当温度上升至 70 ℃时，换一个干燥锥形瓶，收集 73～78 ℃的馏分（在达到预期物质的沸点之前，常有低沸点的液体先蒸出，这部分馏出液称为"前馏分"，也叫"馏头"）。

前馏分蒸完，温度趋于稳定后，蒸出的就是所要的产品，记录下这部分液体开始蒸馏出的第一滴和最后一滴时温度计的读数，即该馏分的沸程（液体的沸程代表其纯度，纯的液体沸程一般不超过 1～2 ℃）。

当蒸馏瓶内只剩下少量（0.5～1.0 mL）液体时，若维持原来的加热速度，温度计读数会突然下降，即可停止蒸馏，切不可将瓶内的液体蒸干，即使杂质很少也不要蒸干，以免蒸馏瓶破裂发生意外事故。

蒸馏完毕后，应先停止加热，然后关掉冷凝水，拆除装置的次序与安装时相反，将产品全部倒入量筒，记录产品的产量，并计算其产率。

五、思考题
1. 在什么情况下可以采用普通蒸馏装置？
2. 如何选择烧瓶？
3. 如何选择冷凝管？
4. 普通蒸馏装置安装时有哪些要求？

实训 2-4 乙酸乙酯和乙酸异戊酯混合物的分馏

一、实验目的
1. 了解分馏的原理和分馏柱的作用；
2. 掌握分馏仪器装置及操作技术。

二、实验原理
沸点不同但可互溶的液体混合物，通过在分馏柱中多次地汽化－冷凝，从而使沸点相近的混合物得到分离，这个过程称为分馏。简单地说，分馏就是多次的蒸馏。

当混合物蒸气进入分馏柱中时，由于柱外空气的冷却，蒸气中高沸点组分易被冷凝回流入烧瓶中，故上升的蒸气中低沸点组分就会相对地增多，当冷凝液回流途中，遇到上升的蒸气时，二者之间进行热交换，使冷凝液中低沸点组分再次受热气化，高沸点仍呈液态回流，通过多次的汽化－冷凝－回流等程序，当分馏柱的效率相当高且操作正确时，在分馏柱顶部出来的蒸气就越接近于纯低沸点组分，而烧瓶里残留的几乎是纯高沸点组分，最终使沸点相近的两组分得到较好的分离。

简言之，分馏柱的作用就是使高沸点组分回流，低沸点组分得到蒸馏的仪器装置。分馏的用途就是分离沸点相近的多组分液体混合物。

三、实验用品
乙酸乙酯　乙酸异戊酯　沸石　圆底烧瓶　分馏柱　蒸馏头　温度计　尾接管　锥形瓶　直型冷凝管　接液管　量筒

四、实验操作
取一个 100 mL 的圆底烧瓶，分别加入乙酸乙酯 15 mL、乙酸异戊酯 15 mL，摇匀混合，加入数粒沸石，安装分馏柱，柱口上装一支 150 ℃ 温度计，温度计的水银球较分馏柱的侧管口低 5～10 mm。圆底烧瓶和分馏柱用铁夹固定在铁架台上，冷凝管与分馏柱的侧管相连，亦用铁夹固定在另一铁架台上。冷凝管下端与接液管和锥形瓶相接，装置如图 2-20 所示。

通入冷凝水后，加热，当混合液开始沸腾时，调节火焰，使蒸馏液缓慢而均匀地被蒸馏出来。用四个容器收集沸点不同的各部分馏出液。第一部分馏出液在 76～78 ℃，第二部分馏出液在 141～143 ℃，当温度高于 143 ℃ 时，停止蒸馏。待烧瓶冷却后，拆下冷凝管和分馏柱，残液作为第三部分蒸馏液，用量筒量出三部分馏出液的体积，将结果记录下来。

第一部分和第二部分蒸出的馏出液愈多，表明分馏效果愈好。将上述两部分产物各倒在指定的回收瓶里。

用量筒量出此部分的体积，记录到表 2-10 中：

表 2-10　　　　　　　　　　　馏出液的体积记录表

馏分	温度范围/℃	馏出液的体积/mL
一	76～78	
二	141～143	
三	143 以上	
总体积/mL		

五、思考题

1.分馏和蒸馏在原理及装置上有哪些异同？如果是由两种沸点很接近的液体组成的混合物,能否用分馏来提纯呢？

2.如果分馏乙醇和水的混合液,应分几个温度段来收集馏分？

实训 2-5　乙酰苯胺的制备及重结晶

一、实验目的

1.了解乙酰苯胺的实验室制备方法；
2.掌握重结晶提纯固体有机物的原理和方法；
3.掌握溶剂选择的原理和方法；
4.熟悉重结晶的操作方法；
5.学习常压过滤和减压过滤的操作技术。

二、实验原理

乙酰苯胺为无色晶体,具有退热镇痛作用,是较早使用的解热镇痛药。乙酰苯胺可由苯胺与乙酰化试剂(如乙酰氯、乙肝或乙酸等)直接作用来制备。由于乙酰氯和乙肝的价格较贵,本实验选用乙酸作为乙酰化试剂,反应方程式为：

$$C_6H_5NH_2 + CH_3COOH \xrightleftharpoons{\triangle} C_6H_5NHCOCH_3 + H_2O$$

乙酸与苯胺的反应速率较慢,且反应是可逆的,为了提高乙酰苯胺的产率,一般采用冰乙酸过量的方法,同时利用分馏柱将反应中生成的水从平衡中移去。乙酰苯胺制备装置如图 2-46 所示。

由于苯胺易氧化,加入少量锌粉,防止苯胺在反应过程中氧化。

固体有机物在溶剂中的溶解度一般随温度的升高而增大。把固体有机物溶解在热的溶剂中使之饱和,冷却时由于溶解度降低,有机物又重新析出晶体。利用溶剂对被提纯物质及杂质的溶解度不同,使被提纯物质从过饱和溶液中析出,让杂质全部或大部分留在溶液中,从而达到提纯的目的。

重结晶只适宜杂质含量在 5% 以下的固体有机混合物的提纯。对反应粗产物直接重结晶是不适宜的,必须先采取其他方法初步提纯,然后再重结晶提纯。

三、实验用品

苯胺(自备)　冰醋酸　锌粉　活性炭　圆底烧瓶　刺形分馏柱　蒸馏头　温度计　接引管　锥形瓶

四、实验步骤

1.乙酰苯胺的制备

在 50 mL 圆底烧瓶中,加入 10 mL 苯胺、15 mL

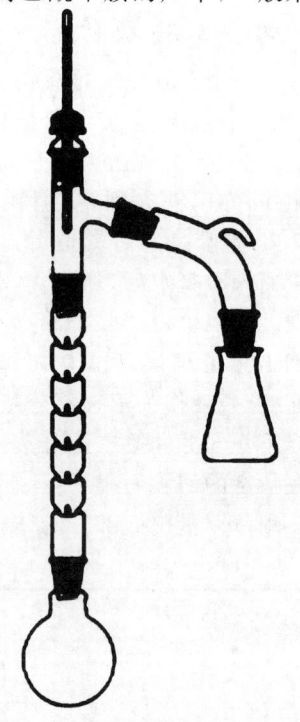

图 2-46　乙酰苯胺制备装置图

冰醋酸及少许锌粉(约 0.1 g),装上一段的刺形分馏柱,其上端装一温度计,支管通过接引管与接收器相连,接收器外部用冷水浴冷却。

将圆底烧瓶在石棉网上用小火加热,使反应物保持微沸约 15 min,然后逐渐升高温度,当温度计读数达到 100 ℃左右时,支管即有液体流出。维持温度在 100～110 ℃反应约 1.5 h,生成的水及大部分醋酸已被蒸出,此时温度计读数下降,表示反应已经完成。在搅拌下趁热将反应物倒入 200 mL 冰水中,冷却后抽滤析出的固体,用冰水洗涤得到乙酰苯胺粗产物。

2.乙酰苯胺的重结晶

精确称取 2 g 左右的粗乙酰苯胺,放于 150 mL 锥形瓶中,加入 70 mL 水。石棉网上加热至沸并用玻璃棒不断搅拌,使固体溶解,这时若有尚未完全溶解的固体,可继续加入少量热水,至完全溶解后,再多加 2～3 mL 水(总量约 90 mL)。移去火源,稍冷却后加入少许活性炭,稍加搅拌继续加热微沸 5～10 min。

事先在烘箱中烘热无颈漏斗,过滤时趁热从烘箱中取出,把漏斗安置在铁圈上,于漏斗中放一张预先叠好的折叠滤纸,并用少量热水润湿,将上述热溶液通过折叠滤纸,迅速地滤入 150 mL 烧杯中。每次倒入漏斗中的液体不要太满,也不要等溶液全部滤完后再加。在过滤过程中,应保持溶液的温度,可将未过滤的溶液继续用小火加热以防冷却。待所有的溶液过滤完毕后,用少量热水洗涤锥形瓶和滤纸。

过滤完毕,用表面皿将盛滤液的烧杯盖好,放置一旁,稍冷却后,用冷水冷却以使结晶完全。如要获得较大颗粒的结晶,可在滤完后将滤液中析出的结晶重新加热使之溶解,于室温下放置,让其慢慢冷却。

结晶完成后,用布氏漏斗抽滤(滤纸先用少量冷水润湿,抽气吸紧),使结晶与母液分离,并用玻璃塞挤压,使母液尽量除去。拔下抽滤瓶上的橡皮管(或打开安全瓶上的活塞),停止抽气。加少量冷水至布氏漏斗中,使晶体润湿(可用刮刀使结晶松动),然后重新抽干,如此重复 1～2 次,最后用刮刀将结晶移至表面皿上,摊开成薄层,置空气中晾干或在干燥器中干燥。测定干燥后精制产物的熔点,并与粗产物熔点作比较,称重并计算收率。

五、思考题

1.实验时,为什么温度计读数下降时表示反应已经完成?

2.为什么要获得较大颗粒的结晶,要在滤完后将滤液中析出的结晶重新加热使之溶解,于室温下放置,让其慢慢冷却?

趣味实验 2-1 气温结晶瓶的制作

一、实验试剂

2.5 g 硝酸钾　　　2.5 g 氯化铵
33 mL 蒸馏水　　40 mL 95%或 99.9%乙醇
10 g 天然樟脑

二、实验步骤

1.把硝酸钾和氯化铵加水溶解。

2.将天然樟脑溶解于乙醇中。

3.将步骤 1 的溶液加到步骤 2 的溶液中,加热搅拌到澄清,温度 30～40 ℃即可,混合后封存在玻璃容器中(瓶子一定要封严,避免酒精挥发)。

三、实验说明

1.气温结晶瓶会随着温度的变化而形成羽毛、叶子般的结晶,这是由于溶液内的樟脑、硝酸钾、氯化铵在水与乙醇混合溶剂内的溶解度会随着温度变化而变化。温度改变时,三种物质的结晶析出、溶解速度有差异,而温度的变化速度,则会影响结晶的成长大小与结构。

网上有人把这种装置称为气象瓶,其实这种装置并不能很好地预测天气的变化,温度是影响瓶内结晶形态的最主要因素;与天气的对应关系几乎呈随机分布,无预测价值,但气温结晶瓶随着外界温度展现出多变的晶体变化,仍可作为一个美丽的装饰。

2.存有易燃易爆物品的实验室禁止使用明火加热,本实验加热时可使用封闭电炉、加热套、水浴锅、可加热磁力搅拌器等。氯化铵和硝酸钾对皮肤和眼睛有强烈刺激性,甚至能造成灼伤,反复接触皮肤会引起皮肤干燥、皲裂和生出皮疹。

趣味实验2-2　固体酒精的制备

一、主要仪器与试剂

1.仪器

三颈烧瓶(150 mL)　水浴锅　天平　电动搅拌器　蒸发皿　滴管　温度计(100 ℃)　量筒(100 mL)

2.试剂

工业硬脂酸　酒精　氢氧化钠　酚酞试剂　工业酒精

二、实验步骤

1.将氢氧化钠配成8%的水溶液,然后用工业酒精稀释成体积比为1∶1的混合溶液,备用。将1~3滴酚酞试剂溶于100 mL 60%的工业酒精中,备用。

2.分别取5 g工业硬脂酸、100 mL工业酒精和2滴酚酞试剂置于150 mL的三颈烧瓶中,水浴加热,搅拌,并维持水浴温度在70 ℃左右,直至工业硬脂酸全部溶解后,立即滴加事先配好的氢氧化钠混合溶液,滴加速度先快后慢,滴至溶液颜色由无色变为浅红色又立即褪掉为止。

3.继续维持水浴温度在70 ℃左右,搅拌10 min后,停止加热,冷却至60 ℃,再将溶液倒入模具中,自然冷却后得固体酒精。

三、实验说明

1.皂化反应生成的硬脂酸钠是一个长碳链的极性分子,室温下在酒精中不易溶解。在较高的温度下,硬脂酸钠可以均匀地分散在液体酒精中,而冷却后则形成凝胶体系,呈不流动状态,形成固体酒精。

固体酒精因使用、运输和携带方便,燃烧时对环境的污染较少,与液体酒精相比更安全,广泛应用于餐饮业、旅游业和野外作业等。

2.使用三颈烧瓶加热时,注入的液体体积不少于容积的1/3且不超过其容积的2/3,明火加热时要使用石棉网,均匀受热,加热时,烧瓶外壁应无水滴。

第三章

有机化合物的性质与鉴定

第一节 有机化合物的初步检验

未知物通常可分为两类:一类是文献中已有报道,其结构和性质是已知的,只是实验者暂时还不了解它们是什么化合物,而将它们称之为"未知物",实验者的鉴定工作主要是证明未知物与已知物的同一性;另一类是文献未曾报道过的全新的化合物,需要实验者经过分析、鉴定来确定它们的碳骨架、官能团及其在分子中的具体位置,这类化合物是真正的未知物。

未知物的鉴定过程一般可分为下列几个步骤:

一、初步观察

对于待鉴定的化合物样品,初步观察有助于粗略判断其类属。内容包括:观察未知物的外观、物态、形状、色泽、在空气中是否易氧化,辨别其是否具有特征气味等,再查阅有关文献、资料中的记载,进行对照,有时可初步判断未知物的种类。

物态:即气态、液态或固态,可粗略判断其沸点或熔点的相对高低及分子量的相对大小。

颜色:通常大多数有机物是无色的,酚和芳胺类随氧化程度不同而呈现出由浅紫到深棕色的颜色,硝基和亚硝基化合物一般为黄色,醌类和偶氮化合物为黄色到红色。

气味:一般情况下有气味的化合物分子量相对较低。低级醇具有酒香味;低级酯具有令人愉快的花果香味;低级酮和中级醛具有清爽香味;而低级醛、甲酸和乙酸具有鲜明的酸味,从丙酸以上则有宛如汗臭味的不愉快气味;低级胺往往具有鱼腥味;芳香族硝基化合物常具有苦杏仁味;硫醇、硫醚具有类似硫化氢的不愉快的气味;吡啶有其特殊的臭味。

二、灼烧实验

通过灼烧实验可观察到未知物是否易燃及火焰的颜色,对于固体物质还可了解其熔点高低。若熔融温度较低,容易燃烧,可初步确定为有机物;火焰呈黄色并发烟说明是芳香族或高度不饱和脂肪族化合物;黄色不发烟则是脂肪族化合物的特征;化合物中含氧,其火焰为蓝色或接近无色;含硫的化合物则因燃烧产生二氧化硫而发出特殊的臭味。

三、溶解度实验

通过溶解度实验,可将未知物进行初步分类,以便缩小实验范围。常用的溶剂为水、

5%氢氧化钠溶液、5%碳酸氢钠溶液、5%盐酸溶液和浓硫酸等。

1. 用水作溶剂

用水作溶剂,观察未知物的溶解情况。易溶于水的物质,一般分子中含有极性基团。相对分子质量低的醇、醛、酮、羧酸及胺等物质,可用石蕊试纸进一步检验:若能使红色石蕊试纸变蓝,可能是胺类;若能使蓝色石蕊试纸变红,可能是羧酸;若石蕊试纸不变色,可能为醇、醛、酮等。

2. 用5%氢氧化钠溶液和5%碳酸氢钠溶液作溶剂

能溶于碳酸氢钠溶液和氢氧化钠溶液的化合物是强酸,如磺酸、羧酸、多硝基酚等;只能溶于氢氧化钠,而不溶于碳酸氢钠的化合物是弱酸,如苯酚等。

3. 用5%盐酸溶液作溶剂

能溶于稀酸的未知物可能是胺类化合物。

4. 用浓硫酸作溶剂

许多化合物都能溶于冷的浓硫酸中,如烯烃、醇、醚、醛、酮、酯等,所以还需进一步做其他实验来鉴定。不溶于以上溶剂的化合物常为烷烃、卤代烃和芳烃等。

四、物理常数测定

测定未知物的物理常数有助于判断化合物的纯度,以便决定是否需要进行分离操作。液体样品可测其沸点,若沸点恒定、沸程较短(1~2 ℃),一般可表明该液体是较纯的物质。由于某些液体有机物可形成二元或三元恒沸混合物,所以也可进一步测定其折射率和密度。固体样品可通过测定熔点来确定其纯度。因为纯的固体有机物具有固定的熔点,熔程也较短(1~2 ℃)。

一旦确定了未知物的纯度,其熔点和沸点等数据将使确定未知物结构的工作范围大大缩小,再进行一两个验证性的化学实验,即可确定"未知物"与已知物的同一性。

第二节 有机化合物的元素定性分析

元素定性分析的目的是鉴定某一有机化合物由哪些元素组成。一般有机化合物中都含有碳、氢元素。碳、氢的定性分析是将样品和氧化铜混合后加热,碳被氧化成二氧化碳,氢被氧化成水,再用适当方法检验二氧化碳和水的存在即可。

由于有机化合物分子中的原子一般都以共价键相结合的,很难在水溶液中离解为相应的离子,如还含有氮、硫、卤素等元素时,常需要采用钠熔法使这些元素转变成可溶于水的无机化合物:

$$\overset{\text{有机化合物}}{\overline{C,H,O,N,S,卤素}} + Na \xrightarrow{\text{共熔}} NaSCN, NaCN, NaX(X=卤素), Na_2S, NaOH$$

再通过检验这些无机化合物来证明氮、硫、卤素等元素的存在。氧元素的鉴定到目前为止还没有较为合适的简便方法,一般是通过官能团鉴定来证明它的存在。元素定性分析的具体方法如下:

一、碳、氢的鉴定

称取 0.3 g 干燥的蔗糖和 1 g 干燥的氧化铜粉末,充分混合后装入干燥的试管中,配上装有导管的塞子,用铁夹将其固定在铁架台上,管口端稍向下倾斜,将导管伸入另一支盛有 3 mL 澄清石灰水的试管中(如图 3-1 所示)。在样品下面加热,观察样品及澄清石灰水变化情况。若澄清石灰水变浑浊,则说明有二氧化碳生成,证明样品中有碳元素;若试管口附近的管壁上有水珠出现,则证明样品中有氢元素。反应方程式如下:

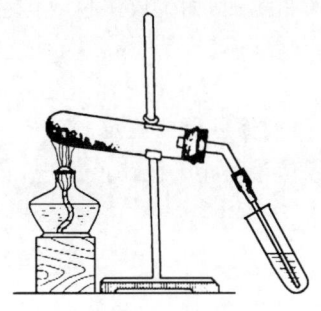

图 3-1 碳、氢的鉴定实验

$$C_{12}H_{22}O_{11} + 24CuO \xrightarrow{\triangle} 12CO_2 + 11H_2O + 24Cu$$
$$Ca(OH)_2 + CO_2 \longrightarrow CaCO_3\downarrow + H_2O$$

二、氮、硫和卤素的鉴定

1. 钠熔法

用铁夹将一支干燥的小试管竖直固定在铁架台上,切取一粒黄豆粒大小的金属钠(去掉氧化层)。投入试管中,用小火在试管底部加热使金属钠熔融。待钠蒸气充满试管下半部时,移开火源,迅速加入 20 mg 固体样品或 3~4 滴液体样品及少许蔗糖(注意应将样品直接加到试管底部,而不要挂在管壁上)。此时,可见试管内发生剧烈反应。待反应缓和后,重新加热,使试管底部呈暗红色,冷却,向试管中加入 1 mL 无水乙醇分解过剩的金属钠。再继续用强火将试管底部烧至红热,取下铁夹,趁热立即将试管底部浸入预先盛有 20 mL 蒸馏水的小烧杯中。试管底遇冷水即炸裂,使钠溶物溶于水中。将此溶液煮沸,过滤,滤渣用水洗涤两次,得无色或淡黄色澄清的滤液。

2. 氮的鉴定

含 N、S、X 等有机物通过钠熔法可发生还原、分解反应,转变为相应的 NaCN、Na_2S、NaX 的无机化合物。

在试管中加入 2 mL 滤液、1 mL 新配制的 5% 硫酸亚铁溶液以及 4~5 滴 10% 氢氧化钠溶液,煮沸,氰离子与亚铁离子作用,生成亚铁氰化钠,亚铁氰化钠溶液酸化后,加入 1~2 滴 2% 三氯化铁溶液,如有普鲁士蓝沉淀析出,则表明样品中含有氮元素,反应方程式如下:

$$2NaCN + FeSO_4 \longrightarrow Fe(CN)_2 + Na_2SO_4$$
$$Fe(CN)_2 + 4NaCN \longrightarrow Na_4[Fe(CN)_6]$$
$$3Na_4[Fe(CN)_6] + 4FeCl_3 \longrightarrow Fe_4[Fe(CN)_6]_3\downarrow + 12NaCl$$
(普鲁士蓝沉淀)

3. 硫的鉴定

(1) 亚硝基铁氰化钠实验。在试管中加入 1 mL 滤液、2~3 滴新配制的 0.5% 亚硝基铁氰化钠,如呈紫红色则表示含有硫元素,反应方程式如下:

$$Na_2S + Na_2[Fe(CN)_5NO] \longrightarrow Na_4[Fe(CN)_5NOS]$$
(紫红色)

(2)硫化铅实验。在试管中加入 1 mL 滤液及少量乙酸,使溶液呈酸性,再滴加 2～3 滴乙酸铅溶液,如生成黑色或棕色沉淀,表明样品中含有硫元素,反应方程式如下:

$$Na_2S + (CH_3COO)_2Pb \longrightarrow 2CH_3COONa + PbS\downarrow$$
(黑色)

(3)氮和硫的鉴定。在试管中加入 1 mL 滤液,用稀盐酸酸化后,再加入 1 滴 5% 三氯化铁溶液,如有血红色出现,证明试样中含有 CNS—,即含有氮和硫元素,反应方程式如下:

$$3NaCNS + FeCl_3 \longrightarrow Fe(CNS)_3 + 3NaCl$$
(血红色)

4.卤素的鉴定

在试管中加入 1 mL 滤液,用稀硝酸酸化并在通风橱中煮沸 3 min,除去可能存在的硫化氢和氰化氢(若样品中不含氮和硫,则不必煮沸)。冷却后加入几滴 5% 硝酸银溶液,出现白色或黄色沉淀时,证明样品中含有卤素,反应方程式如下:

$$NaX + AgNO_3 \longrightarrow AgX\downarrow + NaNO_3$$
(白色/黄色)

第三节 有机化合物的官能团的定性分析

通过前面一系列实验后,可初步了解未知物属于哪一类化合物,再进行有关官能团的鉴定,便可基本确定其结构。官能团的鉴定是利用官能团的特征反应,即有明显产生的专属性反应来确定未知物中含有哪类官能团。实验时,可根据实际情况而定。

实训 3-1 烃的性质与鉴定

一、实验目的

1.掌握烯烃和芳香烃的鉴定方法;
2.熟悉不饱和烃与芳香烃在性质上的异同。

二、实验原理

烷烃在一般条件下性质相当稳定,不与其他物质如酸、碱、氧化剂等发生反应。但在适当条件下,也能与某些试剂发生反应。烯烃、炔烃能与卤素发生加成反应,并能与氧化剂作用使高锰酸钾或重铬酸钾被还原。炔烃易被金属取代生成炔烃的金属化合物。芳香烃分子中具有苯环这种特殊的共轭体系,具有芳香性,一般较难发生氧化和加成反应,而较易发生取代反应。

三、实验用品

环己烷 环己烯 苯 甲苯 2,4-二硝基氯苯 5%溴-四氯化碳溶液 萘 氯仿 2%高锰酸钾溶液 无水氯化铝 10%硫酸溶液 10%氢氧化钠 浓氨水 浓硫酸

浓硝酸　1∶1硝酸　2%硝酸银　固体氯化亚铜　0.5%高锰酸钾　铁屑　乙炔　试管　滴管　烧杯　水浴锅　温度计

四、实验步骤

1. 溴的四氯化碳溶液实验

取两支干燥试管,分别在两个试管中放入 1 mL 四氯化碳①。在其中一试管中加入 2～3 滴环己烷样品,在另一试管中加入 2～3 滴环己烯样品,然后在两支试管中分别滴加 5%溴-四氯化碳溶液,并不断地振荡,观察褪色情况,并作记录。

再取一支干燥试管,加 1 mL 四氯化碳并滴入 3～5 滴 5%溴-四氯化碳溶液,通入乙炔气体,注意观察现象。

2. 高锰酸钾溶液实验

取 2～3 滴环己烷与环己烯分别放在两支试管中,各加入 1 mL 水,再分别逐滴加入 2%高锰酸钾溶液,并不断振荡。当加入 1 mL 以上高锰酸钾溶液时,观察褪色情况,并作记录。

另取一试管,加入 1 mL 2%高锰酸钾溶液,通入乙炔气体,注意观察现象。

3. 鉴定炔类化合物实验②

(1) 与硝酸银氨溶液的反应

取一支干燥试管,加入 2 mL 2%硝酸银溶液,加 1 滴 10%氢氧化钠溶液,再逐滴加入 1 mol/L 氨水直至沉淀刚好完全溶解。将乙炔通入此溶液,观察反应现象,所得产物应用 1∶1硝酸处理。

(2) 与铜氨溶液的反应

取绿豆大小固体氯化亚铜,溶于 1 mL 水中,再逐滴加入浓氨水至沉淀完全溶解,通入乙炔气体,观察反应现象。

4. 芳香烃的性质实验

(1) 硝化反应

取干燥试管 1 支,加入浓硫酸 10 滴、浓硝酸 5 滴,混合后,再加入 10 滴苯,振摇 10 min 后,将溶液倒入盛有 20 mL 水的烧杯中,有何现象? 产物是什么? 写出化学反应式。

(2) 卤代反应

取干燥试管两支,其中一支加入 10 滴苯,另一支加入 10 滴甲苯,然后各加入 5%溴-四氯化碳溶液 3 滴和少许铁屑,振荡,并将试管放在水浴中加热数分钟(温度应低于 80 ℃),观察比较颜色变化的快慢,并说明原因和写出化学反应式。

(3) 芳烃的烷基化反应

取干燥试管 5 支,各加 1 mL 氯仿,再分别加入 5 滴环己烷、苯、甲苯、2,4-二硝基氯苯和少量萘,混合均匀,并且润湿管壁,沿管壁小心加入无水氯化铝,观察氯化铝周围发生的变化。

---

① 烃和烯烃都易溶于四氯化碳,形成均相体系,反应易于进行。
② 炔银和炔铜等炔烃金属衍生物在干燥时,极易分解爆炸,故必须在实验完成后先加浓硝酸破坏沉淀,再洗试管,或者加入稀硝酸和稀盐酸加热分解。

(4) 氧化反应

取干燥试管两支,先分别加入 0.5% 高锰酸钾 2 滴及 10% 硫酸 12 滴,摇匀后再在一支试管中加入苯 10 滴,另一支试管中加入甲苯 10 滴,并振摇 10 min 后观察发生的现象。

五、思考题

1. 进行不饱和烃和卤素加成反应,为什么一般不用溴水,而用溴-四氯化碳溶液?
2. 乙炔银和乙炔亚铜的试管实验结束后应如何妥善处理?

实训 3-2 卤代烃的性质与鉴定

一、实验目的

1. 熟悉不同烃基结构对反应速度以及不同卤原子对反应速度的影响;
2. 了解伯、仲、叔卤代烃性质上的差异,说明各种卤代烃结构中卤素活性不同的原因;
3. 掌握卤代烃的鉴定方法。

二、实验原理

卤代烃是烃分子中的氢被卤素取代所生成的一类化合物。卤原子是卤代烃的官能团,大多数卤代烃分子中的卤素并不是呈离子状态的,而且与硝酸银的水溶液不易发生沉淀作用。但分子中的卤原子易被其他原子或原子团取代生成各种类别的化合物,此时,加入硝酸银水溶液,即有卤化银沉淀析出,不同烃基结构的卤代烃,有不同的化学活泼性,故发生取代反应的难易程度不同。

三、实验用品

乙醇　1-氯丁烷　2-氯丁烷　2-甲基-2-氯丙烷　苄氯　氯苯　溴乙烷　1-溴丁烷　1-碘丁烷　2 mol/L 硝酸　5% 硝酸银溶液　15% 氢氧化钠溶液　15% 氢氧化钠-酒精溶液　15% 碘化钠-丙酮溶液　1% 硝酸银-乙醇溶液　试管　酒精灯　蒸馏水　温度计

四、实验内容

1. 水解[1]与消除反应

取试管两支,分别加入溴乙烷 0.5 mL,然后在一支中加入 1 mL 15% 氢氧化钠水溶液,在另一支中加入 1 mL 15% 氢氧化钠-酒精溶液[2],振荡并小心加热煮沸。放冷后,将水层倾倒入另两支试管中,分别加 2 mol/L 硝酸使溶液呈酸性,再分别加入 1% 硝酸银溶液数滴,观察现象。写出有关反应式。

2. 硝酸银实验[3]

(1) 卤素原子相同而烃基不同的卤代烃反应活性比较

取 5 支洗净并用蒸馏水冲洗过的干燥试管,将试管编号,用滴管分别加入 1-氯丁烷、2-氯丁烷、2-甲基-2-氯丙烷、苄氯、氯苯样品 4~5 滴,然后在每支试管中分别加入

---

[1] 通过硝酸银与溴离子生成沉淀,判断卤代烃是否发生水解,因此,实验室中配制的各种水溶液不能含有氯离子。
[2] 溴乙烷易于挥发(沸点:38.4 ℃),加热从液面逐渐下移到底部,摇动,加热的过程最好在通风橱内进行。
[3] 卤代烃和硝酸银都能溶于乙醇,形成均相体系,可以提高反应速度。

2 mL 1%硝酸银-乙醇溶液,仔细观察生成卤化银沉淀的时间并作记录。10 min 后,将未产生沉淀的试管在 70 ℃水溶液上加热 5 min 左右,观察有无沉淀生成。根据实验结果排列以上卤代烷的反应活性次序,并说明原因,写出反应方程式。

(2)烃基相同而卤素原子不同的卤代烃反应活性比较

取 3 支洗净并用蒸馏水冲洗过的干燥试管,将试管编号,用滴管分别加入 1-氯丁烷、1-溴丁烷、1-碘丁烷样品 4~5 滴,重复上面实验,比较反应活性,解释原因,写出反应方程式。

3.碘化钠(钾)实验

在洁净干燥的 6 支编号试管中分别加入 1 mL 15%碘化钠-丙酮溶液,分别加入 1-氯丁烷、2-氯丁烷、2-甲基-2-氯丙烷、1-溴丁烷、氯苯、苄氯试样各 2~4 滴振荡,记录每一支试管生成沉淀所需要的时间。若 5 min 内仍无沉淀生成,可将试管置于 50 ℃水浴中温热,在 6 min 后,将试管冷却至室温,观察反应情况,记录结果。

五、思考题

1.为什么检查卤代烃要用硝酸银的醇溶液而不是水溶液?

2.为什么碘化钠-丙酮溶液可以和一些含氯或溴的卤代烃反应产生沉淀,而不能以氯化钠和溴化钠代替碘化钠与一些卤代烃作用,发生类似的反应?

3.以下三种物质是否都能发生消除反应?卤代烃结构满足什么条件才有可能发生消除反应?

$$CH_3Cl \qquad CH_3CHCHBrCH_3 \qquad H_3C-\underset{\underset{CH_3}{|}}{\overset{\overset{CH_3}{|}}{C}}-CH_2Cl$$
$$\underset{CH_3}{|}$$

4.与硝酸银-乙醇溶液作用,出现白色沉淀最快的是(　　)。

A.氯苯　　　　B.氯化苄　　　　C.2-氯丙烷　　　　D.氯乙烯

实训 3-3　醇和酚的性质与鉴定

一、实验目的

1.掌握醇和酚的鉴别方法;

2.熟悉醇、酚的某些化学性质及其区别。

二、实验原理

醇和酚具有同一种官能团——羟基。但不同的是醇的羟基和脂肪烃基相连,而酚的羟基直接连在芳香环上。不同的烃基结构对官能团的影响也不同,因此,醇与酚的性质有明显的区别。

三、实验用品

无水乙醇　正丁醇　仲丁醇　叔丁醇　2%苯酚　酚酞　1%间苯二酚　0.2%邻苯二酚　0.5%1,2,3-苯三酚　95%乙醇　异丙醇　叔丁醇　甘油　金属钠　5%重铬酸钾

3 mol/L 硫酸溶液　1％三氯化铁溶液　5％氢氧化钠溶液　2％硫酸铜溶液　卢卡斯试剂　试管　水　表面皿　滴管　恒温水箱　玻璃棒　弱酸性的精密试纸　饱和溴水

四、实验内容

1. 醇的化学性质

(1) 醇钠的生成和水解

将两个干燥的试管编好号码,分别加入 1 mL 无水乙醇和 1 mL 正丁醇,再加一粒黄豆大小并用滤纸擦干的金属钠,观察反应速度有何差异。等到平稳地放出气体时,使试管口靠近灯焰,观察有何现象。待金属钠全部作用后,将第 1 号试管内溶液的一半倾入表面皿上,使多余的乙醇完全挥发(必要时可将表面皿放在水浴上加热),残留在表面皿上的固体就是乙醇钠,滴 2～3 滴水于乙醇钠上使其溶解,然后滴 1 滴酚酞指示剂观察现象,写出反应方程式。

(2) 醇的氧化

取 3 支试管,编号后各加入 0.5％重铬酸钾溶液 2 滴和 3 mol/L H_2SO_4 1 滴,然后分别加入 10 滴 95％乙醇、异丙醇和叔丁醇,将各试管摇匀,3 min 后观察。

(3) 伯醇、仲醇、叔醇的鉴别

取 3 支干燥的试管,编号后分别加入 5 滴正丁醇、仲丁醇和叔丁醇,然后各加入 15 滴卢卡斯试剂①,塞好管口,振荡后静置,观察反应液是否变浑浊,若 5 min 后仍无变化,放入不超过 40 ℃的恒温水箱中温热数分钟②;记录反应液开始变浑浊所需的时间。

(4) 甘油与氢氧化铜的反应

取 2 支试管各加入 10 滴 5％氢氧化钠溶液和 2％硫酸铜溶液,混匀后,分别加入乙醇、甘油各 10 滴,振摇,静置,观察现象并解释发生的变化。

2. 酚的性质

(1) 酚的溶解性和酸性:

分别取约 0.2 g 2％苯酚、0.2％邻苯二酚、0.5％1,2,3-苯三酚放在 3 支试管中,加入 3 mL 水,振摇一会儿,观察它们的溶解性,解释原因。

用玻璃棒分别蘸每种溶液 1 滴,分别以弱酸性的精密试纸检验酸度。

向水溶性差的混合液中加入几滴 5％ NaOH 溶液,振荡至澄清;然后再逐滴加入 3 mol/L H_2SO_4 至酸性,观察有何变化,解释原因。

(2) 与 $FeCl_3$ 作用③

取试管 4 支,分别加入 2％苯酚溶液、0.2％邻苯二酚溶液、1％间苯二酚溶液、0.5％1,2,3-苯三酚溶液各 1 滴,再分别加入 1％三氯化铁溶液 1～2 滴,振摇片刻,观察并记录颜色变化。

---

① 卢卡斯试剂用时试管必须干燥;卢卡斯试剂与低级醇反应生成难溶于水的氯代烃,使反应溶液浑浊,继而分层,现象明显。随着碳链的增长,醇类溶解性下降,C_6 以上的醇不溶于卢卡斯试剂,两者混合即浑浊,观察不到反应是否发生,所以,卢卡斯试剂只能鉴别 C_6 以下的醇类。

② 反应产物卤代烃的沸点一般较低,易于挥发,加热温度不可太高。

③ 某些酚类化合物与三氯化铁所生成的颜色极不稳定,瞬间即消失,故必须注意滴入后立即观察。三氯化铁切勿多加,否则热溶液中所生成的颜色易被三氯化铁的深黄色掩盖,观察不到正确的结果。

(3)溴代反应

取 2%苯酚溶液 5 滴,置于一小试管中,缓缓滴入饱和溴水 10 滴,不断振荡。

(4)酚的氧化

分别取 2%苯酚溶液、0.2%邻苯二酚溶液、1%间苯二酚溶液各 1 mL 于 3 支试管中,各滴入 2 滴 3 mol/L H_2SO_4,振摇试管,然后再滴入 5 滴 5%重铬酸钾溶液。静置几分钟,观察重铬酸钾溶液是否褪色。写出反应方程式。

五、思考题

1. 甲醇、对甲基苄醇、二甲基苯基甲醇可否用卢卡斯试剂鉴别?
2. 苯酚为什么能使三氯化铁溶液显色?是否所有的酚都能使三氯化铁显色?
3. 鉴别苯酚与苯甲醇最方便的试剂是( )。
   A.Na　　　　　B.NaOH　　　　　C.Na_2CO_3　　　　　D.$FeCl_3$

实训 3-4　醛和酮的性质与鉴定

一、实验目的

1. 了解醛和酮的主要化学性质,熟悉它们在性质上的异同;
2. 掌握醛和酮的鉴定方法。

二、实验原理

1. 脂肪族醛和酮在结构上全都含有羰基,因此它们有一些相同的反应。

(1)与氨的衍生物发生反应,如与 2,4-二硝基苯肼反应,可以生成苯腙。

(2)醛和甲基酮能与亚硫酸氢钠加成,生成 α-羟基磺酸钠,加成物与酸或碱共热时,仍分解出醛和酮。

(3)具有 $CH_3-CO-R(H)$ 结构的醛、酮(乙醛和甲基酮)或 $CH_3-CH(OH)-R(H)$ 结构的醇都能发生在碱性溶液中与碘作用生成碘仿的反应,碘仿为黄色固体、特臭、易识别,故称此反应为碘仿反应。

2. 醛和酮的差异,体现在某些化学反应上也不同。

(1)醛能被弱氧化剂氧化。如与氢氧化银的氨溶液(托伦试剂)作用,生成银镜;与碱性酒石酸铜试剂(斐林试剂)作用,生成氧化亚铜沉淀。酮类则很难被氧化而无此反应。

(2)芳香族醛和酮分子中含羰基,可发生类似脂肪族醛和酮的一些羰基的特征反应。但由于苯基的影响降低了羰基的反应性,所以表现在性质上与脂肪族醛和酮有一定的差别。因此,斐林试剂只能与脂肪醛反应而不与芳香醛反应,利用此性质,可区别脂肪醛和芳香醛。

三、实验用品

乙醛　苯甲醛　丙酮　苯乙酮　苯甲醇　环己酮　95%乙醇　2,4-二硝基苯肼　3-戊酮　正丁醇　5%硝酸银溶液　5%氢氧化钠溶液　碘溶液　10%氨水　10%盐酸　水浴锅　10%碳酸钠溶液　滴管　试管　斐林试剂 A、B

四、实验内容

1. 与2,4-二硝基苯肼的反应①

取试管2支,均加入2,4-二硝基苯肼试液5滴。然后1支中加入2滴乙醛,另1支中加入2滴丙酮,充分振摇后观察有无黄色沉淀产生。写出反应方程式和产物的名称。

2. 与饱和亚硫酸氢钠反应②

取试管3支并编号,在3支试管中均加入新配制的饱和亚硫酸氢钠溶液10滴,然后在试管①中加入15滴乙醛,试管②中加入15滴丙酮,试管③中加入15滴环己酮溶液。摇匀,置于冰水中,观察有无白色沉淀析出,写出反应方程式。

3. 与斐林试剂的反应③

取试管3支,并编号,在3支试管中均加入斐林试剂A和斐林试剂B各10滴,混匀后再分别加入乙醛、丙酮、苯甲醛试液各4滴,摇匀后置沸水浴中加热,观察溶液颜色变化,有无砖红色沉淀(Cu_2O)生成,并解释原因。

4. 与托伦试剂的反应④

取洁净的试管3支,并编号,在3支试管中均加入5%硝酸银溶液和5%氢氧化钠溶液各1滴,都在振摇下逐滴加入10%氨水至生成的沉淀恰好溶解为止。然后再分别加入乙醛、丙酮、苯甲醛试液4滴,摇匀,静置片刻,观察变化。如无变化,可在温水浴中温热2 min,观察有无银镜生成,并解释原因。

托伦试剂久置后,会析出黑色的氮化银(Ag_3N)沉淀,容易发生爆炸,故必须临时配制。切忌用灯焰直接加热,以免发生危险。实验完毕,应加入少许稀硝酸,使银镜溶解并洗去,不要久置,以免产生具有爆炸性的雷酸银(AgONC)。

5. 碘仿反应⑤

取试管5支,并编号,分别加入乙醛、丙酮、3-戊酮、95%乙醇、正丁醇试液。然后在5支试管中各加入碘溶液5滴,摇匀后都逐滴加入5%氢氧化钠溶液至碘的棕色消失为止。观察哪些有黄色沉淀(CHI_3)析出,并写出反应方程式。

五、思考题

1. 为了使碘仿尽快生成,有时碘仿反应需加热进行,试问能否用沸水浴加热?为什么?什么结构的醛或酮能发生碘仿反应?
2. 如何区别环己基甲醛、苯甲醛和苯乙酮?

---

① 不同结构的醛和酮与2,4-二硝基苯肼缩合产物的颜色可能不同。除醛、酮以外,易被氧化为醛和酮的烯丙醇和苄醇也可以发生此类反应。

② 醛、脂肪族甲基酮、7个碳以下的环酮能与饱和的$NaHSO_3$水溶液起加成反应生成不溶于饱和的亚硫酸氢钠的α-羟基磺酸钠,所以产物以白色晶体析出。这个反应是可逆的,产物遇稀酸或稀碱能分解得到原来的醛或酮,因此,这个反应可用于分离、提纯醛或酮,也可用于定性鉴别。

③ 与斐林试剂反应,脂肪族醛及α-羟基酮(如还原糖)易被氧化,故为正反应,而芳香醛及酮类不易被氧化,则为负反应。

④ 银镜反应完毕后,先用硝酸洗去银镜,此反应的试管壁必须十分干净。另外,过量的氨水会减低托伦试剂的灵敏度。因此氨水溶液不可多加。此反应试剂需临时配制,不能贮藏,因为久置后会生成有爆炸性的氮化银。此外,反应时若用直火加热煮沸,会生成具有爆炸性的雷酸银,故需用水浴温热。凡易氧化的糖类、多元酚类、氨基酚类、羟胺类及其他还原性物质均有此反应。

⑤ 碘仿反应碱量不要过多,加热时间不宜太长,温度不能过高,否则会使生成的碘仿再消失,造成判断错误。

3.不能鉴别苯甲醛和苯乙酮的试剂是（　　）。
A.托伦试剂　　　B.斐林试剂　　　C.I_2/NaOH　　　D.希夫试剂
4.不能与 $NaHSO_3$ 饱和溶液产生结晶性沉淀的是（　　）。
A.乙醛　　　B.苯甲醛　　　C.苯乙酮　　　D.2-戊酮
5.不能发生碘仿反应的是（　　）。
A.乙醛　　　B.丙酮　　　C.苯乙酮　　　D.3-戊酮

实训 3-5　羧酸及其衍生物的性质与鉴定

一、实验目的
1.掌握羧酸及其衍生物的主要化学性质；
2.了解油脂的性质和肥皂制备的方法。

二、实验原理

羧酸是一类具有一定酸性的化合物，官能团是羧基（ $-\overset{\overset{O}{\|}}{C}-OH$ ），羧基官能团中的羟基与羰基存在着 p-π 共轭效应，羧酸的化学性质与此结构密切相关。羧酸衍生物分子中都含有酰基，能发生一些相近的化学反应，但因酰基所连的基团不同，其反应活性存在差异。

三、实验用品

甲酸　冰醋酸　草酸　苯甲酸　乙酰氯　乙酸酐　无水乙醇　乙酸乙酯　95％乙醇　乙酰胺　色拉油　熟猪油　四氯化碳　3％溴-四氯化碳溶液　pH 试纸　10％和40％氢氧化钠溶液　6 mol/L 氢氧化钠　2％硝酸银溶液　6 mol/L 盐酸　1％硫酸铜溶液　3 mol/L 硫酸　浓硫酸　饱和碳酸钠溶液　饱和食盐水　石灰水　蒸馏水　肥皂

四、实验内容

1.羧酸的酸性

取两滴液体或少量（约 30 mg）固体羧酸（如苯甲酸），加入 5～10 滴水。振荡溶解后，用 pH 试纸测此水溶液的酸性，如不溶，则逐滴加入 10％ 氢氧化钠溶液，观察其溶解情况，然后再加 6 mol/L 盐酸至酸性，观察有何变化。

2.羧酸衍生物的水解

（1）酰氯的水解[①]：在盛有 1 mL 蒸馏水的试管中，加 3 滴乙酰氯，略微摇动，此时乙酰氯与水剧烈作用，并放热。在冷水浴中使试管冷却，加入 1～2 滴 2％硝酸银溶液，观察有何变化。

（2）酯的水解：在 3 支试管中分别加入 1 mL 乙酸乙酯和 1 mL 水，然后再向第一支试管中加 1 mL 3 mol/L 硫酸，向第二支试管中加 1 mL 6 mol/L 氢氧化钠溶液。把 3 支试

---

① 若乙酰氯纯度不够，则往往含有 $CH_3COOPCl_2$ 等磷化物。久置将产生浑浊或者析出白色沉淀，从而影响到本实验的结果；为此，必须使用无色透明的乙酰氯进行有关的实验。乙酰氯是极活泼的物质，与水和醇发生剧烈反应，实验时务必小心。

管同时放入70～80 ℃的水浴中,一边摇动,一边观察,比较3支试管中酯层消失的速度。

(3)酸酐的水解:在盛有1 mL蒸馏水的试管中,加3滴乙酸酐。乙酸酐不溶于水,呈油珠状沉于管底,为了加速反应,把试管略微加热,这时乙酸酐油珠消失,同时嗅到醋酸的气味。

(4)酰胺的水解:酰胺的碱性水解是在试管中加入0.5 g乙酰胺和3 mL 6 mol/L氢氧化钠溶液,煮沸,辨别有无氨的气味;酰胺的酸性水解是在试管中加入0.5 g乙酰胺和3 mL 3 mol/L硫酸煮沸,辨别有无醋酸的气味。写出以上实验反应的化学方程式,并比较实验现象。

3.羧酸及其衍生物与醇的反应

(1)酰氯的醇解:在试管中加入1 mL无水乙醇,边摇动边慢慢滴入1 mL乙酰氯(反应十分剧烈,小心液体从试管中冲出)。将试管冷却,慢慢地加入2 mL饱和碳酸钠溶液,同时轻微地振荡。静止后,有乙酸乙酯浮到液面上并可嗅到酯的香味。

(2)酸酐的醇解:在试管中加入2 mL乙醇和1 mL乙酸酐,混合后加1滴浓硫酸,振荡。这时反应混合物逐渐发热,以至于沸腾。冷却后,慢慢地加入2 mL饱和碳酸钠溶液,同时轻微地振荡,生成的乙酸乙酯即浮到液面上。

(3)羧酸与醇的反应(酯化反应):在两支干燥的试管中各加入2 mL无水乙醇和2 mL冰醋酸,混合均匀后,在一支试管中加入5滴浓硫酸。把两支试管同时放入70～80 ℃的水浴中,边加热边摇荡,10 min后,取出试管,用冷水冷却,再各滴入2 mL饱和碳酸钠溶液。静置,观察有无乙酸乙酯浮到液面上。

4.油脂的性质

(1)油脂的不饱和性:取0.2 g熟猪油和5滴色拉油(菜油)分别放入两支干净的小试管中,并分别加入1 mL四氯化碳,振荡使之溶解,然后分别滴加3％溴-四氯化碳溶液,边滴加边振荡,滴至各试管中溴的颜色不再褪去时为止(注意各试管油溶液橙黄色深浅应一致),记下各种油溶液所需溴溶液的滴数,比较各种油的不饱和程度,并解释之。

(2)油脂的皂化①:取3 g油脂、3 mL 95％乙醇②和3 mL 40％氢氧化钠溶液放入一个干净的大试管内,摇匀后在沸水中加热煮沸,此时油脂在碱性条件下发生水解,称为油脂的皂化反应。待试管中的反应物成一相后,继续加热10 min左右,并不断加以振荡。皂化完全后③,将制得的黏稠液体倒入盛有15～20 mL温热的饱和食盐水的小烧杯中,边倒边搅拌,就会有一层肥皂浮到溶液表面(盐析作用),将析出的肥皂用布过滤拧干。在盛有2 mL饱和食盐水的试管中加入0.5 g新制备的肥皂,然后滴加1％硫酸铜溶液,观察现象并证明有何物质存在。

(3)羧酸加热分解作用:将甲酸和冰醋酸各1 mL及草酸1 g分别加入3支带导管的小试管中,导管的末端分别伸入3支各盛有2 mL石灰水的小试管中(导管要插入石灰水中)。加热试样,观察小试管里石灰水溶液有何现象,并解释。

---

① 油脂皂化时可以选用硬化油和适量猪油混合后的油脂。若单纯使用硬化油,则制得的肥皂太硬;若只用植物油,则制得的肥皂太软。皂化时加入乙醇的目的是使油脂和碱液能混为一相,加速皂化反应的进行。
② 皂化时反应速度缓慢,加入乙醇使反应在均相中进行,能大大提高反应速率。
③ 皂化是否完全的测定:取几滴皂化液放入一试管中,加2 mL蒸馏水,加热并不断振荡。若此时无油滴析出,则表示皂化已经完全;若皂化不完全,则需再反应几分钟,再次检验皂化是否完全。

五、思考题

1. 甲酸为什么有还原性？乙酸为什么对氧化剂稳定？
2. 羧酸成酯反应为什么必须控制在70～80 ℃？温度偏高或偏低会对反应有什么影响？
3. 写出甲酸、冰醋酸、草酸加热分解的反应方程式。

实训 3-6　胺的性质与鉴定

一、实验目的

1. 掌握芳香胺、脂肪胺性质的差异；
2. 掌握一级胺、二级胺、三级胺的分离鉴别方法。

二、实验原理

脂肪胺或芳香胺的分子中都含有氨基，因此，它们的化学性质有很多是相似的。但由于氨基所连接的烃基的不同，其性质又有差异。因氮原子上的未共用电子对与碳氧双键形成 p—π 共轭，酰胺的碱性很弱，接近于中性。

三、实验用品

苯胺　N-甲基苯胺　N,N-二甲基苯胺　苯磺酰氯　碘化钾-淀粉试纸　浓盐酸　10％氢氧化钠溶液　10％亚硝酸钠溶液　2 mol/L 盐酸　二氧化锰　2 mol/L 硫酸　3％溴水　冰　pH 试纸　饱和溴水　β-奈酚溶液

四、实验内容

1. 苯胺的性质鉴定

在试管中放入两滴苯胺和 1 mL 水，摇荡观察苯胺是否溶解？再加入 4 滴 2 mol/L 盐酸，观察结果。

2. 苯磺酰氯实验（兴斯堡实验）[①]

取 3 支试管配备好塞子，在试管中分别加入苯胺、N-甲基苯胺、N,N-二甲基苯胺各 3 滴，再分别加入 5 mL 10％氢氧化钠溶液和约 5 滴苯磺酰氯，塞好塞子，用力摇动。手触试管底部，检查哪支试管发热。用 pH 试纸检查 3 个试管内的溶液是否呈碱性，如果不呈碱性，可再加几滴 10％氢氧化钠溶液。反应结束后，观察下述三种情况，并判断哪支试管内是一级胺、二级胺、三级胺。

如果有固体生成，将固体分出，固体能溶于过量的 10％氢氧化钠溶液中，但加入 2 mol/L 的盐酸酸化后又析出沉淀，表明为一级胺。如最初不析出沉淀物，小心加 2 mol/L 盐酸至溶液呈酸性，此时若生成沉淀，也表明为一级胺。

溶液中析出油状物或沉淀但不溶于盐酸，表明为二级胺。

实验时无反应发生，溶液中仍为油状物，加盐酸酸化后即溶解，表明为三级胺。

3. 重氮苯的形成及反应

[①] 苯磺酰氯水解不完全时，可与三级胺混在一起而沉于试管底部。酸化时，虽三级胺已溶解，而苯磺酰氯仍以油状物存在，往往会得出错误结果。为此，在酸化之前应在水浴上微热（温度不能高，时间不可长，否则会产生深蓝色染料），使苯磺酰氯水解完全，此时三级胺全部浮在溶液上面，下部无油状物。

在试管中将 10 滴苯胺和 5 mL 2 mol/L 盐酸混合,置冰水浴中冷却到 0~5 ℃。然后边振荡边滴加 10% 亚硝酸钠溶液,至溶液对碘化钾-淀粉试纸显蓝色[①]。所得盐酸-重氮苯溶液呈浅黄色透明状,保存在冰水浴中,供以下实验使用。

(1)苯酚的生成:取 2 mL 重氮盐溶液置于小试管中,在 50~60 ℃ 水浴中加热,注意有气体 N_2 放出。冷却后,反应液中有苯酚的气味。在此反应液中加 1 mL 饱和溴水,振荡并观察实验结果。

(2)与 β-萘酚的偶联:取 1 mL 盐酸重氮盐溶液加入一支大试管中,放在冰水浴中冷却,加入数滴 β-萘酚溶液(0.4 g β-萘酚溶于 4 mL 5% 氢氧化钠溶液中配置而成),注意观察有无橙红色沉淀生成。

(3)苯胺的氧化[②]:在一支小试管中加入两滴苯胺和 2 mL 水,加入少许二氧化锰和 1 mL 2 mol/L 硫酸,用力振荡,观察溶液的变化,写出反应的化学方程式。

(4)苯胺的溴代:在一支小试管中加入两滴苯胺和 2 mL 水,然后滴加 3% 溴水,振荡,观察现象,写出反应的化学方程式。

实训 3-7　碳水化合物的性质与鉴定

一、实验目的

1.熟悉碳水化合物的主要化学性质;
2.掌握常见糖类的鉴别方法;
3.了解硝酸纤维素酯的制备方法。

二、实验原理

碳水化合物,亦称糖类,是指多羟基醛、多羟基酮以及能水解生成多羟基醛和多羟基酮的一类化合物。碳水化合物可分为单糖、低聚糖和多糖。

三、实验用品

5% 葡萄糖　5% 果糖　5% 蔗糖　5% 麦芽糖　淀粉　10% α-萘酚的乙醇溶液　脱脂棉　斐林试剂　托伦试剂　4 mol/L 盐酸　浓硫酸　浓硝酸　0.1% 碘溶液　10% 氢氧化钠溶液　10% 苯肼盐酸盐溶液　15% 醋酸钠溶液　间苯二酚

四、实验内容

1.还原性

(1)斐林实验:各取 4 mL 斐林试剂溶液 A 和斐林试剂溶液 B 于试管中,混合均匀,分成五等份装于 5 支试管中,分别再加入 5% 葡萄糖、5% 蔗糖、5% 果糖、5% 麦芽糖和淀粉各 5 滴,振荡,在沸水浴上加热 2~3 min,注意颜色变化及是否有沉淀生成。

(2)托伦实验:将上述斐林试剂换成托伦试剂,同样与 5% 葡萄糖等 5 种试样作用,把没有银镜生成的试管置于 60 ℃ 左右的水浴中加热,观察现象。

---

① 稍过量的亚硝酸钠氧化碘化钾,析出单质碘使淀粉变蓝。
② 本实验的氧化剂将苯胺氧化成对苯醌,它是微溶于水的黄色晶体。苯胺易于被氧化,其产物视氧化剂的强弱和反应条件而异,包括偶氮苯、亚硝基苯、硝基苯、苯胺黑等。

2.糖脎的生成①

在 4 支试管中分别加入 1 mL 5％葡萄糖、5％果糖、5％ 蔗糖、5％ 麦芽糖样品,再加入0.5 mL 10％苯肼盐酸盐溶液和 0.5 mL 15％醋酸钠溶液,在通风橱内置于沸水浴中加热约 20 min,并不断振荡,观察是否有黄色混浊物出现,冷却过程中继续观察,比较成脎结晶的速率,记录成脎的时间。

3.淀粉的性质

(1)碘实验:在盛有 1 mL 淀粉溶液的试管中加一滴 0.1％碘溶液,观察其现象。将试管放入沸水浴中加热,直到颜色褪去,冷却后又变回蓝色,解释现象。

(2)淀粉的水解:在试管中加入3 mL 淀粉溶液,再加入 0.5 mL 稀硫酸,于沸水浴中加热 5 min,冷却后用 10％氢氧化钠溶液中和至中性,然后取两滴上述溶液与斐林试剂作用,观察现象。

4.纤维素的性质

(1)纤维素水解作用②:在一支小试管中加入 1 mL 水,慢慢加入 2 mL 浓硫酸,再加入少量脱脂棉,用玻璃棒搅拌至脱脂棉全溶,并成黏稠的浆状物,取 1 mL 倒入盛有 5 mL 水的试管中,观察有何现象。将剩余的黏稠液置于热水浴中加热至亮黄色,然后取出试管,冷却后倒入盛有 5 mL 水的试管中,观察现象。上述两支原盛有 5 mL 水的试管的试液分别用 10％氢氧化钠溶液中和至微碱性,分别做斐林实验和托伦实验,比较实验结果。

(2)硝酸纤维素酯③的制备:在一支小试管中慢慢加入 2 mL 浓硝酸和 4 mL 浓硫酸,混匀,再加入脱脂棉少许,将试管放于 60～70 ℃水浴中加热,同时不断搅拌。5 min 后,用玻璃棒取出脱脂棉,用水洗涤干净,将水尽量挤出,置于表面皿上,用沸水浴干燥,得到浅黄色硝酸纤维素酯。分别点燃少许干燥的硝酸纤维素酯和脱脂棉,比较它们的燃烧情况。

5.以生成糠醛及其衍生物为基础的实验

(1)糖的呈色反应:在 3 支试管中分别放入 0.5 mL 5％葡萄糖、5％蔗糖、淀粉溶液,滴入两滴 10％ α-萘酚的乙醇溶液,混合均匀后,把试管倾斜45°,沿管壁慢慢加入 1 mL 浓硫酸,勿摇动,硫酸在下层,样品在上层,两层交界处出现紫色环,表示溶液中含有糖类化合物。

(2)己糖的 Seiwanoff 实验:在 3 支试管中分别放入 0.5 mL 5％葡萄糖、5％果糖和 5％蔗糖水溶液,向每支试管中加入 2 mL 间苯二酚溶液(溶解 0.5 g 间苯二酚于 1 L 4 mol/L 盐酸中),将 3 支试管放入沸水浴中加热,60 s 后取出试管,观察并记录结果。为完成实验的剩余部分,将其余试管放回沸水浴中,每隔 1 min 观察并记录每个试管中的颜色。5 min 后,蔗糖将会水解成果糖,后者发生反应。

---

① 苯肼毒性很大,取用时要戴橡胶手套并在通风橱内操作。如不慎接触皮肤,立即用5％醋酸洗去,再用肥皂水洗。

② 纤维素与硫酸形成硫酸氢酯而溶于硫酸,纤维素经过硫酸部分水解的产物也溶于浓硫酸中,但不溶于水,当用水稀释酸溶液时又沉淀出来。当在酸中加热后,纤维素水解生成二糖和单糖而溶于水并具有还原性。

③ 在该实验条件下主要生成纤维素二硝酸酯,没有爆炸性。如果反应时间长,温度高,将生成具有爆炸性的三硝酸酯。

实训 3-8　氨基酸和蛋白质的性质与鉴定

一、实验目的
验证氨基酸和蛋白质的某些重要化学性质。

二、实验原理
氨基酸与蛋白质分子中的某些特殊结构与某些试剂作用可以表现出特殊的颜色反应,利用此性质可检验出氨基酸及蛋白质。

三、实验用品
清蛋白溶液　1%甘氨酸　酪氨酸　1%色氨酸　1%鸡蛋白　茚三酮　饱和苦味酸溶液　鞣酸　醋酸铅溶液　氯化汞溶液　饱和硫酸铵溶液　5%醋酸　浓硝酸　20%氢氧化钠溶液　饱和硫酸铜溶液　30%氢氧化钠溶液　10%硝酸铅溶液　1 mol/L 盐酸　1 mol/L 氢氧化钠溶液　硝酸汞　红色石蕊试纸

四、实验步骤
1.氨基酸和蛋白质的两性性质

在盛有 3 mL 水的试管中加入 0.2 g 酪氨酸,用玻璃棒充分搅拌,观察溶解情况。将其分成两份,各加入 1 mol/L 盐酸溶液和 1 mol/L 氢氧化钠溶液,观察现象。

向两份均为 10 滴的蛋白质溶液中分别逐滴加入 1 mol/L 盐酸溶液和 1 mol/L 氢氧化钠溶液,观察有何现象发生。

2.蛋白质的沉淀

(1)用重金属盐沉淀蛋白质[①]:取 3 支试管,各盛有 1 mL 清蛋白溶液,分别加入饱和硫酸铜溶液、醋酸铅溶液、氯化汞溶液 2～3 滴,观察现象。

(2)蛋白质的可逆沉淀[②]:在盛有 2 mL 清蛋白溶液的试管中加入 2 mL 饱和硫酸铵溶液,振荡并观察现象。取浑浊液加入 1～3 mL 水振荡,观察蛋白质的沉淀是否溶解。

(3)蛋白质与生物碱反应[③]:向两支盛有 0.5 mL 蛋白质的试管中加入 5%醋酸至酸性,分别加入饱和苦味酸溶液和鞣酸,直到沉淀发生为止。

(4)加热沉淀蛋白质:在一支试管中加入 1 mL 蛋白质溶液,置于沸水浴中加热十几分钟,观察有何现象发生。加入 5 mL 水,观察有无变化。

3.蛋白质的颜色反应

(1)与茚三酮反应:在 4 支试管中分别加入 1%甘氨酸、1%酪氨酸、1%色氨酸、1%鸡蛋白各 1 mL,再分别加入茚三酮试剂 2～3 滴,置于沸水浴中加热 10～15 min,观察现象。

[①] 重金属在浓度很小时就能沉淀蛋白质,与蛋白质形成不溶于水的类似盐的化合物。蛋白质是许多重金属中毒时的解毒剂。

[②] 碱金属和镁盐在相当高的浓度下能使许多蛋白质从它们的溶液中沉淀出来。

[③] 生物碱沉淀剂多为重金属盐、大分子酸及相对分子质量较大的碘化物复盐,如碘化铋钾,生物碱沉淀剂也可使蛋白质产生沉淀。

(2)黄蛋白反应①:在试管中加入 1~2 mL 清蛋白溶液和 1 mL 浓硝酸,此时呈白色沉淀或浑浊。加热煮沸,观察现象。

(3)蛋白质的二缩脲②反应:在盛有 1~2 mL 清蛋白溶液和 1 mL 20% 氢氧化钠溶液的试管中,滴加几滴硫酸铜溶液共热,观察现象。取 1% 甘氨酸作对比实验,观察现象。

(4)蛋白质与硝酸汞试剂作用③:在盛有 2 mL 清蛋白溶液的试管中,加入硝酸汞试剂 2~3 滴,小心加热,观察现象。用酪氨酸重复上述过程,观察现象。

4.用碱分解蛋白质

取 1~2 mL 清蛋白溶液放入试管中,加入 2~4 mL 30% 氢氧化钠溶液,煮沸 2~3 min,析出沉淀,继续沸腾,用湿润红色石蕊试纸检验。

上述热浴液加入 1 mL 10% 硝酸铅溶液,煮沸,观察现象。

五、思考题

1.怎样区分蛋白质的可逆沉淀和不可逆沉淀?

2.在蛋白质的二缩脲反应中,为什么要控制硫酸铜溶液的加入量?过量的硫酸铜会导致什么结果?

趣味实验3 蔬菜中维生素C的测定

一、主要仪器与试剂

1.仪器

烧杯 4 只

2.试剂

可溶性淀粉　碘酒　青菜叶　猕猴桃　苦瓜　苹果

二、实验内容

1.在烧杯内放少量淀粉,倒入一些开水,并用玻璃棒搅动成为淀粉溶液。滴入 2~3 滴碘酒,即会发现乳白色的淀粉溶液变成了蓝紫色。

2.找 2~3 片青菜,摘去菜叶,留下叶柄,榨取出叶柄中的汁液,然后把汁液慢慢滴入上述蓝紫色溶液中,边滴边搅动。这时,会发现蓝紫色的液体又变成了乳白色。说明青菜中含有维生素C。

三、实验说明

淀粉溶液遇到碘会变成蓝紫色,这是淀粉的特性,而维生素C能与蓝紫色溶液中的碘发生氧化还原反应,使溶液变成无色,以此可以定性和检验蔬菜、水果中的维生素C。

---

① 黄蛋白反应显示蛋白质的分子中含有单独的或合并的芳香环,这些芳香环与硝酸起硝化作用,生成多硝基物,结果显黄色。

② 任何蛋白质或其水解中间产物均有二缩脲反应,表明蛋白质或其水解中间产物均含有肽键。在蛋白质水解中间产物中,二缩脲反应的颜色与肽键数有关。

③ 只有组成中含有酚羟基的蛋白质,才能与硝酸汞试剂显砖红色。

第四章

有机化合物的制备技术

自然界赐予人类大量的物质财富,例如矿产资源、石油、天然气和无穷无尽的动植物资源。正是这些物质养育了人类,给人类社会带来了现代文明和繁荣。但是天然存在的物质数量虽多,种类却有限,而且大多是以复杂形式存在的,难以满足现代科学技术、工农业生产以及人们日常生活的需求。于是人们就设法制备所需要的各种物质,医药、染料、农药、食品添加剂和各种高分子材料等,这些化合物绝大多数是有机化合物。可以说,当今人类社会的生存和发展,已离不开有机化合物的制备技术。

有机化合物的制备就是利用化学方法将官能团进行转换的过程或将简单的有机化合物和无机化合物合成为较复杂的有机物的过程,或者将较复杂的有机化合物分解成较简单的物质的过程,以及从天然产物中提取出某一组分和对天然物质进行加工处理的过程。

熟悉掌握有机化合物的制备原理、技术和方法,是从事化学实验、化工生产的人员必须具备的基本技能。

第一节 概 述

要制备一种有机化合物,首先要选择正确的制备路线、主要的反应条件和合适的反应装置,通过一步或多步反应制得的有机化合物,往往是目的产物与过剩的反应物以及副产物等多种物质共存的混合物,还需根据产物和混合物的特点,通过适当的手段对混合物进行分离和纯化,以得到纯度较高的产品,同时还应考虑实验过程中是否产生"三废"及其处理方案。最后制订出切实可行的补给计划,做好必要的准备工作并按预定计划完成有机化合物的制备。

一、制备路线的选择

一种有机化合物的制备路线可能有多种,但并非所有的路线都能适用于实验室或工业生产,可见选择正确的制备路线是极为重要的。比较理想的制备路线应具备下列条件:

(1)原料资源丰富(最好为可再生原料),便宜易得,无毒无害,生产成本低;
(2)化学反应为原子经济反应和高选择性反应,副反应少,产物易提纯,总收率高;
(3)反应步骤少,反应时间短,反应条件温和,反应设备简单,能耗低,操作安全方便;
(4)尽量不使用或少使用溶剂和催化剂,如必须使用,最好使用无毒溶剂和催化剂;
(5)溶剂和催化剂最好可回收,副产物可综合利用,对环境影响小。

总之，选择一个合理的制备路线，不同原料有不同的方法。哪种方法比较优越，更加符合绿色有机化学的要求，需要综合考虑各方面因素，最后确定一个效益较高、切实可行的路线和方法。

二、反应装置的选择

选择合适的反应装置是保证实验顺利进行和成功的重要前提。制备实验的装置是根据制备反应的需要来选择的，若所制备的是气体物质，就需选用气体发生装置。若所制备的是固体或液体物质，则需根据反应条件、反应原料和反应产物性质的不同，选择不同的实验装置。实验室中，有机物的制备，由于反应时间较长、溶剂易挥发等特点，多需采用回流装置。回流装置的类型较多，如普通回流装置，带有气体吸收的回流装置，带干燥管的回流装置，带水分离器的回流装置，带电动搅拌、滴加物料及测温仪的回流装置等。还可以采用分馏装置，以便产物从体系中及时蒸出，以防止产物因长时间受热而发生氧化或分解。总之，根据反应的不同要求，正确地选择。

三、提纯方法的选择

制备的目的产物常常是与过剩的原料、溶剂、催化剂和副产物等混合在一起的，这是粗产品。要得到纯度较高的产品，还需要进行提纯。

提纯的实质就是把所需要的反应产物与杂质分离出来。这就需要根据反应产物与杂质理化性质的差异，选择适当的混合物分离技术。有机化合物的提纯方法有蒸馏（包括简单蒸馏、分馏、减压蒸馏和水蒸气蒸馏）、萃取、升华、重结晶及色谱法。

通常情况下，可通过装有液体或固体吸收剂的洗涤瓶或洗涤塔，除去有机气体产物中的杂质；借助萃取或蒸馏的方法对液体有机化合物进行纯化；利用沉淀分离、重结晶或升华的方法可以对固体有机化合物进行提纯。色谱法既适用于液体有机化合物，也适用于可溶性固体有机化合物的分离提纯；有时还可以通过离子交换或色谱柱分离的方法来达到提纯有机化合物的目的。

四、制备实验的准备与实施

要富有成效地实施实验，很大程度上取决于事先的准备工作。在确定了制备路线、反应装置和精制方法以后，还需要查阅有关资料，了解原料和产品的物理、化学性质；准备好实验仪器和试剂；然后制订实验计划并按计划完成制备实验。制备实验的准备和实施主要包括以下几个方面的内容：

1.制订实验计划

详细周密的实验计划是制备实验顺利、成功的有利保证。制订实验计划应在深刻理解实验原理和目的要求的基础上，通过查阅有关手册和资料，了解实验原料、产物和相关试剂的物理、化学性质，摘录有关物理量，然后以精炼的文字、简图、表格、化学式、符号及箭头等标明整个制备过程。应留出记录时间和现象的栏目，以便实验过程中随时记录。一般还需画出主要实验装置的示意图。

有些制备实验，若能以流程图的形式表示出每一步操作所加入的试剂和各相中的物质，将有助于指导粗产品的纯化过程，避免因操作失误而导致实验失败。例如，1-溴丁烷的制备操作流程如图 4-1 所示：

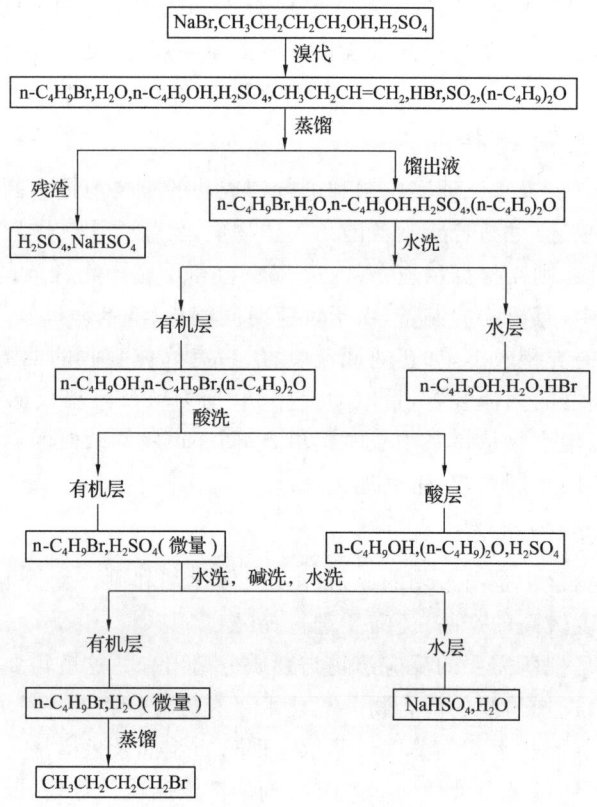

图 4-1　1-溴丁烷的制备操作流程

2. 试剂和仪器的准备

制备实验所用的原料和溶剂除要求价格低廉、来源方便外,还要考虑其毒性、极性、可燃性、挥发性以及对光、热、酸、碱的稳定性等因素。在可能的情况下,应尽量选用毒性较小、燃点较高、挥发性小、稳定性好的实验试剂。但有些试剂久置后会发生变化,使用前需纯化处理。

有些制备反应,如酯化反应、傅-克反应和格氏反应等,要求无水操作,需要干燥的玻璃仪器。仪器的干燥必须提前进行,绝不可用刚刚烘干、尚未完全降温的玻璃仪器盛装试剂,以免仪器骤冷炸裂、试剂受热挥发、局部过热氧化或分解等事故发生。

3. 化合物的制备

进行化合物的制备操作时,首先要根据实验的进程合理安排时间,应预先考虑好哪一步骤可作为中断实验的阶段。

在向反应容器中加入试剂之前,应先检查反应装置是否安装稳定、严密,如搅拌器、搅拌马达的夹子和接头的固定是否安全、有没有张力等。然后按需要量向反应容器中加入反应原料、溶剂和催化剂等,并参照装置图,组装好仪器。再经检查准确稳妥后,按照计划中制定的操作程序,严格控制反应条件(如加热的温度、方式和反应的时间等),进行化合物的制备。

在制备过程中,应细心观察实验现象,并及时将反应进行的情况(如颜色、温度的变化以及变化的时间、有无气体放出、反应的剧烈程度等)详尽地记录下来。

制得的粗产品用适当的方法提纯后,写明产品名称、质量及制备日期并妥善保存,以便进行分析检验。

第二节　实验的产率与计算

制备实验的产率是指实际制得的纯品与理论产量的比值。由于操作过程中多种因素的影响,制备实验的实际产量往往达不到理论值。若能根据具体情况采取措施,便可有效地提高产率。

一、产率的计算

制备实验结束后,要根据基准原料的初始量和实际消耗量计算转化率,根据理论产量和实际产量计算产率。

$$转化率(\%) = \frac{基准原料的实际消耗量}{基准原料的初始量} \times 100\%$$

$$产率(\%) = \frac{实际产量}{理论产量} \times 100\%$$

为了提高转化率和产率,常常需要增加某一反应物的用量。计算转化率和产率时,以不过量的反应物为基准原料。例如,1-溴丁烷的制备实验准备产率计算。

反应方程式:

$$CH_3CH_2CH_2CH_2OH \xrightarrow{NaBr, H_2SO_4} CH_3CH_2CH_2CH_2Br$$

	正丁醇	1-溴丁烷
摩尔质量 g·mol^{-1}	74	137
实际用量 g(mol)	15(0.2)	x

反应中加入溴化钠 25 g(0.24 mol)、浓硫酸 53.4 g(0.54 mol)。显然这两者是过量的,故理论产率应根据正丁醇来计算。若 0.2 mol 正丁醇全部转化成 1-溴丁烷,则理论产量是

$$x = 137 \times 0.2 = 27.4(g)$$

如果实际产量是 18.5 g,则

$$产率 = \frac{18.5}{27.4} \times 100\% = 67.5\%$$

二、影响产率的因素

制备实验的实际产量往往达不到理论值,这是因为有下列因素的影响:

1.反应可逆

在一定实验条件下,化学反应建立了平衡,反应物不可能全部转化成产物。

2.有副反应发生

有些反应比较复杂,特别是有机反应,在发生主反应的同时,一部分原料消耗在副反应中。

3.反应条件不利

在制备反应中,若反应时间不足、温度控制不好或搅拌不够充分等都会引起实验产率降低。

4. 分离和纯化过程中造成的损失

有时制备反应所得粗产品的量较多,但却由于精制方法选择不当或精制过程操作失误,使产率大大降低。

三、提高产率的措施

1. 破坏平衡

对于可逆反应,可采取增加一种反应物的用量或除去产物之一(如分去反应生成的水)的方法,以破坏平衡,使反应向正方向进行。究竟选择哪一种反应物过量,要根据反应的实际情况、反应的特点、各种原料的相对价格、在反应后是否容易除去以及对减少副反应是否有利等因素来决定。如乙酸异戊酯的制备中,主要原料是冰醋酸和异戊醇。相对来说,冰醋酸价格较低,不易发生副反应,在后续处理时容易分离,所以选择冰醋酸过量。

2. 加催化剂

在许多制备反应中,若能选用适当的催化剂,就可加快反应速度,缩短反应时间,提高实验产率,增加经济效益。如乙酰水杨酸的制备中,加入少量浓硫酸,可破坏水杨酸分子内氢键,促使酰化反应在较低温度下顺利进行。

3. 严格控制反应条件

实验中若能严格地控制反应条件,就可有效地抑制副反应的发生,从而提高实验产率。如 1-溴丁烷的制备中,加料顺序是先加硫酸,再加正丁醇,最后加溴化钠。如果加完硫酸后立即加溴化钠,就会立刻产生大量的溴化氢气体,不仅影响实验产率,而且严重污染空气。在硫酸亚铁铵的制备中,若加热时间过长,温度过高,就会导致大量 Fe(Ⅲ)杂质的生成。在乙烯的制备中,若温度不快速升至 160 ℃,则会增加副产物乙醚生成的机会。在乙酸异戊酯的制备中,如果分出水量未达到理论值就停止回流,则会因反应不完全而引起产率降低。

在某些制备反应中,充分地搅拌或振摇可促使多相体系中物质间的接触充分,也可使均相体系中分次加入的物质迅速而均匀地分散在溶液中,从而避免局部浓度过高或过热,以减少副反应的发生。如甲基橙的制备就需要在冰浴中边缓慢加试剂边充分搅拌,否则将难以使反应液始终保持低温环境而造成重氮盐的分解。

4. 精制粗产品

为避免和减少精制过程中不应有的损失,应在操作前认真检查仪器,如分液漏斗必须经过涂油试漏后方可使用,以免萃取时产品从旋塞处漏失。有些产品微溶于水,如果用饱和食盐水进行洗涤便可减少损失。分离过程中的各层液体在实验结束前暂时不要弃去,以备出现失误时进行补救。重结晶时,所用溶剂不能过量,可分批加入,以固体恰好溶解为宜。需要低温冷却时,最好使用冰水浴,并保证充分的冷却时间,以避免由于结晶析出不完全而导致产率降低。过量的干燥剂会吸附产品造成损失,所以干燥剂的使用应适量,要在振摇下分批加入至液体澄清透明为止。一般加入干燥剂后需要放置 30 min 左右,以确保干燥效果。有些实验所需时间较长,可将干燥静置这一步作为实验的暂停阶段。抽滤前,应将吸滤瓶洗涤干净,一旦透滤,可将滤液倒出,重新抽滤。热过滤时,要使漏斗夹套中的水保持沸腾,以避免结晶在滤纸上析出而影响产率。

总之,要在实验的全过程中,对各个环节考虑周全,细心操作。只有在每一步操作中都有效地保证产率,才能使实验最终有较高的产率。

实训 4-1　环己烯的制备

一、目的要求

1.了解消除反应原理,掌握环己烯的制备方法;

2.初步掌握分馏装置的安装和操作;

3.熟练掌握蒸馏、液态有机物的洗涤与干燥、分液漏斗的使用等操作技术;

4.熟练掌握液态有机物沸点、折射率的测定技术。

二、实验原理

环己烯为无色透明液体,熔点为－103.5 ℃,沸点为 83 ℃,不溶于水,溶于乙醇、乙醚等,是重要的有机化工原料,可应用于聚酯材料、医药、食品、农用化学品及其他精细化工产品的生产。

实验室中,环己烯通常可以环己醇为原料、浓磷酸或浓硫酸为催化剂制得。本实验以浓磷酸作为脱水剂,反应方程式如下:

$$\text{环己醇} \underset{\triangle}{\overset{H_3PO_4}{\rightleftharpoons}} \text{环己烯} + H_2O$$

此反应为可逆反应,为提高产率,必须将生成的环己烯及时蒸出。由于高浓度的酸会导致烯烃聚合、醇分子间脱水和碳架重排,因此常有副产物烯-烯聚合物和醚生成。

三、实验用品

圆底烧瓶(50 mL)　刺形分馏柱　冷凝管　量筒(10 mL)　蒸馏头　蒸馏烧瓶(50 mL)　分液漏斗　漏斗　单尾接液管　水浴锅　锥形瓶(50 mL)　电热套　环己醇(C.P.)　浓磷酸(或浓硫酸)　沸石　氯化钠(C.P.)　10%碳酸钠溶液　无水氯化钙

四、实验步骤

1.合成反应——消除反应

将 10 g 环己醇置于干燥的圆底烧瓶中,加入 10 mL 浓磷酸和几粒沸石,充分摇匀使之混合。安装好分馏装置,用量筒作接收器,并置于冰水浴中。缓慢加热至沸腾,控制刺形分馏柱顶部的温度不超过 90 ℃。收集馏分,当烧瓶中出现阵阵白雾时,即可停止蒸馏,约 1 h。

2.洗涤

将馏出液用 1 g 氯化钠饱和,并加入 4 mL 10%碳酸钠溶液和少量酸,将此液体移至分液漏斗,充分振荡后,静置分层。

3.干燥

上层即粗产品,由上口倒至干燥的小锥形瓶中,加入 1～2 g 无水氯化钙,干燥。

4. 蒸馏

待粗产品变澄清透明(约 0.5 h,需不断摇荡)后,滤去氯化钙,将产品移至干燥的蒸馏烧瓶中。安装好蒸馏装置,用热水浴加热,用干燥的锥形瓶收集 81~85 ℃馏分。称重、计算产率,测定产品的折射率。

五、实验指南

1. 脱水剂可以是磷酸或硫酸。磷酸的用量必须是硫酸的 1 倍以上,但其比用硫酸有明显的优点:不产生碳渣;不产生难闻且污染环境的 SO_2 气体;有符合绿色化学发展趋势的新催化剂不断出现,如固体超强酸、杂多酸等。

2. 环己醇在常温下是黏稠状液体,因而若用量筒量取时应注意转移中的损失。

3. 最好用油浴加热,使蒸馏时受热均匀。由于反应中环己烯与水形成共沸物(沸点 70.8 ℃,含水 10%);环己醇与环己烯形成共沸物(沸点 64.9 ℃,含环己醇 30.5%);环己醇与水形成共沸物(沸点 97.8 ℃,含水 80%)。因此在加热时温度不可过高,蒸馏速度不宜太快,以每滴 2~3 s 的速度为宜,减少未作用的环己醇蒸出。

4. 磷酸有一定的氧化性,因此,磷酸和环己醇必须混合均匀后才能加热,否则反应物会被氧化。

5. 水层应尽可能分离完全,否则将增加无水氯化钙的用量,使产物更多地被干燥剂吸附而导致损失。本实验用无水氯化钙干燥较适合,因为它还可除去少量环己醇。

6. 在蒸馏已干燥的产物时,蒸馏所用仪器都应充分干燥。若在 80 ℃以下有较多馏分,说明干燥不够完全,应重新干燥后再进行蒸馏。

7. 本实验的成败关键是反应温度的控制和反应终点的判断。

六、安全环保提示

1. 环己烯为易燃液体,有毒性和麻醉作用,应避免明火,并防止将其蒸气吸入体内。
2. 环己醇毒性比环己烯强,防止将其蒸气吸入体内或与皮肤接触。
3. 磷酸为强酸,腐蚀性强,避免溅入眼睛或与皮肤接触。
4. 废酸液不要触及皮肤,也不可随意乱倒,以防污染环境。

七、预习指导

1. 查阅资料并进行有关计算后,填写表 4-1。

表 4-1　　　　　　　　　　实验数据记录表 1

品名	M/ $(g \cdot mol^{-1})$	b.p./ ℃	ρ/ $(g \cdot cm^{-3})$	水溶性	折射率 n	投料量		理论 产量
						质量(体积) /g(mL)	n/mol	
环己醇								—
磷酸		—		—				—
碳酸钠溶液	—	—		—				—
氯化钠		—						—
环己烯						—	—	

2. 本实验的操作流程如图 4-2 所示,请在方框中空白处填上相应化合物的分子式。

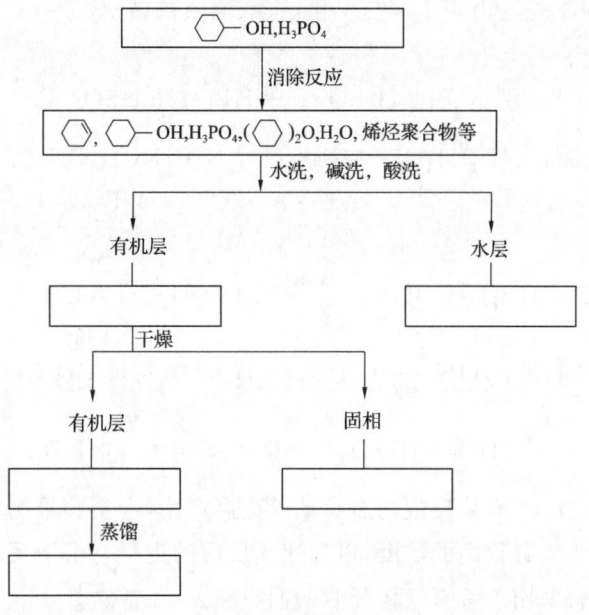

图 4-2　环己烯的制备操作流程

3.做实验前,请认真复习回流装置、回流操作、沉淀与过滤技术、分液漏斗的使用、普通蒸馏和液体物质的干燥等内容。

八、思考题

1.分馏的原理是什么?分馏操作的关键是什么?

2.为什么本实验分馏的温度不可过高,馏出速度不可过快?

3.在精制产品的蒸馏操作中,如果在 80 ℃以下有较多馏分产生,可能是什么原因?应采取哪些应急补救措施?

4.在蒸馏终止前,出现的阵阵白雾是什么?

5.在粗制的环己烯中,加入精制氯化钠的目的是什么?

6.如果实验产率太低,试分析主要在哪些操作步骤中造成损失?

实训 4-2　1-溴丁烷的制备

一、目的要求

1.学习以醇为原料制备卤代烃的原理和方法;

2.练习带有气体吸收装置的回流加热操作;

3.熟练掌握常压蒸馏、液体干燥、洗涤与分液等操作技能。

二、实验原理

1-溴丁烷也称正溴丁烷,为无色透明液体,沸点 101.6 ℃,密度 1.275 8 g·cm^{-3},不溶于水,易溶于醇、醚,是麻醉药盐酸丁卡因的中间体,也用于生产染料和香料。

本实验中 1-溴丁烷是由正丁醇与溴化钠、浓硫酸共热制得的。

主反应：

$$NaBr + H_2SO_4 \longrightarrow HBr + NaHSO_4$$

$$CH_3CH_2CH_2CH_2OH + HBr \underset{}{\overset{H^+}{\rightleftharpoons}} \underset{\text{1-溴丁烷}}{CH_3CH_2CH_2CH_2Br} + H_2O$$
$$\text{正丁醇}\hspace{4cm}$$

副反应：

$$CH_3CH_2CH_2CH_2OH \xrightarrow[\triangle]{H_2SO_4} \underset{\text{1-丁烯}}{CH_3CH_2CH=CH_2} + H_2O$$

$$2CH_3CH_2CH_2CH_2OH \xrightarrow{\triangle} \underset{\text{正丁醚}}{CH_3CH_2CH_2CH_2OCH_2CH_2CH_2CH_3} + H_2O$$

$$2HBr + H_2SO_4 \xrightarrow{\triangle} Br_2 + SO_2\uparrow + 2H_2O$$

主反应为可逆反应，为使反应向右移动以提高产率，本实验采用增加溴化钠和浓硫酸的用量，即保证溴化氢有较高的浓度，以加速正反应的进行。由于反应中逸出的溴化氢气体有毒，所以本实验采用了带有气体吸收的回流装置。

三、实验用品

圆底烧瓶(150 mL)　球形冷凝管　直形冷凝管　分液漏斗　玻璃漏斗　温度计　蒸馏头　连接管　烧杯(200 mL)　锥形瓶(100 mL)　电热套　正丁醇(C.P.)　无水溴化钠(C.P.)　浓硫酸　10%碳酸钠溶液　无水氯化钙　沸石　长颈漏斗　蒸馏烧瓶(100 mL)　量筒(25 mL,50 mL)

四、实验步骤

1.合成反应——溴代

在 150 mL 圆底烧瓶中，放入 20 mL 水，慢慢地加入 29 mL 浓硫酸，混合均匀并冷却至室温。然后加入 18.5 mL 正丁醇、25 g 研细的无水溴化钠，充分振摇，再投入几粒沸石。装上球形冷凝管及气体吸收装置。用电热套加热，缓慢升温，使反应呈微沸状态，并经常振摇烧瓶，回流约 1 h。

2.蒸馏

冷却后，改为蒸馏装置，加入几粒沸石，加热蒸馏至无油滴落下为止。烧瓶中的残留液趁热倒入废液缸中，以防止硫酸氢钠冷却后结块而不易倒出。

3.洗涤

水洗：将蒸出的粗 1-溴丁烷转入分液漏斗中，用 15 mL 水洗涤，小心地将下层粗产品转入另一干燥的小锥形瓶中。

酸洗：在盛有粗产品的小锥形瓶中加入 10 mL 浓硫酸洗涤，至溶液分层明显且上层的粗产品呈现透明，将混合液倒入干燥的分液漏斗中，静置，仔细分去下层酸液。

水洗、碱洗、水洗：有机层依次用水、碳酸钠溶液和水各 15 mL 洗涤，将下层产品放入干燥的小锥形瓶中。

4.干燥

加入约 2 g 无水氯化钙干燥,配上塞子,充分摇动至液体澄清,并静置 30 min。

5.蒸馏

安装普通蒸馏装置(需预先干燥),通过长颈漏斗用倾滗法将液体倒入 100 mL 蒸馏烧瓶中,投入 1~2 粒沸石,加热蒸馏,收集 99~103 ℃的馏分,称重并计算产率。

五、实验指南

1.加料时不要将溴化钠黏附在烧杯壁上,要缓慢升温,否则回流时反应液的颜色很快变深(橙黄或橙红色),甚至产生少量碳渣。

2.在加料过程中及回流时应不时摇动,否则将影响产率。

3.溴化氢吸收装置的吸收液用水即可,漏斗口恰好接触到水面或半边倾斜伸入水下,切勿浸入水中,以免倒吸。

4.在用浓硫酸洗去粗产品中的正丁醚和丁烯等杂质之前,先用水洗去溶在 1-溴丁烷中的溴化氢,否则滴加浓硫酸后,溶液会变为红色并有白烟产生。

5.用浓硫酸洗涤后一定要除尽硫酸。因为浓硫酸能溶解于粗产品中,最后蒸馏时,与正丁醇和 1-溴丁烷可形成共沸物(沸点98.6 ℃,含正丁醇13%)而难以除去。

6.蒸馏所用全部玻璃仪器必须干燥,否则蒸出的产品将会出现混浊。

7.1-溴丁烷是否蒸完,可以从以下三方面来判断:馏出液是否由混浊变为澄清;蒸馏烧瓶中的上层油层是否蒸完;取一支试管收集几滴馏出液,加入少许水摇动,如无油珠出现,则表示有机物已被蒸完。

六、安全环保提示

1.1-溴丁烷有毒,易燃,注意不要与皮肤直接接触,并防明火。

2.浓硫酸腐蚀性极强,使用时不要与皮肤接触,配制硫酸稀溶液时,一定要注意加料次序。

七、预习指导

1.查阅有关资料,填写表 4-2。

表 4-2　　　　　　　　　　实验数据记录表 2

品名	M/ g·mol^{-1}	m.p. /℃	b.p. /℃	ρ/ g·cm^{-3}	水溶性	使用规格	投料量 质量(体积) /g(mL)	投料量 n/mol	理论产量
正丁醇									—
溴化钠		—	—	—					
浓硫酸		—							
碳酸钠									
1-溴丁烷						—		—	

2.本实验的操作流程如图 4-3 所示,请在方框中空白处填上相应化合物的分子式。

3.做实验前,请认真复习带有气体吸收的回流装置、回流操作、普通蒸馏和液体物质的干燥等内容。

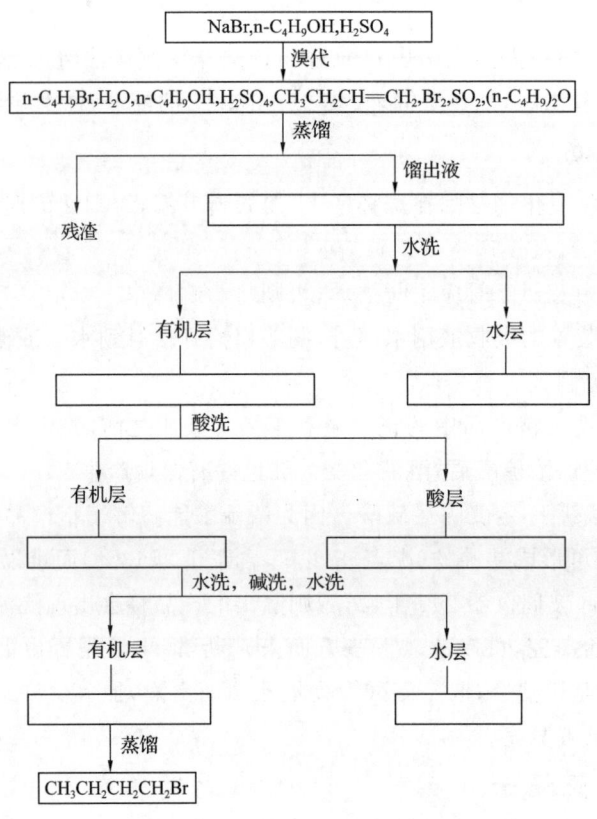

图 4-3 1-溴丁烷的制备操作流程

八、思考题

1.本实验根据哪种原料的用量计算产率?计算结果是多少?

2.用分液漏斗洗涤产物时,1-溴丁烷时而在上层,时而在下层,若不知道产品的密度,可用什么简便的方法加以判断?

3.反应后的粗产品中含有哪些杂质?各步洗涤的目的是什么?用浓硫酸洗涤时为何要用干燥的分液漏斗?

4.加料时,先使溴化钠与浓硫酸混合,然后加正丁醇及水可以吗?为什么?

实训 4-3 微波合成 1-溴丁烷

一、目的要求

1.学习微波辐射下合成 1-溴丁烷的原理;
2.学习微波加热技术合成 1-溴丁烷的实验操作方法;
3.掌握常压蒸馏、液体干燥、洗涤与分离等操作技能。

二、实验原理

卤代烷可以通过多种方法和试剂进行制备,实验室中最常用的制备卤代烷的方法是将结构对应的醇通过亲核取代反应转变为卤代烷。

本实验是在微波加热条件下利用正丁醇和溴化氢反应制备1-溴丁烷。

主反应:$NaBr + H_2SO_4 \rightarrow HBr + NaHSO_4$

$$CH_3CH_2CH_2CH_2OH + HBr \xrightleftharpoons{H^+} CH_3CH_2CH_2CH_2Br + H_2O$$

副反应:$CH_3CH_2CH_2CH_2OH \xrightarrow[\Delta]{H_2SO_4} CH_3CH_2CH=CH_2 + H_2O$

$$2CH_3CH_2CH_2CH_2OH \xrightarrow[\Delta]{H_2SO_4} (CH_3CH_2CH_2CH_2)_2O + H_2O$$

三、实验用品

圆底烧瓶(25 mL) 量筒(10 mL) 冷凝管 分液漏斗 玻璃漏斗 微波炉 温度计(200 ℃) 蒸馏头 连接管 烧杯(500 mL) 锥形瓶 正丁醇 无水溴化钠 浓硫酸 饱和碳酸氢钠溶液 无水氯化钙 5%氢氧化钠溶液 沸石 天平 石绵网 蒸馏瓶

四、实验步骤

1.合成反应

在25 mL圆底烧瓶中加入2 mL H_2O,并小心分批加入2.8 mL浓硫酸,混合均匀并冷却至室温。再依次加入1.9 mL正丁醇、2.6 g溴化钠,充分震荡,加入几粒沸石,装上回流冷凝管,冷凝管上口接气体吸收装置。用5%氢氧化钠溶液作为吸收液,将微波炉火力调至中低档,并将反应瓶置于微波炉内的500 mL烧杯(内装有400 mL热水)中水浴加热,回流10 min左右。

2.蒸馏

停止加热,等反应液冷却后,改为蒸馏装置,蒸出粗产物1-溴丁烷。

3.洗涤

将馏出液移至分液漏斗中,加入等体积的水洗涤,产物转入另一分液漏斗中,用等体积的浓硫酸洗涤,尽量分去硫酸层,有机相再依次用等体积的水、饱和碳酸氢钠溶液、水洗涤后转入干燥的锥形瓶中。

4.干燥

加入约0.3 g无水氯化钙,充分振荡至液体澄清,静置30 min。

5.蒸馏

将干燥好的产物过滤到蒸馏瓶中,在石棉网上加热蒸馏,收集99～103 ℃的馏分,称重并计算产率。

五、实验指南

1.可对普通家用微波炉进行改造使其应用于微型有机合成实验中。在微波炉上方开一个直径约4 mm的圆孔,用微型化学实验仪器,按实验中所示的反应装置进行微型化微波合成实验。

2.加料时不要将溴化钠黏附在烧瓶壁上。

3.溴化氢吸收装置也可用水吸收,吸收时应防止倒吸。

4.浓硫酸洗涤后应尽量除尽,否则会与1-溴丁烷和正丁醇形成共沸物而影响蒸馏。

六、安全环保提示

1.1-溴丁烷有毒,易燃,注意不要与皮肤直接接触,并防明火。

2.浓硫酸腐蚀性强,应避免触及皮肤或衣服。

3.废酸液不要触及皮肤,也不可随意乱倒,以防污染环境。

4.使用微波炉时,不能使用金属器皿进行加热。

5.微波炉内出现烟雾时,注意保持炉门关闭,并立即断开微波炉电源。

6.微波炉工作期间,要注意监控反应状况、反应时间、反应温度,避免发生火灾。

七、预习指导

1.查阅资料并进行有关计算后,填写表4-3。

表4-3　　　　　　　　实验数据记录表3

品名	$M/\text{g·mol}^{-1}$	m.p./℃	b.p./℃	$\rho/\text{g·cm}^{-3}$	水溶性	使用规格	投料量		理论产量
							V/mL	n/mol	
正丁醇									—
溴化钠		—							
1-溴丁烷						—	—	—	

2.本实验的操作流程如图4-4所示,请在方框内空白处填上相应化合物的分子式。

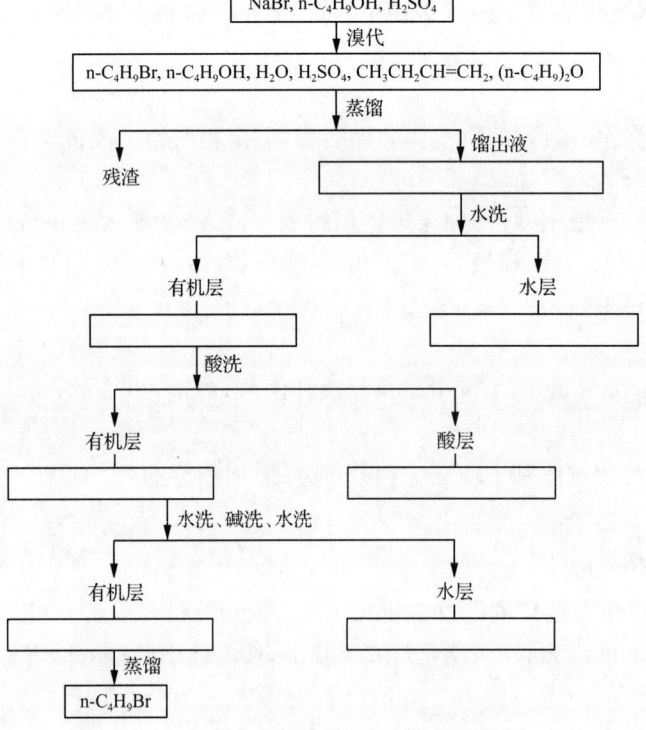

图4-4　微波合成1-溴丁烷的操作流程

3.做实验前,请认真复习带有气体吸收的回流装置、回流、蒸馏、液体干燥等内容。

八、思考题
1.反应粗产物中有哪些杂质？各步洗涤的目的是什么？
2.用分液漏斗分离时,怎么用简便方法判断产物在哪一层？
3.微波加热功率的大小对产物的产率是否有影响？

实训 4-4　溴苯的制备

一、目的要求
1.通过苯的溴代反应学习制备溴苯的原理和方法；
2.学习无水操作和对放热反应的控制；
3.掌握带有气体吸收装置的回流加热操作；
4.熟练掌握常压蒸馏、液体干燥、洗涤与分液等操作技能。

二、实验原理
在实验室里,利用芳烃的亲电取代反应直接制备芳烃卤代物。

溴苯的制备是利用苯和溴在少量铁屑的存在下发生溴代反应而生成的。苯的溴代反应是一个放热反应,为了避免反应温度过高、反应过于剧烈和副产物二溴苯的生成,一般使用过量的苯和采用控制滴加溴的速度的方法。水的存在会使反应难以进行,甚至不能进行,故所用的原料必须是无水的,所用的仪器必须是干燥的。

主反应：

$$\text{C}_6\text{H}_6 + \text{Br}_2 \xrightarrow[\triangle]{\text{Fe}} \text{C}_6\text{H}_5\text{Br} + \text{HBr}$$

副反应：

$$2\,\text{C}_6\text{H}_5\text{Br} + \text{Br}_2 \xrightarrow[\triangle]{\text{Fe}} o\text{-C}_6\text{H}_4\text{Br}_2 + p\text{-C}_6\text{H}_4\text{Br}_2$$

三、实验用品
三颈烧瓶(100 mL)　球形冷凝管　恒压滴液漏斗　分液漏斗　玻璃漏斗　温度计(200 ℃)　蒸馏头　连接管　烧杯(200 mL)　锥形瓶(100 mL)　电热套　电动搅拌器　溴　无水苯　95%乙醇　铁屑　2.5 mol·L^{-1} NaOH 溶液　无水氯化钙　沸石　天平　量筒(25 mL,50 mL,10 mL)　滴管　空气冷凝器　抽滤瓶　滤纸布氏漏斗　水泵　石棉网

四、实验步骤
1.合成反应——溴代
在干燥的 100 mL 三颈烧瓶中加入 0.5 g 铁屑、12.5 mL(约 0.14 mol)无水苯,然后装配好电动搅拌器、球形冷凝管及滴液漏斗,在滴液漏斗中加入 5.5 mL(约 0.11 mol)溴。在冷凝管的上口接上气体吸收装置,用 2.5 mol·L^{-1} NaOH 溶液吸收 HBr。从滴液漏斗向三颈烧瓶中滴入 1~2 mL 溴,片刻后有 HBr 气体逸出,说明反应开始。若不反应,可

用温水浴加热,直至反应开始。打开电动搅拌器,逐滴加入其余的溴,滴加速度控制在反应体系处于微沸状态。滴完后(约需 30 min),在 60～70 ℃ 的水浴上继续回流约 20 min,直至无 HBr 气体逸出为止。

2.过滤

从滴液漏斗向三颈烧瓶中加入 30 mL 水,搅拌 2 min,然后拆去电动搅拌器、冷凝管及滴液漏斗,取下三颈烧瓶,抽滤除去铁屑。

3.洗涤

将滤液移至分液漏斗,依次用水、2.5 mol·L^{-1} NaOH 溶液、水各 20 mL 洗涤。分出有机层,将其置于 50 mL 干燥的锥形瓶中,加入无水氯化钙干燥。

4.蒸馏

将干燥后的粗产品滤入 50 mL 的蒸馏瓶中,加入几粒沸石,用水浴蒸馏回收苯。然后用石棉网小火加热继续蒸馏,当温度升至 135 ℃ 时,改用空气冷凝管,收集 140～170 ℃ 的馏分,将该馏分再次蒸馏,收集 153～156 ℃ 的馏分,即得到纯的溴苯,称重并计算产率。

五、实验指南

1.将普通苯用无水氯化钙处理即得到无水苯。

2.反应温度过高或滴加速度过快(使溴在局部过量)均会导致副产物二溴苯的生成。

3.蒸馏沸点超过 140 ℃ 的有机物时均应采用空气冷凝管。

4.溴化氢吸收装置的漏斗口需要恰好接触到水面或半边倾斜伸入水下,切勿浸入吸收液中,以免倒吸。

5.反应装置中的全部玻璃仪器必须干燥,否则将影响反应的顺利进行和产率。

六、安全环保提示

1.溴具有强腐蚀性,对皮肤有很强的灼伤性,其蒸气对黏膜有刺激作用,因此在量取时必须戴橡胶手套并在通风橱中进行。

2.过滤得到的铁屑要统一处理,以免污染环境。

3.溴苯蒸气或雾会刺激上呼吸道,引起咳嗽、胸部不适,使用时应注意安全。

4.苯可燃,有毒,挥发性大,吸入或与皮肤接触会引起急性或慢性苯中毒。长期接触苯会对血液造成极大伤害。

七、预习指导

1.查阅有关资料,填写表 4-4。

表 4-4　　　　　实验数据记录表 4

品名	M/ g·mol^{-1}	m.p./ ℃	b.p./ ℃	ρ/ g·cm^{-3}	水溶性	使用 规格	投料量		理论 产量
							质量(体积) /g(mL)	n/mol	
溴									—
无水苯									—
邻二溴苯							—	—	
对二溴苯							—	—	
溴苯							—	—	

2.本实验的操作流程如图 4-5 所示,请在方框中空白处填上相应化合物的分子式。

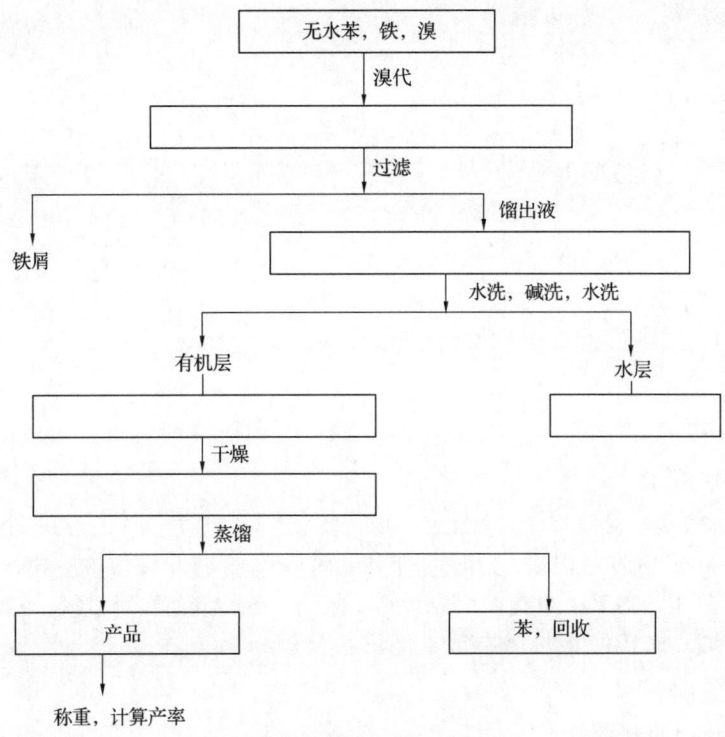

图 4-5　溴苯的制备操作流程

3.做实验前,请认真复习带有气体吸收的回流装置、回流操作、普通蒸馏和液体物质的干燥等内容。

八、思考题

1.粗产品依次用水、2.5 mol·L^{-1} NaOH 溶液、水洗涤的目的是什么?
2.为什么本实验中用 NaOH 溶液吸收 HBr 气体?
3.本实验中采用哪些措施减少二溴苯的生成和增加溴苯的产量?
4.为什么反应完毕首先要用水洗涤?

实训 4-5　三苯甲醇的制备

一、目的要求

1.学习和掌握叔醇的制备原理和技术;
2.掌握格林试剂与酯加成反应的原理和操作技术,学会无水反应的操作;
3.巩固水蒸气蒸馏、回流、洗涤、过滤、萃取、重结晶等分离提纯化合物的技术;
4.熟练掌握低沸点易燃液体蒸馏的操作技术。

二、实验原理

格林试剂是有机合成中应用最广泛的金属有机试剂,其化学性质十分活泼,可以与醛、酮、酯、酸酐、酰卤等多种化合物发生亲核加成反应,常用于制备醇、醛、酮、羧酸及各种烃类。

本实验通过格林试剂与酯的加成反应来制备三苯甲醇。
主反应：

$$\text{C}_6\text{H}_5\text{—Br} + \text{Mg} \xrightarrow{\text{干醚}} \text{C}_6\text{H}_5\text{—MgBr}$$

$$\text{C}_6\text{H}_5\text{—MgBr} + \text{C}_6\text{H}_5\text{—COOC}_2\text{H}_5 \xrightarrow{\text{干醚}} (\text{C}_6\text{H}_5)_2\text{C}(\text{OMgBr})(\text{OC}_2\text{H}_5) \xrightarrow{\text{H}_2\text{O}} \text{C}_6\text{H}_5\text{—CO—C}_6\text{H}_5$$

$$\text{C}_6\text{H}_5\text{—MgBr} + \text{C}_6\text{H}_5\text{—CO—C}_6\text{H}_5 \xrightarrow{\text{干醚}} (\text{C}_6\text{H}_5)_3\text{COMgBr} \xrightarrow{\text{H}^+\text{O}} (\text{C}_6\text{H}_5)_3\text{C—OH}$$

副反应：

$$\text{C}_6\text{H}_5\text{—MgBr} + \text{C}_6\text{H}_5\text{—Br} \xrightarrow{\text{干醚}} \text{C}_6\text{H}_5\text{—C}_6\text{H}_5$$

三、实验用品

水蒸气蒸馏装置　冷凝管　回流装置　搅拌器　三颈烧瓶(100 mL,250 mL)　干燥管　溴苯(C.P.)　无水乙醚(C.P.)　苯甲酸乙酯(C.P.)　饱和氯化铵溶液　碘　镁屑或镁条　氯化钙　滴液漏斗　天平　量筒(10 mL,25 mL,50 mL)滴管　水浴锅　温度计　分液漏斗　抽滤芯瓶　布氏漏斗滤　芯纸　水泵

四、实验步骤

1.苯基溴化镁的制备

在三颈烧瓶上分别装上搅拌器、冷凝管及滴液漏斗,在冷凝管和滴液漏斗的上口分别装上氯化钙干燥管。在瓶内放入 1.5 g(0.06 mol)镁屑及一小粒碘,滴液漏斗中放置 9.4 g(0.06 mol,6.3 mL)溴苯及 25 mL 无水乙醚,混合均匀。

先滴入 10 mL 混合物至三颈烧瓶中,片刻后碘的颜色逐渐消失即起反应。若经过几分钟仍不发生反应,可用温水浴加热。

当棕色的溶液褪色,乙醚开始沸腾,说明反应已经开始,继续缓慢滴入其余的溴苯乙醚溶液,控制滴加速度为每 min 1～3 滴,保持溶液微沸,并不断振摇。最后用温水浴加热回流 1 h,使镁屑作用完全,冷却至室温。

2.三苯甲醇的制备

将 3.8 mL(0.025 mol)苯甲酸乙酯与 5 mL 无水乙醚的混合液加入滴液漏斗中,缓慢滴加于上述苯基溴化镁-乙醚溶液中,水浴温热至沸腾,保温回流 1 h。冷却至室温。

从滴液漏斗中慢慢滴入 30 mL 饱和氯化铵溶液,分离产物。

3.蒸馏

用倾滗法将上层液体转入分液漏斗中分去水层,上层乙醚层转入 250 mL 三颈烧瓶中,在水浴上蒸馏,回收乙醚。

然后改为水蒸气蒸馏装置,以除去未反应的溴苯和副产物联苯,蒸至无油状物蒸出为止,留在瓶中的三苯甲醇呈蜡状。

4.抽滤、洗涤、重结晶

冷却、抽滤,用少量冷水洗涤,粗产品用 65%～75%的乙醇混合溶剂进行重结晶,干燥、测定熔点,称重,计算产率。

五、实验指南

1. 在实验前必须充分干燥所用的玻璃仪器和试剂。在格林试剂的制备和反应过程中需保持干燥条件。

2. 光亮的镁条可以代替镁屑,用细砂纸磨去镁条表面的氧化膜,并将其剪切成 5 mm 左右的小碎条。

3. 加一小粒碘可促使非均相反应在镁的表面发生,诱导反应开始。碘粒不能多加,否则碘颜色无法消失,得到产品为棕红色,也易产生副反应,即偶合反应。

4. 滴加溴苯的速度应加以控制,使回流环不超过冷凝管内管的一半高度。若反应过于剧烈,会增加副产物联苯的生成。

5. 滴加饱和氯化铵溶液溶解三苯甲醇加成产物时,若产生氢氧化镁沉淀太多,可加几毫升稀盐酸以溶解产生的絮状氢氧化镁沉淀,或者在后面水蒸气蒸馏时(有大量水时),滴加几滴浓盐酸以溶解呈白色沉淀的氢氧化镁沉淀,否则溶液很难蒸至澄清。

6. 为使未反应的溴苯和副产物联苯一起除去,水蒸气蒸馏要蒸至瓶中固体呈松散状(为淡黄色小颗粒),瓶内水变清不再混浊为好。若在水蒸气蒸馏过程中有大量固体胶结在一起,最好停止水蒸气蒸馏,可用玻璃棒搅碎后再继续水蒸气蒸馏,则可大大减少水蒸气蒸馏时间。也可不做水蒸气蒸馏,蒸完乙醚后,在剩下的棕色油状物质中加入 60~70 mL 沸点为 30~60 ℃的石油醚,即可使三苯甲醇析出。

7. 水蒸气蒸馏时注意安全,玻璃管、导气管插入瓶底,撤火前先将连接两个导气管的胶管拆开,以防倒吸。

六、安全环保提示

1. 实验使用乙醚溶剂,要特别注意防火安全。特别在水蒸气蒸馏前先蒸去乙醚时,实验室内不宜有明火。

2. 溴苯、苯甲酸乙酯遇高热、明火或与氧化剂接触,有引起燃烧的危险。

3. 氯化铵腐蚀性较大,注意不要与皮肤接触。

4. 溴苯蒸气或雾会刺激上呼吸道,引起咳嗽、胸部不适,使用时应注意安全。

七、预习指导

1. 查阅资料并进行有关计算后,填写表 4-5。

表 4-5　　　　　　　　　　实验数据记录表 5

品名	$M/$ $g \cdot mol^{-1}$	m.p./ ℃	b.p./ ℃	$\rho/$ $g \cdot cm^{-3}$	水溶性	使用规格	投料量		理论产量
							质量(体积)/g(mL)	n/mol	
溴苯									—
苯甲酸乙酯									
饱和氯化铵		—			—			—	
镁									
碘									
无水乙醚									—
乙醇									—
三苯甲醇		—			—			—	

2.本实验的操作流程如图4-6所示,请在方框中空白处填上相应化合物的分子式。

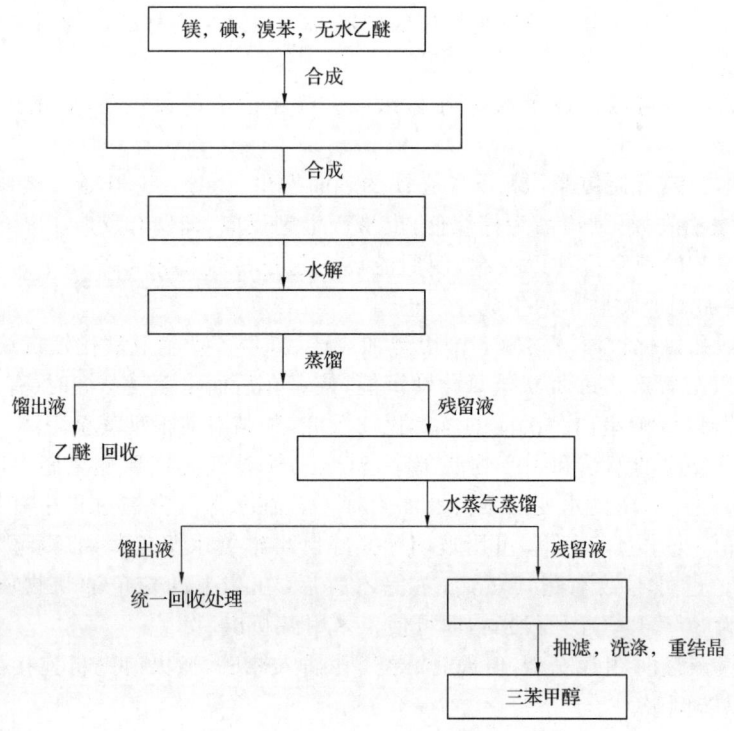

图 4-6 三苯甲醇的制备操作流程

3.复习加热技术、水蒸气蒸馏装置、蒸馏、萃取、洗涤和重结晶等基本操作技术。

八、思考题

1.萃取苯甲酸乙酯为什么用乙醚作萃取剂？使用时应注意什么问题？
2.苯基溴化镁的制备过程中应注意什么问题？试述碘在该反应中的作用。
3.在三苯甲醇的制备过程中为什么要用饱和氯化铵溶液分解？
4.本实验中溴苯滴加得太快或一次加入有什么不好？

实训 4-6　正丁醚的制备

一、目的要求

1.掌握醇分子间脱水制备醚的反应原理和实验方法；
2.学习使用分水器的实验操作技术；
3.巩固掌握液体的洗涤、干燥等基本操作技术。

二、实验原理

醇分子间脱水生成醚是制备简单醚的常用方法。
主反应：

$$2CH_3CH_2CH_2CH_2OH \xrightarrow[134\sim135\ ℃]{H_2SO_4} CH_3CH_2CH_2CH_2OCH_2CH_2CH_2CH_3 + H_2O$$

副反应：

$$CH_3CH_2CH_2CH_2OH \xrightleftharpoons[温度>135\ ℃]{H_2SO_4} CH_3CH_2CH=CH_2 + H_2O$$

以硫酸作为催化剂，在不同温度下正丁醇和硫酸作用生成的产物会有不同，主要是正丁醚或丁烯，因此反应必须严格控制温度。

三、实验用品

电热套　升降台　三颈烧瓶(100 mL)　温度计(200 ℃)　分水器　普通蒸馏装置　球形冷凝管　分液漏斗　蒸馏瓶(50 mL)　空气冷凝管　三角烧瓶(2只,100 mL)　正丁醇(C.P.)　浓硫酸　5%氢氧化钠溶液　饱和氯化钙溶液　无水氯化钙　沸石　量筒(10 mL,25 mL)　天平

四、实验步骤

1. 合成反应

在 100 mL 三颈烧瓶中，加入 15.5 mL 正丁醇、2.5 mL 浓硫酸和几粒沸石，摇匀后，一颈装上温度计，温度计插入液面以下，另一颈装上分水器，分水器的上端接球形冷凝管。先在分水器内放置 $(V-1.7)$ mL 水（V 为分水器的体积）。用电热套加热，保持瓶内液体微沸。回流，温度控制在 134～135 ℃，待分水器已全部被水充满时表示反应已基本完成（约需 1 h），停止加热。

2. 粗产品分离

将反应液冷却到室温后倒入盛有 25 mL 水的分液漏斗中，充分振摇，静置后弃去下层液体，上层即粗产品。

3. 粗产品洗涤

上层粗产品依次用 10 mL 水、10 mL 5%氢氧化钠溶液、10 mL 水和 10 mL 饱和氯化钙溶液，分出有机层，用 1 g 无水氯化钙干燥。

4. 蒸馏

干燥后的粗产品滤入 50 mL 蒸馏瓶中蒸馏（空气冷凝），收集 140～144 ℃ 馏分，称量产品，计算产率。

五、实验指南

1. 投料时需充分摇动，否则硫酸局部过浓，加热后易使反应溶液变黑。
2. 本实验根据理论计算出生成水的体积，然后由装满水的分水器中给予扣除，当反应生成的水正好充满分水器，而将从冷凝后的醇正好溢流返回反应瓶中，从而达到自动分离以指示反应完全的目的。
3. 本实验利用共沸物蒸馏方法，采用分水器将反应生成的水层上面的有机层不断流回到反应瓶中，而将生成的水除去。正丁醇、正丁醚和水可以形成表 4-6 中的几种共沸物。

表 4-6　　　　　　　　　　共沸物数据

共沸物	沸点/℃	组成比(质量分数)
正丁醇-水	93.0	55.5∶45.5
正丁醚-水	94.1	66.6∶33.4
正丁醇-正丁醚	117.6	17.5∶82.5
正丁醇-正丁醚-水	90.6	35.5∶34.6∶29.9

4.反应开始回流时,因为有恒沸物的存在,温度不可能马上达到135 ℃。但随着水被蒸出,温度逐渐升高,最后达到135 ℃以上,即停止加热。如果温度升得太高,反应溶液会炭化变黑,并有大量副产物丁烯生成。

5.在碱洗过程中,不要太剧烈地摇动分液漏斗,否则生成乳浊液,分离困难。

6.反应终点的控制:①分水器中不再有水珠下沉,水面不再升高;②分出的水已达到理论量;③反应液的温度达到135 ℃以上。

六、安全环保提示

1.石油醚易挥发、易燃,实验室要保持良好的通风条件,不得靠近明火操作。

2.正丁醇的毒性大致与乙醇相同,但刺激性强,有使人难以忍受的恶臭味。实验室应加强通风,仪器应密闭。

3.浓硫酸具有强腐蚀性,应避免触及皮肤和衣物,要合理处理含酸废水。

七、预习指导

1.查阅资料并进行有关计算后,填写表4-7。

表4-7　　　　　　　实验数据记录表6

品名	$M/$ $g \cdot mol^{-1}$	m.p./ ℃	b.p./ ℃	$\rho/$ $g \cdot cm^{-3}$	水溶性	使用规格	投料量		理论产量
							质量(体积)/g(mL)	n/mol	
正丁醇									—
浓硫酸									
饱和$CaCl_2$溶液		—							
1-丁烯							—	—	
正丁醚			—						

2.本实验的操作流程如图4-7所示,请在方框中空白处填上相应化合物的分子式。

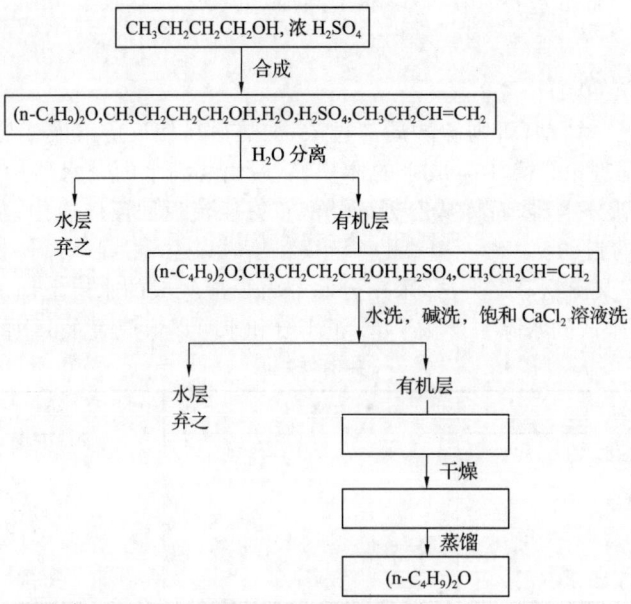

图4-7　正丁醚的制备操作流程

3.复习加热技术、回流技术、分水器的实验操作技术、液体的洗涤、干燥和蒸馏等基本操作技术。

八、思考题

1.使用分水器的目的是什么？如何得知反应已经比较完全？

2.制备正丁醚时，试计算理论上应分出多少体积的水？实际上往往超过理论值，为什么？

3.反应物冷却后，为什么要倒入水中？精制时，各步洗涤的目的是什么？

4.能否用本实验方法由乙醇和2-丁醇制备乙基仲丁基醚？你认为用什么方法比较好？

实训4-7　环己酮的制备

一、目的要求

1.学习氧化法制备环己酮的原理和方法；

2.了解盐析效应在分离有机化合物中的应用；

3.巩固萃取、分离、干燥、水蒸气蒸馏以及蒸馏的基本操作技术。

二、实验原理

醇类在氧化剂的存在下，可被氧化为醛或酮。本实验采用铬酸为氧化剂，将环己醇氧化生成环己酮。铬酸是重要的重铬酸盐和40%～50%硫酸的混合物。

$$3\,C_6H_{11}OH + Na_2Cr_2O_7 + 4H_2SO_4 \longrightarrow 3\,C_6H_{10}O + Cr_2(SO_4)_3 + Na_2SO_4 + 7H_2O$$

三、实验用品

回流装置　蒸馏装置　圆底烧瓶(250 mL)　烧杯(100 mL)　分液漏斗　重铬酸钠($Na_2Cr_2O_7 \cdot 2H_2O$)　环己醇　浓硫酸　食盐　无水硫酸镁　乙醚　草酸　天平　量筒(100 mL, 10 mL, 50 mL)　温度计(200 ℃)　空气冷凝管　玻璃棒

四、实验步骤

1.合成反应——氧化

在250 mL圆底烧瓶内，放入60 mL冰水，一边摇动圆底烧瓶，一边慢慢地加入10 mL浓硫酸，再小心地加入10.4 mL环己醇，冷却至30 ℃以下，装上回流装置。

在100 mL烧杯内，将10.4 g重铬酸钠溶于10 mL水中，冷却到30 ℃，并分几批加到环己醇的硫酸溶液中，要不断地摇动圆底烧瓶，使反应物充分混合。

第一批重铬酸钠溶液加入后，不久反应物温度自行上升，反应物由橙红色变成墨绿色。反应物温度升到55 ℃时，可用冷水浴适当冷却，控制反应温度在50～60 ℃，待反应物的橙红色完全消失后，再加下一批。待重铬酸钠溶液全部加完后，继续摇动圆底烧瓶，直至反应温度出现下降趋势，再间歇摇动5～10 min，然后加入0.5～1.0 g草酸以还原过量的氧化剂。

2.蒸馏

在反应物内加入50 mL水及沸石，安装蒸馏装置。把环己酮和水一起蒸出来，收集

约 40 mL 馏出液。

3. 萃取、干燥

馏出液中加入约 8 g 食盐,搅拌促使食盐溶解。将此液体移入分液漏斗中,静置。分离出有机层(环己酮)。水层用 10 mL 乙醚萃取一次,合并有机层的萃取液,合并液用无水硫酸镁干燥。

4. 精制

水浴蒸出乙醚,然后改用空气冷凝,收集 154~156 ℃ 馏分,称重、计算产率,测定折射率。

五、实验指南

1. 本实验是一个放热反应,必须严格控制反应温度,以免反应过于剧烈。

2. 加入食盐的目的是降低环己酮在水中的溶解度,有利于分层。

3. 反应物不宜过于冷却,以免积累起未反应的铬酸。当铬酸达到一定浓度时,氧化反应会进行得非常剧烈,有失控的危险。

4. 本实验也可以加入 1 mL 甲醇还原过量的氧化剂。

5. 环己酮和水一起蒸出来,这一步操作实际上是一种简化了的水蒸气蒸馏。环己酮与水形成沸点为 95 ℃ 的恒沸混合物(含环己酮 38.4%)。应注意馏出液的量不能太多,因为馏出液中含水较多,而环己酮在水中的溶解度较大(31 ℃ 时为 2.4 g),即使利用盐析效应,也有少量环己酮溶于水而损失掉。

六、安全环保提示

1. 环己醇可燃,对皮肤有刺激作用,接触可引起皮炎,但经皮肤吸收很慢。

2. 环己酮低毒,易燃,对皮肤和黏膜有刺激作用。高浓度的环己酮蒸气有麻醉性,损害血管。

3. 铬酸是强氧化剂,注意不能溅到身上,以防"烧"破衣服和损伤皮肤。

4. 本实验废液应集中储存在废液缸中处理,以避免造成环境污染。

5. 本实验使用乙醚作溶剂和萃取剂,故在操作时应特别小心,以免出现意外。

七、预习指导

1. 查阅资料并进行有关计算后,填写表 4-8。

表 4-8　　　　　　　　　　实验数据记录表 7

品名	$M/$ $g \cdot mol^{-1}$	m.p./ ℃	b.p./ ℃	$\rho/$ $g \cdot cm^{-3}$	水溶性	使用规格	投料量 质量(体积) /g(mL)	n/mol	理论产量
环己醇					—				—
重铬酸钠								—	
浓硫酸			—					—	
草酸			—					—	
乙醚					—				
食盐			—					—	
环己酮						—	—	—	

2. 复习加热技术、低温操作技术、过滤、有机实验的加热、蒸馏、水蒸气蒸馏、折射率测定、洗涤、萃取等基本操作技术。

3.本实验的操作流程如图4-8所示,请在方框中空白处填上相关化合物的分子式。

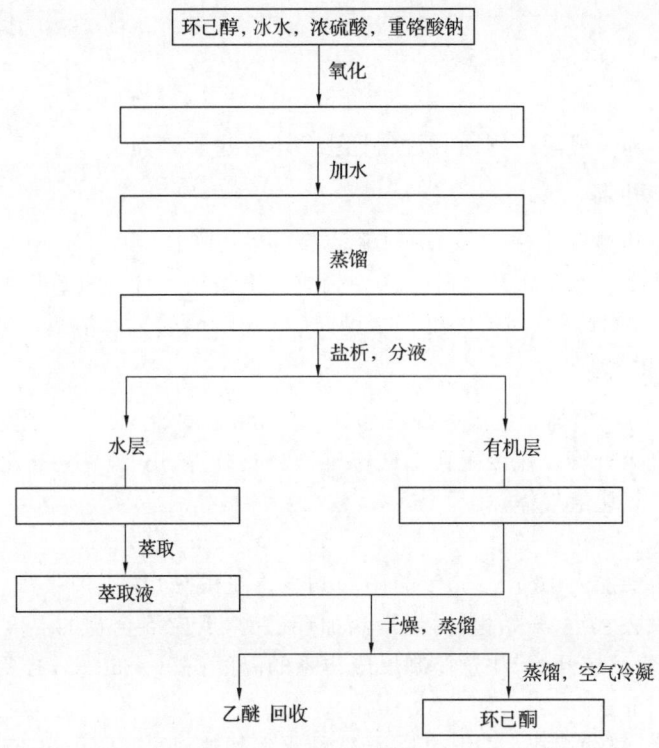

图 4-8　环己酮的制备操作流程

八、思考题

1.环己醇用铬酸氧化得到环己酮,用高锰酸钾氧化则得到己二醇,为什么?
2.利用伯醇氧化制备醛时,为什么要将铬酸溶液加入醇中而不是将醇加入铬酸溶液中?
3.本实验为什么要严格控制反应温度在55~60 ℃之间,温度过高或过低有什么不好?
4.氧化反应结束后,为什么要向反应物中加入甲醇或草酸?

实训 4-8　己二酸的制备

一、目的要求

1.学习环己醇氧化制备己二酸的原理和方法;
2.学习带有电动搅拌装置的操作技术;
3.掌握浓缩、减压过滤、重结晶等固体有机化合物分离基本操作技术。

二、实验原理

制备羧酸最常用的方法是氧化法,所用的原料可以是烯烃($RCH=CH_2$)、醇($R-CH_2OH$)、醛($R-CHO$)等,氧化剂可以是 HNO_3、$Na_2Cr_2O_7$-H_2SO_4(或 $K_2Cr_2O_7$-H_2SO_4)、$KMnO_4$、H_2O_2、CH_3COOH 等,也可以用催化氧化法。本实验用 HNO_3 氧化环己醇制备己二酸,反应方程式为:

$$3\;\text{C}_6\text{H}_{11}\text{OH} + 8\text{HNO}_3 \longrightarrow 3\;\text{C}_6\text{H}_{10}\text{O} \longrightarrow 3\text{HOOC}(\text{CH}_2)_4\text{COOH} + 8\text{NO} + 7\text{H}_2\text{O}$$

$$\downarrow 4\text{O}_2$$

$$8\text{NO}_2$$

为防止较多地生成副产物,必须控制反应,不宜过于剧烈。

三、实验用品

带滴液漏斗和温度计(100 ℃)的回流装置 尾气吸收装置 Y型管 布氏漏斗 吸滤瓶 烧杯 滤纸 水泵 环己醇 50%硝酸 钒酸铵 10%氢氧化钠溶液 冰 三颈烧瓶(100 mL) 搅拌器 回流冷凝管 量筒(25 mL)滴管 水浴锅 玻璃棒 天平

四、实验步骤

在100 mL的三颈烧瓶上装置搅拌器、Y型管和温度计,其中Y型管的两个口分别装滴液漏斗和回流冷凝管。在冷凝管上口接尾气吸收装置,用10%氢氧化钠溶液吸收反应过程中产生的二氧化氮气体。

1. 合成反应——氧化

在三颈烧瓶中加入16 mL 50%的硝酸和少许钒酸铵(约0.01 g)。用水浴预热硝酸溶液到60 ℃,撤去水浴,开始搅拌,慢慢滴加环己醇,反应混合物的温度升高且有红棕色气体放出,标志着反应开始,注意控制反应体系的温度在50~60 ℃,必要时可以用冷水浴或热水浴交替调节。

滴加结束后,继续搅拌,并用80~90 ℃的水浴加热,反应15 min,至几乎无红棕色气体放出为止。

2. 抽滤

稍冷,将反应物小心地倒入一个用冷水冷却的烧杯中,使固体析出,然后减压过滤。

3. 重结晶

用10 mL冰水洗涤固体,抽干水分。干燥、称重、测熔点,计算产率。

五、实验指南

1. 环己醇与浓硝酸切勿用同一量筒量取,两者相遇发生剧烈反应,甚至发生意外。
2. 钒酸铵不可多加,否则产品发黄。
3. 环己醇为黏稠液体,为减少转移时的损失,可用少量水冲洗量筒,并倒入滴液漏斗中。在室温较低时,这样做既可以减少环己醇因黏稠带来的损失,又避免反应过于剧烈,还可避免堵住漏斗,降低其熔点。
4. NO_2吸收装置的导气管不能插入液面,否则会倒吸。
5. 此反应为强烈放热反应,所以滴加环己醇的速度不宜过快,以避免反应过于剧烈,引起爆炸。控制环己醇的滴加速度是本实验的关键。
6. 不同温度下己二酸的溶解度见表4-9。

表4-9 不同温度下己二酸的溶解度

温度/℃	15	34	50	70	87	100
溶解度	1.44	3.08	8.46	34.1	94.8	100

粗产品须用冰水洗涤,如浓缩母液可回收少量产物。

7.仪器的选用、搭配顺序、各仪器高度位置的控制要合理。

六、安全环保提示

1.本实验最好在通风橱中进行。因产生的二氧化氮有毒,能损害呼吸道,不可逸散在实验室内。仪器装置要求严密不漏,如发现漏气现象,应立即暂停实验,改正后再继续进行。

2.己二酸毒性低,但对皮肤有刺激性,与空气混合有爆炸危险。

3.浓硝酸具有强烈的腐蚀性,触及皮肤会引起烧伤,损害黏膜和呼吸道。

七、预习指导

1.查阅资料并进行有关计算后,填写表 4-10。

表 4-10　　　　　　　　　实验数据记录表 8

品 名	M/ g·mol^{-1}	m.p./ ℃	b.p./ ℃	ρ/ g·cm^{-3}	水溶性	使用规格	投 料 量		理论产量
							质量(体积) /g(mL)	n/mol	
环己醇									—
50%硝酸溶液								—	—
己二酸					—		—	—	

2.复习加热技术、低温操作技术、减压过滤、搅拌、回流装置、尾气吸收、重结晶等基本操作技术。

3.本实验的操作流程如图 4-9 所示,请在方框中空白处填上相关化合物的分子式。

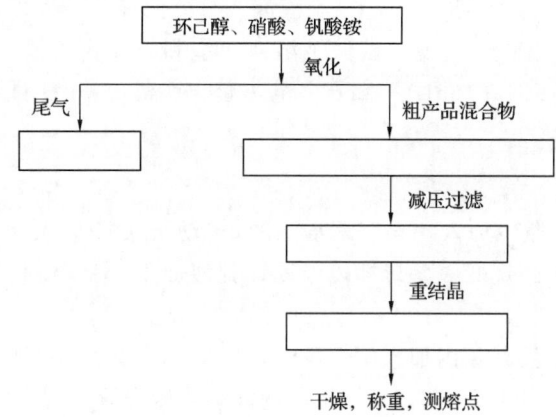

图 4-9　己二酸的制备操作流程

八、思考题

1.在该反应中为何要检查装置的气密性?

2.制备己二酸实验的关键操作是什么?说明其原因?

3.为什么有些实验在加入最后一个反应物前应预先加热?

实训 4-9　微型合成乙酸乙酯

一、目的要求

1. 学习酯化反应的基本理论和酯化方法,掌握酯的制备方法;
2. 学习微型蒸馏、回流、过滤等操作。

二、实验原理

在少量浓硫酸催化下,乙酸和乙醇反应生成乙酸乙酯,乙酸乙酯的合成反应需控制在一定的温度范围内进行,温度太低,反应速率慢;温度过高,则会发生副反应生成乙醚或乙烯。

主反应:$CH_3COOH + CH_3CH_2OH \xrightleftharpoons{H_2SO_4} CH_3COOCH_2CH_3 + H_2O$

副反应:$2CH_3CH_2OH \xrightarrow[170\ ℃]{H_2SO_4} CH_3CH_2OCH_2CH_3 + H_2O$

$CH_3CH_2OH \xrightarrow[140\ ℃]{H_2SO_4} CH_2 = CH_2 + H_2O$

为提高乙酸乙酯的产率,本实验采取了加入过量乙醇及不断把反应生成的酯和水蒸出的方法。在工业生产中一般采用加入过量乙酸,使乙醇转化完全,避免由于乙醇、水和乙酸乙酯形成二元或三元恒沸物给分离带来困难。

本实验所用的催化剂是浓硫酸,在实验过程中会产生废酸,因此本实验根据绿色化学的要求采用微型实验,减少废弃污染物的量。

三、实验用品

微型蒸馏装置　三颈烧瓶(25 mL)　滴液漏斗　分液漏斗　锥形瓶　温度计(200 ℃)　无水乙醇　冰醋酸　浓硫酸　饱和碳酸钠溶液　饱和氯化钙溶液　饱和氯化钠溶液　无水硫酸镁　量筒(5 mL,10 mL)　沸石　电热套　铁架台　pH 试纸

四、实验步骤

1. 合成反应

在 25 mL 三颈烧瓶中加入 4 mL 无水乙醇,摇动下缓慢加入 4 mL 浓硫酸,混合均匀,加入几粒沸石。三颈烧瓶一侧口插入温度计到液面下,另一侧口连接滴液漏斗,中间口连接微型蒸馏装置。

仪器装好后,在滴液漏斗内加入由 7.5 mL 无水乙醇和 7 mL 冰醋酸组成的混合液,然后将三颈烧瓶加热至 110~120 ℃后,控制滴液漏斗慢慢滴入混合液。控制好混合液滴入的速度,使之尽可能与馏出的速度相同,并始终控制反应液温度在 110~120 ℃。滴加完毕后,继续加热数分钟,直到温度升至 130 ℃且不再有液体馏出为止。

2. 萃取、干燥

馏出液中含有乙酸乙酯及少量乙醇、乙醚、水和乙酸,在摇动下,缓慢向粗产物中加入饱和碳酸钠溶液,用 pH 试纸试验酯层,呈中性时停止加饱和碳酸钠溶液。将混合液移入分液漏斗中,充分振荡后静置分层,放出下面的废液层。酯层用等体积的饱和氯化钠洗涤

后,再用等体积饱和氯化钙溶液洗涤两次,每次洗涤后,都应放出下层废液。将酯层从分液漏斗上口倒入干燥的锥形瓶中,用少量无水硫酸镁干燥 30 min。

3.蒸馏

将干燥好的粗乙酸乙酯滤入干燥的蒸馏烧瓶中,加入沸石,在水浴上加热蒸馏,收集 73~78 ℃的馏分,即可得到较纯的乙酸乙酯产品。称重并计算产率。

纯乙酸乙酯是具有果香味的无色液体,沸点 77.06 ℃,密度为 0.900 3 g·cm^{-3},折光率 $n_D^{20}=1.3727$。

五、实验指南

1.控制反应温度在 110~120 ℃,温度不宜过高,否则会增加副产物乙醚含量。

2.碳酸钠必须洗去,否则下一步用饱和氯化钙溶液洗涤去醇时,会产生絮状碳酸钙沉淀,造成分离困难。

3.为减少乙酸乙酯在水中的溶解度(每 17 份水溶解 1 份乙酸乙酯),应选用饱和氯化钠洗涤,来促使溶液更好地分层。洗涤后应尽量将水相分离干净。

4.由于水与乙醇、乙酸乙酯形成二元或三元恒沸物,故在干燥前已是清凉透明溶液,因此不能以产品是否透明作为是否干燥好的标准,应视干燥剂加入后的吸水情况而定,并放置 30 min,期间要不时摇动。

六、安全环保提示

1.乙醇易挥发,易燃,使用时要注意防火安全。

2.冰醋酸会灼伤皮肤,对眼和鼻有较强的刺激作用,使用时注意请勿吸入或触及皮肤。

3.浓硫酸腐蚀性强,应避免触及皮肤或衣服。投放浓硫酸时要注意加料顺序。

4.废酸液不要触及皮肤,也不可随意乱倒,以防污染环境。

七、预习指导

1.查阅资料并进行有关计算后,填写表 4-11。

表 4-11　　　　　　　　　　　　实验数据记录表 9

品名	M/g·mol^{-1}	b.p./℃	ρ/g·cm^{-3}	水溶性	投料量		理论产量
					V/mL	n/mol	
乙醇							
乙酸							
乙酸乙酯					—	—	
乙醚							
水				—			

2.本实验的操作流程如图 4-10 所示,请在方框内空白处填上相应化合物的分子式。

3.做实验前,请认真复习蒸馏、回流、过滤、萃取等内容。

八、思考题

1.酯化反应有何特点?本实验如何创造条件使酯化反应尽可能向生成物方向进行?

2.本反应为什么要严格控制反应温度?为什么要等温度达到 120 ℃左右时,才开始滴加乙醇和冰醋酸的混合物?

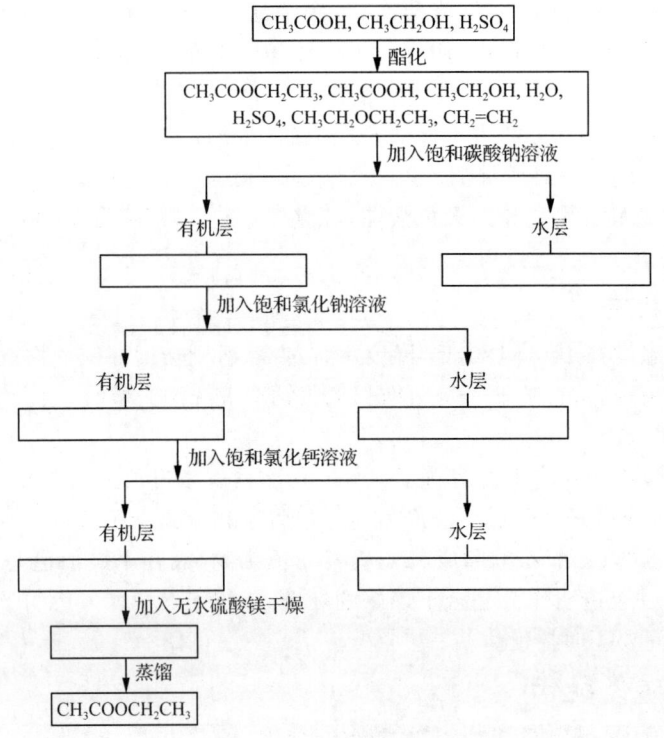

图 4-10 微型合成乙酸乙酯操作流程

3.试验中加入饱和碳酸钠、饱和氯化钠、饱和氯化钙、无水硫酸镁各有何作用？
4.能否用氢氧化钠溶液代替碳酸钠溶液来洗涤粗酯？

实训 4-10 乙酰水杨酸的制备

一、目的要求

1.熟悉酚酯化反应的原理,掌握乙酰水杨酸的制备方法；
2.掌握利用重结晶精制固体产品的操作技术。

二、实验原理

乙酰水杨酸的商品名称为阿司匹林,为白色晶体,熔点 135 ℃,微溶于水（37 ℃时,18/100 g H_2O）。本实验以浓硫酸为催化剂、乙酸酐作酰基化剂,使水杨酸与乙酸酐在约 75 ℃发生酰化反应,制取乙酰水杨酸。

主反应：

副反应：

$$\text{水杨酸} + \text{HO-C}_6\text{H}_4\text{-COOH} \xrightarrow[\Delta]{H^+} \text{水杨酰水杨酸} + H_2O$$

水杨酰水杨酸

$$\text{乙酰水杨酸} + \text{HO-C}_6\text{H}_4\text{-COOH} \xrightarrow[\Delta]{H^+} \text{乙酰水杨酰水杨酸} + H_2O$$

乙酰水杨酰水杨酸

乙酰水杨酸可与碳酸氢钠反应生成水溶性的钠盐，作为杂质的副产物则不能与碱作用，可在用碳酸氢钠溶液进行重结晶时将其分离除去。

三、实验用品

三颈烧瓶(100 mL)　球形冷凝管　烧杯(100 mL、200 mL)　表面皿　减压过滤装置　水浴锅　电炉与调压器　温度计(100 ℃)　锥形瓶　水杨酸(C.P.)　乙酸酐(C.P.)　浓硫酸　盐酸溶液(1∶2)　饱和碳酸氢钠溶液　95%乙醇　天平　滴管　量筒(10 mL,50 mL)

四、实验步骤

1.合成反应

在100 mL干燥的三颈烧瓶中加入4 g水杨酸和10 mL新蒸馏的乙酸酐，在振摇下缓慢滴加7滴浓硫酸，装上球形冷凝管，充分振摇反应液后，用水浴加热，缓慢升温至70 ℃，在此温度下反应15 min，并不断振摇反应液。最后将温度升至80~85 ℃，再反应5 min。撤去水浴，趁热于球形冷凝管加入2 mL蒸馏水，以分解过量的乙酸酐。

2.结晶、抽滤

稍冷却后，拆下冷凝装置。在搅拌下将反应液倒入盛有100 mL冷水的烧杯中，并用冰水浴冷却，放置20 min。待结晶完全析出后，将粗产品放入100 mL烧杯中，加入50 mL饱和碳酸氢钠溶液并不断搅拌，直至无气泡产生为止。减压过滤，除去不溶性杂质。滤液倒入洁净的烧杯中，在搅拌下加入30 mL 1∶2的盐酸溶液，乙酰水杨酸即呈结晶析出。将烧杯置于冰水浴中充分冷却后，减压过滤。用少量冷水洗涤滤饼两次，压紧抽干。转移到表面皿上，干燥，称重。

3.重结晶

将粗产品放入100 mL锥形瓶中，加入95%乙醇(每克粗产品约需3 mL 95%乙醇)和5 mL水，安装球形冷凝管，于水浴中温热并不断振摇，直至固体完全溶解。拆下冷凝管，取出锥形瓶，向其中缓慢滴加水至刚刚出现混浊，静止冷却。结晶析出完全后抽滤。

4.称量、计算收率

将结晶小心转移至洁净的表面皿上,干燥后称量,并计算收率。

五、实验指南

1.水杨酸能形成分子内氢键,阻碍酚羟基的酰基化反应,加入少量浓硫酸,可破坏其中的氢键,使酰基化反应顺利进行。

2.整个加热过程均缓慢升温,防止水杨酸升华,且反应温度不宜过高,否则将增加副产物的生成,而且水杨酸受热易分解。

$$\text{邻-COOH-OH} \xrightarrow{\Delta} \text{C}_6\text{H}_5\text{OH} + CO_2$$

3.水将分解未反应的乙酸酐,并使不溶于水的产物沉淀析出。由于分解反应产生热量,会使瓶内液体沸腾,故仍需通入冷却水。

4.此配比相当于35％乙醇溶液,每克粗产品约用 8 mL 该乙醇溶液。

5.由于乙酰水杨酸微溶于水,所以洗涤结晶时,用水量要少些,温度要低些,以减少产品损失。

六、安全环保提示

1.乙酸酐有毒并对眼睛有较强烈的刺激性,取用时应注意,不要与皮肤直接接触,防止吸入大量蒸气。加料时最好在通风橱内操作,物料加入烧瓶后,应尽快安装冷凝管,冷凝管内需事先接通冷却水。

2.浓硫酸具有强腐蚀性,应避免触及皮肤或衣物。

3.实验产品乙酰水杨酸应集中回收。

七、预习指导

1.查阅资料并进行有关计算后,填写表 4-12。

表 4-12　　　　　　实验数据记录表 10

品 名	M/ g·mol^{-1}	m.p./ ℃	b.p./ ℃	ρ/ g·cm^{-3}	水溶性	使用规格	投料量 质量(体积) /g(mL)	投料量 n/mol	理论产量
水杨酸			—		—				—
乙酸酐		—							—
硫酸									—
盐酸溶液									—
碳酸氢钠溶液									—
乙酰水杨酸									

2.做实验前,请认真复习普通回流装置、回流操作、重结晶操作和减压过滤等内容。

3.本实验的操作流程如图 4-11 所示,请在方框中空白处填上相应化合物的分子式。

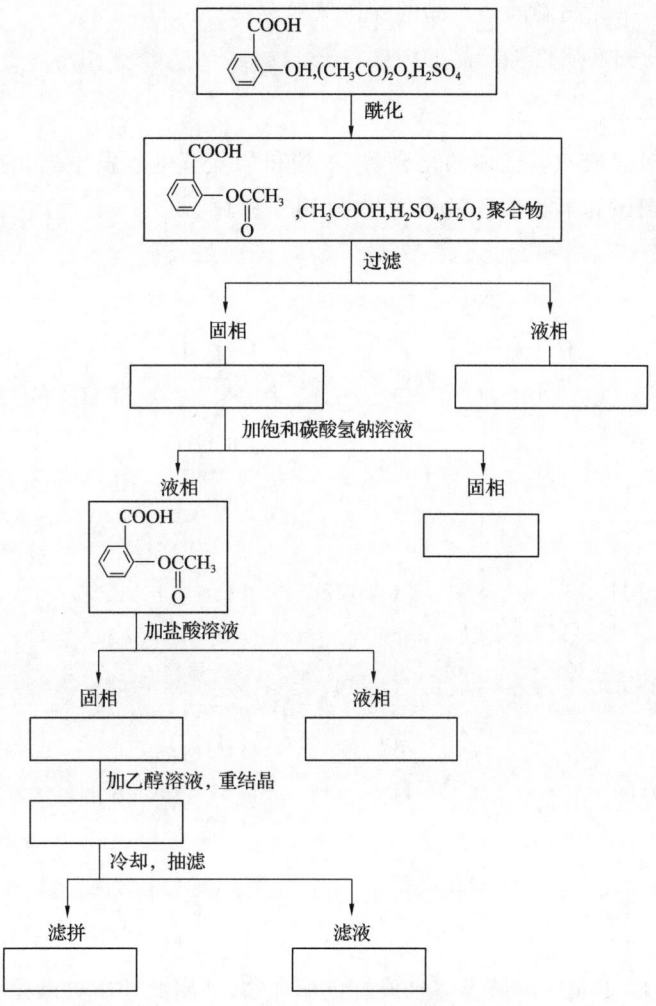

图 4-11 乙酰水杨酸的制备操作流程

八、思考题

1. 制备乙酰水杨酸时,为何要加入少量浓硫酸?反应温度控制在什么范围?高温会造成什么影响?
2. 制备乙酰水杨酸时为何要使用干燥的仪器?
3. 如何鉴定产品中是否含有未反应的水杨酸?

实训 4-11　微型合成乙酰水杨酸

一、目的要求

1. 学习酰化反应的基本理论和酰化剂的使用方法;
2. 掌握乙酰水杨酸的制备方法;

3.掌握利用重结晶精制固体产品的操作技术；
4.学会利用酚的性质检验产品的纯度。

二、实验原理

水杨酸是一种具有双官能团的化合物，羧基和羟基都可以发生酯化反应。在浓硫酸的催化下经乙酸酐酰化后生成乙酰水杨酸(阿司匹林)。

主反应：

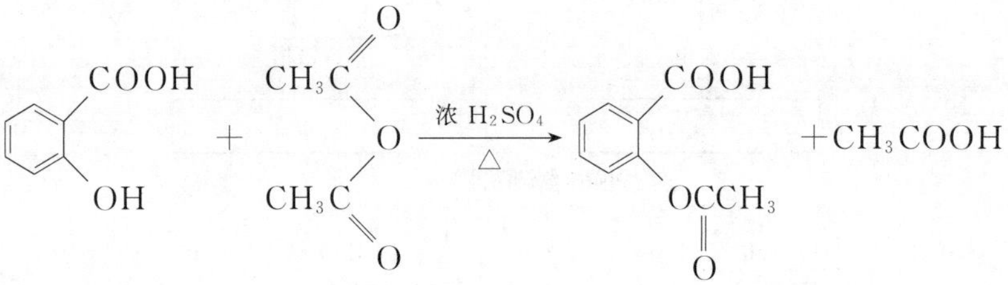

[反应式图]

副反应：

[反应式图]

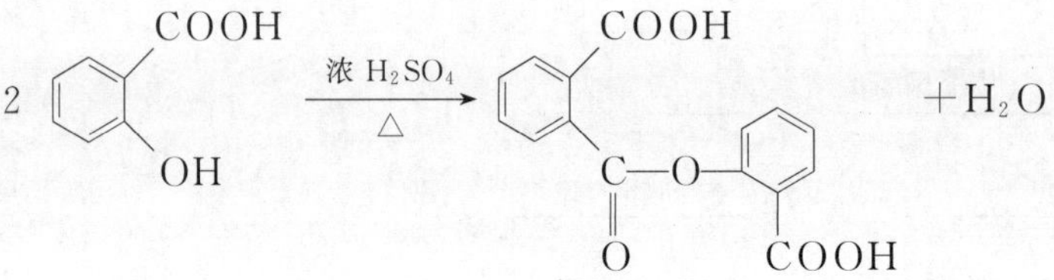

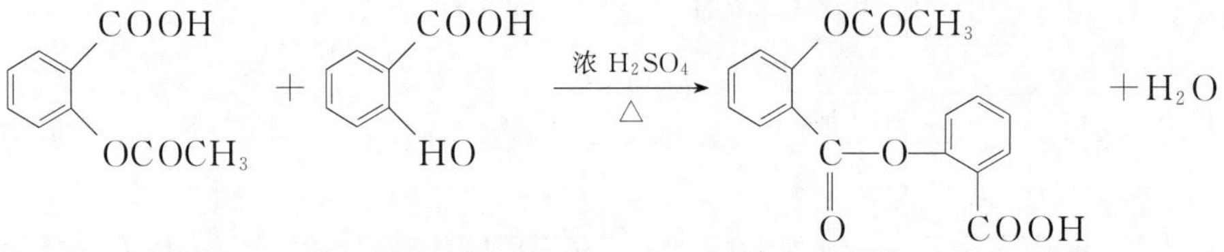

酚类物质与1%$FeCl_3$溶液反应生成有色配合物，利用此性质可以检验乙酰水杨酸中是否含有未反应的水杨酸。

本实验所用的催化剂是浓硫酸，在实验过程中会产生废酸，因此本实验根据绿色化学的要求采用微型实验，减少废弃污染物的量。

三、实验用品

圆底烧瓶(5 mL)　移液管(1 mL)　毛细滴管　冷凝管　干燥管　水浴锅　电炉与调压器　温度计(200 ℃)　减压过滤装置　烧杯(50 mL)　锥形瓶(25 mL)　水杨酸　乙酸酐　浓硫酸　无水氯化钙　1%三氯化铁溶液　天平　磁性搅拌子　5%乙醇　滴管

四、实验步骤

1.合成反应

在5 mL圆底烧瓶中加入126 mg水杨酸，用移液管加入0.18 mL乙酸酐，用毛细滴管滴加1滴浓硫酸。装上冷凝管和装有无水氯化钙的干燥管，加入磁性搅拌子，加热水浴并搅拌。维持水温在90 ℃，回流15 min。

2.结晶、过滤

将反应物趁热倒入 10 mL 冷水中,得白色沉淀。用冰水浴冷却,使沉淀完全。抽滤,并用少量冷水洗涤沉淀,抽干后将固体放在空气中晾干,得到乙酰水杨酸粗产品。

3.重结晶

将粗产品放入 25 mL 锥形瓶中,加入少量 50% 的乙醇-水混合液,放在热水浴中摇动至固体完全溶解,然后向其中缓慢滴加水至刚好出现浑浊,静止冷却,待结晶析出完全后抽滤。

4.纯度检验

取少量产品放在点滴板上滴加 1 滴 1‰ 三氯化铁溶液,观察有无颜色变化,以检验产品纯度。

五、实验指南

1. 水杨酸需预先干燥过,乙酸酐需重新蒸馏,收集 139~140 ℃ 馏分。
2. 反应温度不宜过高,减少副产物生成量。
3. 重结晶时不应加热过久,不宜用高沸点溶剂,高温会使乙酰水杨酸部分分解。
4. 由于水与乙醇、乙酸乙酯形成二元或三元恒沸物,故在干燥前已是清凉透明溶液,因此不能以产品是否透明作为是否干燥好的标准,应视干燥剂加入后的吸水情况而定,并放置 30 min,期间要不时摇动。

六、安全环保提示

1. 乙酸酐有毒并对眼睛有较强的刺激性,取用时应注意不要与皮肤直接接触,防止吸入大量蒸气。
2. 浓硫酸腐蚀性强,应避免触及皮肤或衣服。
3. 废酸液不要触及皮肤,也不可随意乱倒,以防污染环境。
4. 实验产品乙酰水杨酸应集中回收。

七、预习指导

1. 查阅资料并进行有关计算后,填写表 4-13。

表 4-13　　　　　　　　　实现数据记录表 11

品名	$M/g \cdot mol^{-1}$	m.p./℃	b.p./℃	$\rho/g \cdot cm^{-3}$	水溶性	使用规格	投料量 V/mL	投料量 n/mol	理论产量
水杨酸									
乙酸酐									
硫酸									
乙酰水杨酸									

2. 本实验的操作流程如图 4-12 所示,请在方框内空白处填上相应化合物的分子式。
3. 做实验前,请认真复习蒸馏、回流、减压过滤、重结晶等内容。

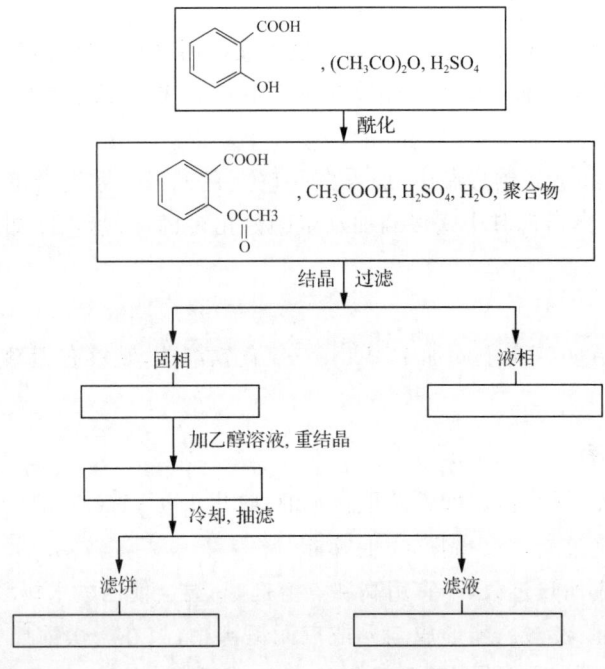

图 4-12 微型合成乙酰水杨酸的操作流程

八、思考题

1. 在制备乙酰水杨酸时,为什么要加入浓硫酸?
2. 水杨酸在使用前为什么要预先干燥?

实训 4-12 对二叔丁基苯的制备

一、目的要求

1. 学习傅-克烷基化反应制备烷基苯的原理和方法;
2. 掌握带吸收气体及干燥管的回流装置及其操作;
3. 掌握无水操作、萃取操作和低温操作技术。

二、实验原理

傅-克烷基化反应是可逆放热反应,容易生成多取代产物,碳数较多的伯、仲烷基容易发生异构化,当反应温度较高、反应时间较长或催化剂较多时容易生成不符合定位规律的产物,甚至会发生烷基脱去的反应。但使用叔卤代烷,采用较低温度和少量催化剂,即可生成符合定位规律的目标产物。另外,因为叔丁基的位阻关系容易生成对二叔丁基苯,反应方程式如下:

$$\text{C}_6\text{H}_6 + 2(\text{CH}_3)_3\text{C}-\text{Cl} \xrightarrow{\text{无水 AlCl}_3} (\text{CH}_3)_3\text{C}-\text{C}_6\text{H}_4-\text{C}(\text{CH}_3)_3 + 2\text{HCl}$$

三、实验用品

带吸收气体及干燥管的回流装置　三颈烧瓶(100 mL)　蒸馏烧瓶(50 mL)　温度计　直形冷凝管　叔丁基氯　无水苯　无水三氯化铝　无水硫酸镁　无水氯化钙　乙醚　甲醇　饱和食盐水　空心塞　量筒(10 mL,25 mL)　水浴锅　抽滤装置　天平　电热套

四、实验步骤

在干燥的100 mL三颈烧瓶正口上装回流冷凝管,回流冷凝管上方口装无水氯化钙干燥管,后者再与气体吸收装置相连,一个侧口装温度计,另一个侧口加空心塞。安装好回流实验装置。

1.合成反应——傅-克烷基化反应

迅速取1 g(0.075 mol)无水三氯化铝于一支干燥的具塞小试管中备用。

向(规格)三颈烧瓶中迅速加入10 mL(8.42 g,0.091 mol)叔丁基氯和4.5 mL(3.95 g,0.051 mol)无水苯。将烧瓶用冰水浴冷却到0~3 ℃,迅速加入约1/3备用的无水$AlCl_3$,塞紧瓶口,在冰水浴中用力摇动烧瓶,使反应物充分混合。

约2 min诱发后开始发生剧烈反应,冒泡且放出氯化氢气体。注意经常摇动烧瓶,反应10 min后,每隔2 min分两批加入余下无水$AlCl_3$,继续反应,开始析出固体,至基本上无氯化氢放出时,撤去冰水浴并在室温下放置约5 min。

2.萃取、洗涤、干燥

加入10 mL冰水分解反应混合物,用20 mL乙醚分两次萃取固体产物。用等体积的饱和食盐水洗涤萃取液,加入无水硫酸镁干燥。

3.蒸馏、减压过滤

将醚液转入50 mL蒸馏烧瓶中,用水浴蒸去绝大部分乙醚后,再减压过滤除去残留溶剂,得到的油状物冷却后凝固为白色固体。

4.重结晶

用约10 mL甲醇加热熔解粗产品,再静置至室温,然后静置于冰水浴中以分解$AlCl_3$,可以得到针状或片状晶体。抽滤,用少量甲醇洗涤晶体。干燥,称重,测定熔点。

五、实验指南

1.此实验仪器试剂必须干燥。

2.先安装装置后再加试剂。无水三氯化铝极易吸潮,处理起来相当麻烦,稍有吸潮就会造成实验结果不理想,甚至失败,故加无水$AlCl_3$一定要迅速。

3.充分振荡,温度太高时(有手感)可适当冷却。

4.注意萃取、洗涤操作,尽量减少损失。

六、安全环保提示

1.氯化氢气体对上呼吸道具有强烈的刺激性,并能腐蚀眼睛、皮肤和黏膜。

2.实验使用乙醚溶剂,要特别注意防火安全。特别在水蒸气蒸馏前先蒸去乙醚时,实验室内不宜有明火。

3.苯可燃,有毒,挥发性大,吸入或与皮肤接触会引起急性或慢性苯中毒。长期接触苯会对血液造成极大伤害。

4.甲醇易燃,易挥发,有毒。误饮 5～10 mL 可致双目失明,大量饮用会导致死亡。

七、预习指导

1.查阅资料并进行有关计算后,填写表 4-14。

表 4-14　　　　　　　　　　实验数据记录表 12

品 名	$M/$ $g \cdot mol^{-1}$	m.p./ ℃	b.p./ ℃	$\rho/$ $g \cdot cm^{-3}$	水溶性	使用 规格	投 料 量		理论 产量
							质量(体积) /g(mL)	n/mol	
叔丁基氯									—
苯									
三氯化铝			—						
乙醚							—	—	—
甲醇									
对二叔丁基苯				—			—	—	

2.复习无水操作技术、低温操作技术、减压过滤、搅拌、回流装置、尾气吸收、重结晶等基本操作技术。

3.本实验的操作流程如图 4-13 所示,请在方框中空白处填上相关化合物的分子式。

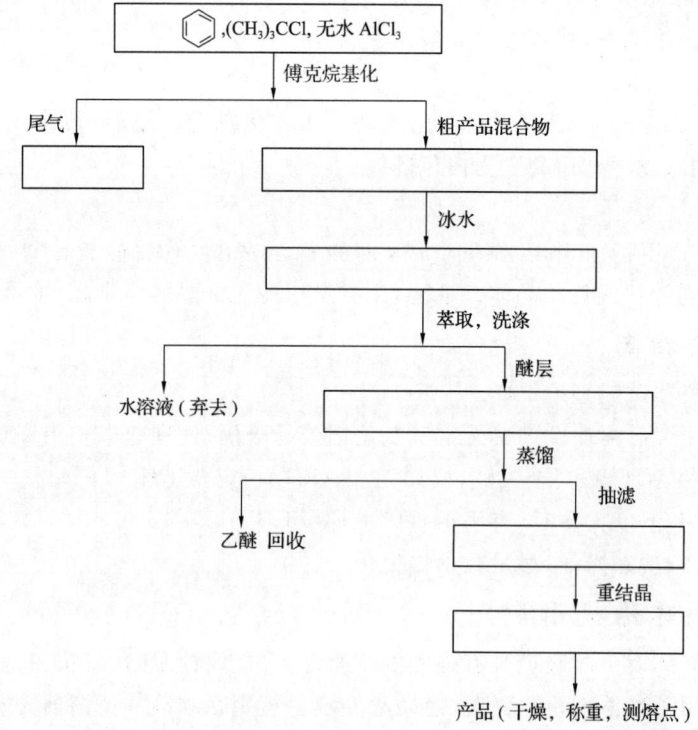

图 4-13　对二叔丁基苯的制备操作流程

八、思考题

1. 叔丁基是邻对位定位基,本实验为何得到一种产物?
2. 制备对二叔丁基苯实验的关键操作是什么?说明其原因?

实训 4-13 邻硝基苯酚和对硝基苯酚的制备

一、目的要求

1. 学习芳烃硝化反应的基本理论和硝化方法,加深对芳烃亲电取代反应的理解;
2. 掌握水蒸气蒸馏装置的安装和操作技术;
3. 熟练掌握以重结晶法精制固体产品的操作技术。

二、实验原理

苯酚的一元硝化产物为邻硝基苯酚和对硝基苯酚的混合物。由于对硝基苯酚存在分子间氢键而邻硝基苯酚易形成分子内氢键,因而邻位的沸点比对位的低得多,同时在沸水中的溶解度较对位的小得多。利用这一差异可以采用水蒸气蒸馏的方法将邻硝基苯酚先蒸出,从而达到分离的目的。

主反应:

$$C_6H_5OH + 2HNO_3 \xrightarrow[\text{苯, }H_2O]{5\sim10\ ℃} o\text{-}O_2N\text{-}C_6H_4\text{-}OH + p\text{-}O_2N\text{-}C_6H_4\text{-}OH + 2H_2O$$

副反应:

$$C_6H_5OH \xrightarrow[-H_2O]{[O]} \text{邻苯醌} + \text{对苯醌(红色)}$$

三、实验用品

三颈烧瓶 空气冷凝管 水蒸气蒸馏装置 减压过滤装置 表面皿 滴液漏斗 烧杯(250 mL) 温度计(200 ℃) 保温漏斗 热水漏斗 锥形瓶 苯酚(C.P.) 浓硫酸 硝酸钠(C.P.) 浓盐酸 乙醇 量筒(5 mL,25 mL) 水浴锅 移液管(10 mL) 天平 滴管

四、实验步骤

1. 邻硝基苯酚的制备

(1) 合成反应

在 50 mL 三颈烧瓶上装温度计和滴液漏斗,从剩余一瓶颈加入 15 mL 水,在振荡和冷水浴冷却下慢慢加入 5.3 mL(0.095 mol)浓硫酸,再加入 5.8 g(0.068 mol)硝酸钠,加完摇匀后将烧瓶置于冷水浴中冷却。在小烧杯中加入 3.4 mL(0.038 mol)苯酚,并加入 1 mL 水,温热搅拌使之溶解,冷却后放入滴液漏斗中。在振荡下自滴液漏斗向烧瓶中滴

加苯酚,并保持反应温度在 15~20 ℃。滴加完后,放置半小时并间歇振荡烧瓶,将得到的黑色焦油状物质用冷水冷却,使油状物冷凝成黑色固体,并有黄色针状结晶析出。

(2) 水洗

仔细倾倒去酸液,固体用水以倾泻法洗涤数次,尽量洗去残余的酸液。

(3) 水蒸气蒸馏

在上述留有固体的三颈烧瓶上,安装好水蒸气蒸馏装置,进行水蒸气蒸馏,直到冷凝管无黄色油状液滴馏出为止,馏出液冷却后,邻硝基苯酚迅速冷凝成黄色固体,抽滤收集后晾干。

(4) 重结晶

用乙醇-水混合溶剂重结晶,将粗邻硝基苯酚溶于热的乙醇(40~45 ℃)中,趁热过滤后滴入温水至出现浑浊,再滴入少量乙醇至浑浊变清,冷却后即析出亮黄色针状的邻硝基苯酚,产量约 1 g,纯的邻硝基苯酚为亮黄色针状晶体,熔点 45~46 ℃。

2. 对硝基苯酚的制备

(1) 洗涤、抽滤

在水蒸气蒸馏后的残液中,加水至总体积约 37.5 mL,再加入 2.5 mL 浓盐酸,将此热溶液在搅拌下慢慢倒入浸在冷水浴内的另一烧杯中,即析出淡黄色的对硝基苯酚,抽滤,收集后晾干。

(2) 重结晶

粗对硝基苯酚可用稀盐酸(2%或 3%)重结晶。产量约 0.5 g,纯对硝基苯酚为淡黄色单斜棱柱状晶体,熔点为 114~116 ℃。

五、实验指南

1. 室温时苯酚为固体(熔点为 41 ℃),可用温水浴温热熔化,加水可降低苯酚的熔点,使呈液态,有利于反应。

2. 酚与酸不互溶,故需不断振荡使接触反应,并防止局部过热。

3. 用冷水浴控制反应温度在 10~15 ℃之间,若反应温度低于 10 ℃,邻硝基苯酚的比例减少;若反应温度超过 15 ℃,邻硝基苯酚可继续硝化或被氧化,使产量降低。

4. 在水蒸气蒸馏前,必须将余酸去除干净,否则由于温度的升高,会使邻硝基苯酚进一步硝化或氧化。水蒸气蒸馏时,可能有邻硝基苯酚的结晶析出而堵塞冷凝管,这时必须注意调节冷凝管中水的流速,让热的蒸气冷凝成液体流下。

5. 水蒸气蒸馏分离邻、对硝基苯酚时,邻硝基苯酚蒸完的标志为冷凝管中无黄色馏出液。

6. 粗产品邻硝基苯酚用乙醇-水混合溶剂重结晶。用稍过量的乙醇加热使之溶解,得到的滤液放入通风橱中,让其挥发,然后缓慢滴入水可得到纯净的、晶型较好的邻硝基苯酚,若加水速度过快,则所得到的邻硝基苯酚晶型不好。

7. 由于邻硝基苯酚有很大的挥发性,所以不能在干燥箱中干燥,应该保存在密闭容器中。

六、安全环保提示

1. 苯酚对皮肤有较大的腐蚀性,如不慎弄到皮肤上,应立即用肥皂和水冲洗,最后用少许乙醇擦洗至不再有苯酚味。

2. 实验产品邻硝基苯酚和对硝基苯酚应集中回收。

七、预习指导

1.查阅资料并进行有关计算后,填写表 4-15。

表 4-15 　　　　　　　　　　　实验数据记录表 13

品名	M/ $g \cdot mol^{-1}$	m.p./ ℃	b.p./ ℃	ρ/ $g \cdot cm^{-3}$	水溶性	使用规格	投料量 质量(体积) /g(mL)	投料量 n/mol	理论产量
苯酚									—
硝酸钠			—		—				
浓硫酸			—						
邻硝基苯酚							—	—	
对硝基苯酚							—	—	

2.本实验的操作流程如图 4-14 所示,请在方框中空白处填上相应化合物的分子式。

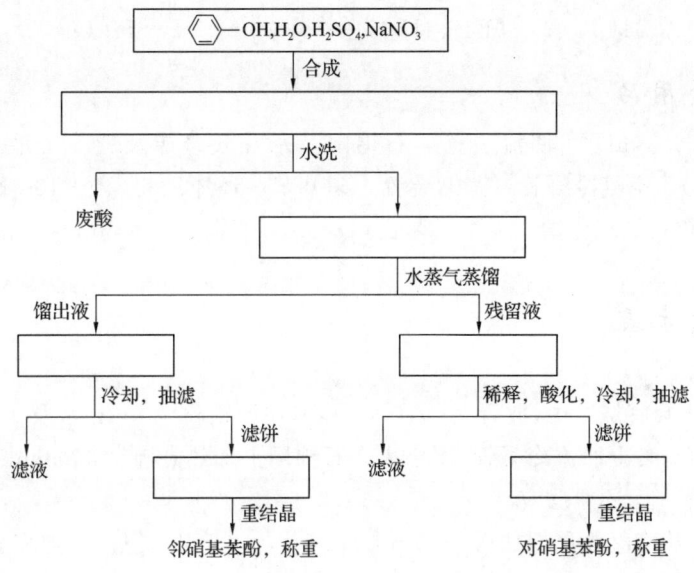

图 4-14　邻硝基苯酚和对硝基苯酚的制备操作流程

3.复习加热技术、回流技术、水蒸气蒸馏技术、重结晶和过滤技术等内容。

八、思考题

1.本实验有哪些可能发生的副反应?如何减少这些副反应的发生?
2.试比较苯、硝基苯、苯酚硝化的难易,并解释其原因。
3.为什么邻硝基苯酚和对硝基苯酚可采用水蒸气蒸馏来加以分离?
4.在重结晶邻硝基苯酚时,为什么在加入乙醇温热后常易出现油状物?如何使它消失?后来在滴加水时,也常会析出油状物,应如何避免?

实训 4-14　苯胺的制备

一、目的要求
1. 掌握硝基苯还原成苯胺的实验原理和方法；
2. 巩固蒸馏、水蒸气蒸馏、空气冷凝管蒸馏等基本操作。

二、实验原理
苯胺的制备不可能用任何直接的方法将氨基($-NH_2$)导入苯环上，而要经过间接的方法来制取，芳香硝基化合物还原是制备芳胺的主要方法。实验室常用的方法是在酸性溶液中用金属进行化学还原。常用锡—盐酸来还原简单的硝基化合物，也可以用铁—醋酸法。

本实验由硝基苯和铁粉在酸性条件下制备苯胺，反应方程式如下：

$$4\,C_6H_5NO_2 + 9Fe + 4H_2O \xrightarrow{H^+} 4\,C_6H_5NH_2 + 3Fe_3O_4$$

三、实验用品
圆底烧瓶(250 mL)　回流装置　石棉网　水蒸气蒸馏装置　分液漏斗　蒸馏瓶(100 mL，干燥)　空气冷凝管　蒸馏装置　硝基苯　还原铁粉(40～100目)　冰醋酸　乙醚　食盐　粒状氢氧化钠　天平　量筒(25 mL)　移液管(10 mL)　水浴锅　空气冷凝管

四、实验步骤
1. 活化催化剂

在 250 mL 圆底烧瓶中，放置 20 g(0.36 mol)还原铁粉、20 mL 水及 1.0 mL 冰醋酸，振荡使充分混合，装上回流冷凝管，用小火在石棉网上加热煮沸约 10 min。

2. 合成苯胺——还原反应

稍冷却后，从冷凝管顶端加入 10.5 mL(12.5 g，0.1 mol)硝基苯，加完后用力振摇，使反应物充分混合。然后加热至沸即停止加热，由于反应放热，约有 6 min 剧烈的反应发生。待反应温和后，将反应物加热回流 50～60 min，并不断摇动，使还原反应完全。此时，冷凝管回流液应不再呈现硝基苯的黄色。

3. 水蒸气蒸馏

将反应瓶改为水蒸气蒸馏装置，进行水蒸气蒸馏，至馏出液变清，共需收集馏出液约 100 mL。

4. 萃取、干燥

将馏出液转移至分液漏斗中，静置，使苯胺与水分层，分出有机层(苯胺层)。水层用食盐饱和(约需 40 g 食盐)后，用 20 mL 乙醚分三次萃取。合并的有机层与乙醚萃取液用粒状氢氧化钠干燥，得到粗产品。

5.蒸馏

将粗产品苯胺转至干燥的 100 mL 蒸馏瓶中，先在水浴上蒸出乙醚，再用空气冷凝管蒸馏，收集 180～185 ℃馏分即可。

五、实验指南

1.本实验是一个放热反应，当每次加入硝基苯时均有一阵剧烈的反应发生，故要谨慎加入并及时振摇、搅拌。

2.铁-醋酸作为还原剂时，铁首先与醋酸作用，生成醋酸亚铁，它实际是主要的还原剂，在反应中进一步被氧化生成碱式醋酸铁。

$$Fe + 2HAc \longrightarrow Fe(Ac)_2 + H_2 \uparrow$$

$$2Fe(Ac)_2 + [O] + H_2O \longrightarrow 2Fe(OH)(Ac)_2$$

碱式醋酸铁与铁及水作用后，生成醋酸亚铁和醋酸可以再发生上述反应。

$$6Fe(OH)(Ac)_2 + Fe + 2H_2O \longrightarrow 2Fe_3O_4 + Fe(Ac)_2 + 10HAc$$

所以总体来看，反应中主要是水作为供质子剂提供质子、铁提供电子完成还原反应。

3.硝基苯为黄色油状物，如果回流液中，黄色油状物消失，而转变成乳白色油珠（由游离苯胺引起的），表示反应已经完成。还原作用必须完全，否则残留在反应物中的硝基苯，在以下几步提纯过程中很难分离，因而影响产品纯度。

4.反应物内的硝基苯与盐酸互不相溶，而这两种液体与固体铁粉接触机会很少，因此充分振摇反应物，是使还原作用顺利进行的关键操作。

5.反应完全后，圆底烧瓶壁上黏附的黑褐色物质可用 1∶1（体积比）盐酸水溶液温热除去或直接用少量浓盐酸除去。

6.在 20 ℃时，每 100 mL 水可溶解 3.4 g 苯胺，为了减少苯胺损失，根据盐析原理，加入食盐使馏出液饱和，原来溶于水中的绝大部分苯胺就成油状物析出。

7.本实验需用粒状氢氧化钠干燥，因为无水氯化钙与苯胺易形成分子化合物。

8.纯苯胺为无色液体，但在空气中由于氧化而呈淡黄色，可加入少许锌粉重新蒸馏以去掉颜色。

六、安全环保提示

1.苯胺和硝基苯有毒，操作时应避免与皮肤接触或吸入其蒸气。若不慎触及皮肤时，要先用水冲洗，再用肥皂和温水洗涤。

2.取用硝基苯时必须小心，用带塞的小锥形瓶称量出所需的硝基苯，每次加完后及时塞上塞子，以防止其蒸气大量逸散在空气中。

3.统一处理含苯胺的铁泥、废液、废渣，以免造成环境污染。

七、预习指导

1.查阅资料并进行有关计算后，填写表 4-16。

表 4-16　　　　　　　　　实验数据记录表 14

品　名	M/ g·mol^{-1}	b.p./ ℃	ρ/ g·cm^{-3}	水溶性	折射率 n	投料量 质量(体积) /g(mL)	n/mol	理论产量
硝基苯								—
冰醋酸	—	—	—		—		—	—
乙醚					—		—	—
苯胺						—	—	

2.本实验的操作流程如图 4-15 所示,请在方框中空白处填上相应化合物的分子式。

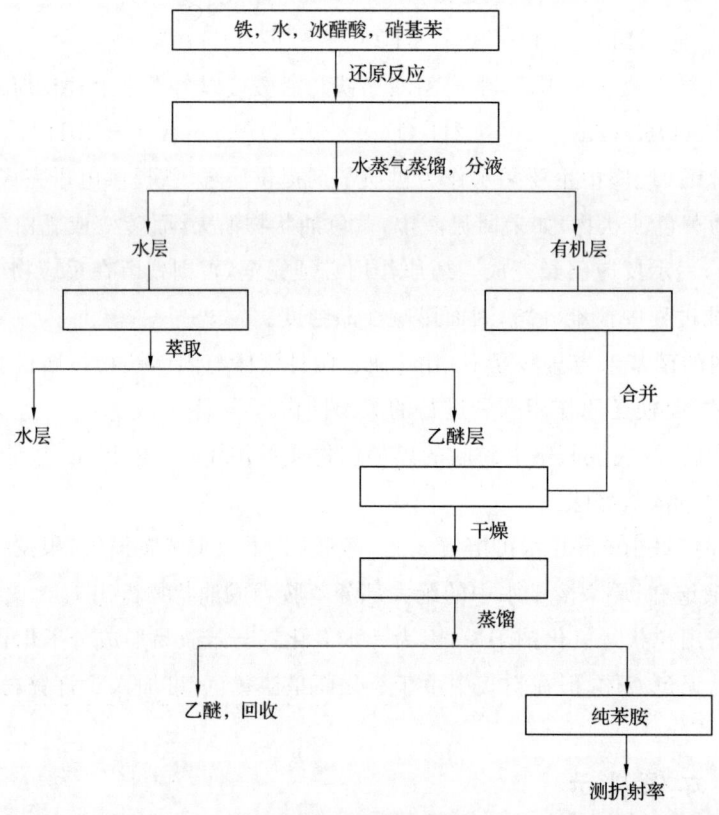

图 4-15　苯胺的制备操作流程

3.做实验前,请认真复习回流装置、水蒸气蒸馏装置、分液漏斗的使用、普通蒸馏及液体物质的分离和干燥等内容。

八、思考题

1.有机物质必须具备什么性质,才能采用水蒸气蒸馏提纯,本实验为何选择水蒸气蒸馏法把苯胺从反应混合物中分离出来?

2.如果最后制得的苯胺中混有硝基苯该怎样提纯?

3.实验中盐析作用的目的是什么?

实训 4-15 2-乙基-2-己烯醛的制备

一、目的要求
1. 学习通过羟醛缩合反应制备 α,β-不饱和醛的原理和方法；
2. 掌握减压蒸馏装置的安装和操作技术；
3. 熟练掌握液体产品精制的操作技术。

二、实验原理
正丁醛在稀碱催化下进行羟醛缩合反应，生成 2-乙基-3-羟基己醛，此化合物在反应条件下进一步脱水，生成 2-乙基-2-己烯醛，通常称之为辛烯醛，反应方程式如下：

$$2CH_3CH_2CH_2CHO \xrightarrow{\text{稀 NaOH}} CH_3CH_2CH_2\underset{\underset{CH_2CH_3}{|}}{\overset{\overset{OH}{|}}{CH}}-CHCHO \xrightarrow[\triangle]{-H_2O} CH_3CH_2CH_2CH=\underset{\underset{CH_2CH_3}{|}}{C}-CHO$$

三、实验用品
三颈烧瓶(50 mL) 电动搅拌器 恒温水浴锅 真空泵 电热套 恒压滴液漏斗 分液漏斗 吸滤瓶 布氏漏斗 温度计(100 ℃) 接收器 弯管 正丁醛 5％氢氧化钠溶液 无水硫酸镁 回流冷凝器 量筒(15 mL,25 mL) 滴管 锥形瓶

四、实验步骤
1. 合成反应

在装有电动搅拌器、恒压滴液漏斗和回流冷凝管的 50 mL 三颈烧瓶中，加入 5 mL 5％氢氧化钠溶液。在充分搅拌下，从滴液漏斗不断滴入 13 mL(10.6 g,0.15 mol)正丁醛，约 10 min 滴加完毕。加完后，在 90 ℃水浴上继续加热搅拌 1 h，使反应完全，此时反应液变为浅黄色或橙色。

2. 洗涤、干燥

将反应液转入分液漏斗中，分去碱液油层，每次用 5 mL 水，洗涤三次。粗产品转入一干燥的锥形瓶中，放置一会儿后变为澄清溶液，少量的水及絮状物沉入瓶底。如放置一段时间后产品仍不变清，可加入少量无水硫酸镁干燥。

3. 减压蒸馏

减压蒸馏，收集 60~70 ℃、1.33~4.0 kPa(10~30 mmHg)的馏分，6~7 g。2-乙基-2-己烯醛为无色、有腥味液体，在空气中易被氧化而略带淡黄色。

五、实验指南
1. 搅拌器接口处要密封，防止正丁醛挥发(正丁醛的沸点为 75 ℃)。
2. 正丁醛在使用前必须重新蒸馏一次，否则实验产率降低。
3. 减压蒸馏系统中切勿使用有裂缝或薄壁的玻璃仪器，尤其不能使用不耐压的平底试剂瓶如锥形瓶等，以防引起爆炸。
4. 减压蒸馏结束后，安全瓶上的活塞一定要缓慢打开，如果打开太快，则系统内外压

强突然变化,使水银压强计的压差迅速改变,而导致水银柱破裂。

5.本实验的副反应主要有氧化反应、树脂化反应等。

六、安全环保提示

1.正丁醛低毒,易燃,对眼、呼吸道黏膜及皮肤有强烈的刺激性,其蒸气与空气可形成爆炸性混合物,注意防火。

2.2-乙基-2-己烯醛易引起皮肤过敏,处理产品时勿与皮肤接触。

七、预习指导

1.查阅资料并进行有关计算后,填写表 4-17。

表 4-17　　　　　　　　　实验数据记录表 15

品 名	$M/$ $g·mol^{-1}$	m.p./ ℃	b.p./ ℃	$\rho/$ $g·cm^{-3}$	水溶性	使用 规格	投 料 量		理论 产量
							质量(体积) /g(mL)	n/mol	
正丁醛									—
氢氧化 钠溶液		—							—
2-乙基- 2-己烯醛		—			—	—	—	—	

2.本实验的操作流程如图 4-16 所示,请在方框中空白处填上相应化合物的分子式。

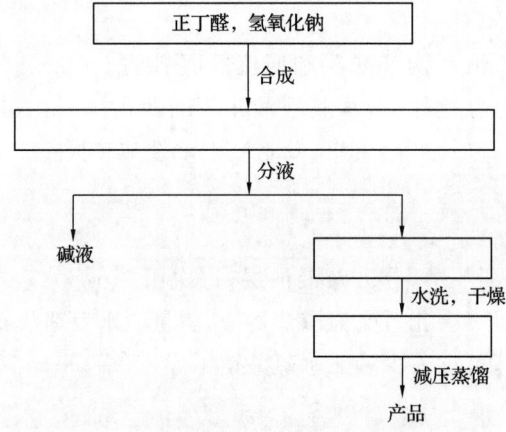

图 4-16　2-乙基-己烯醛的制备操作流程

3.复习加热技术、电动搅拌器回流技术、减压蒸馏技术、液体的洗涤技术等内容。

八、思考题

1.在本实验中,氢氧化钠起什么作用?碱的浓度过高、用量过大有什么不好?

2.具有什么样结构的醛能发生类似的羟醛缩合反应和脱水反应?

3.反应过程中不断剧烈搅拌的目的是什么?

实训 4-16 甲基橙的制备

一、目的要求

1. 熟悉重氮化反应和重氮盐偶合反应的原理,掌握甲基橙的制备技术;
2. 熟悉并掌握低温操作技术;
3. 巩固过滤、洗涤和重结晶等基本操作技术。

二、实验原理

甲基橙是一种酸碱指示剂,变色范围pH为3.1(红)~4.4(橙黄)。对氨基苯磺酸重氮盐与N,N-二甲基苯胺的醋酸盐,在弱酸性介质中偶合,首先得到亮黄色的酸式甲基橙,称为酸性黄,在碱性条件下酸性黄转变为橙黄色的钠盐,即甲基橙。

1. 重氮化反应

$$H_2N-\!\!\!\!\bigcirc\!\!\!\!-SO_3H + NaOH \longrightarrow H_2N-\!\!\!\!\bigcirc\!\!\!\!-SO_3Na + H_2O$$

$$H_2N-\!\!\!\!\bigcirc\!\!\!\!-SO_3Na + NaNO_2 + 3HCl \xrightarrow{0\sim5℃} HO_3S-\!\!\!\!\bigcirc\!\!\!\!-N_2^+Cl^- + 2NaCl + 2H_2O$$

2. 偶合反应

$$HO_3S-\!\!\!\!\bigcirc\!\!\!\!-N_2^+Cl^- + \bigcirc\!\!\!\!-N(CH_3)_2 \xrightarrow[NaAc]{0\sim5℃} [NaO_3S-\!\!\!\!\bigcirc\!\!\!\!-N=N-\!\!\!\!\bigcirc\!\!\!\!-NH(CH_3)_2]^+Ac^-$$
酸性黄

$$[NaO_3S-\!\!\!\!\bigcirc\!\!\!\!-N=N-\!\!\!\!\bigcirc\!\!\!\!-NH(CH_3)_2]^+Ac^- + NaOH \longrightarrow$$

$$NaO_3S-\!\!\!\!\bigcirc\!\!\!\!-N=N-\!\!\!\!\bigcirc\!\!\!\!-N(CH_3)_2 + NaAc + H_2O$$
甲基橙

三、实验用品

布氏漏斗 水泵抽滤装置 表面皿 温度计 玻璃棒 烧杯(50 mL) 试管 对氨基苯磺酸 亚硝酸钠 浓盐酸 N,N-二甲基苯胺 冰醋酸 10%和5%氢氧化钠溶液 饱和氯化钠溶液 乙醇 乙醚 尿素 淀粉-碘化钾试纸 移液管(2 mL) 水浴锅 冰盐浴 天平 量筒(5 mL,10 mL)

四、实验步骤

1. 重氮盐的制备

在50 mL烧杯中加入10 mL 5%氢氧化钠溶液和1.7 g对氨基苯磺酸结晶,在温水浴中温热使之溶解后冷却至室温。晶体溶解,溶液呈现浅黄色。在另一试管中配制0.4 g亚硝酸钠和3 mL水的溶液,将此配制液也加入烧杯中。保持温度0~5 ℃,搅拌下将上述混合溶液分批滴入盛有3 mL浓盐酸和10 mL水配成的溶液中。滴加完毕用淀粉-碘化钾试纸检测呈现蓝色为止。继续在冰盐浴中放置15 min,使反应完全,这时往往有白色细小晶体析出。

2.偶合反应

在试管中加入 1.4 mL N,N-二甲基苯胺和 1 mL 冰醋酸,并混匀。在搅拌下将此混合液缓慢加到上述冷却的重氮盐溶液中,加完后继续搅拌 10 min,有红色的酸性黄沉淀出现。缓慢加入约 15 mL 10% 氢氧化钠溶液,直至反应物变为橙色(此时反应液为碱性)。甲基橙粗产品呈细粒状沉淀析出。将反应物置沸水浴中加热 5 min,冷却后,再放置冰水浴中冷却,使甲基橙晶体析出完全。

3.抽滤、洗涤

待甲基橙重新结晶析出后,抽滤。用 20 mL 饱和氯化钠溶液分两次冲洗烧杯和滤饼,压紧抽干,称重。

4.重结晶精制

将滤饼连同滤纸移入热水(每克粗产品约需 25 mL 水)中微热搅拌,全溶后,冷却至室温,然后在冰水浴中冷却至甲基橙结晶全部析出,抽滤。依次用少量乙醇、乙醚洗涤,压紧抽干,得小鳞片状甲基橙结晶。干燥后,称重并计算产率。

5.定性检验

溶解少许甲基橙于水中,观察溶液的颜色。然后加入两滴稀盐酸,观察颜色的变化。再用三滴稀氢氧化钠溶液中和,观察颜色的变化。

五、实验指南

1.本反应温度的控制相当重要,制备重氮盐时,温度应保持在 5 ℃ 以下。如果重氮盐的水溶液温度升高,重氮盐会水解生成酚,降低产率。

2.对氨基苯磺酸是两性化合物($H_3\overset{+}{N}$—⟨benzene⟩—SO_3^-),酸性比碱性强,以酸性内盐存在,所以它能与碱作用成盐而不与酸作用成盐。但重氮化反应是在强酸性溶液中完成的,因此,首先要将对氨基苯磺酸与碱作用,生成水溶性较大的对氨基苯磺酸钠。

3.淀粉-碘化钾试纸如果不变蓝,应酌情补加亚硝酸溶液,并充分搅拌,直到刚显蓝色,可视为反应终点。但过量的亚硝酸会引起一系列氧化、亚硝基化等副反应。

$$2KI + 2HCl + 2HNO_2 \longrightarrow I_2 + 2NO + 2KCl + 2H_2O$$

若亚硝酸已过量,可用尿素水溶液使其分解。

$$2HNO_2 + H_2NCONH_2 \longrightarrow 2N_2\uparrow + CO_2\uparrow + 3H_2O$$

4.重结晶操作要迅速,否则由于产物呈碱性而在温度高时易变质,颜色变深。湿的甲基橙受日光照射,亦会颜色变深,通常需在 65~75 ℃ 烘干。

5.用乙醇、乙醚洗涤的目的是使其迅速干燥。

六、安全环保提示

1.浓盐酸易挥发且有强烈的刺激性。

2.N,N-二甲基苯胺有剧毒,有致癌性,应避免吸入体内,且不要与皮肤接触。

3.合理处理实验过程中的废水和废渣。

七、预习指导

1. 查阅资料并进行有关计算后,填写表 4-18。

表 4-18　　　　　　　　实验数据记录表 16

品 名	M/ $g \cdot mol^{-1}$	m.p./ ℃	b.p./ ℃	ρ/ $g \cdot cm^{-3}$	水溶性	使用 规格	投 料 量		理论 产量
							质量(体积) /g(mL)	n/mol	
对氨基苯磺酸		—	—						—
亚硝酸钠			—						—
N,N-二甲基苯胺									—
冰醋酸									—
浓 HCl									
NaOH 溶液									—
乙醇									—
乙醚									—
尿素									—
甲基橙		—	—	—	—	—	—	—	

2. 本实验的操作流程如图 4-17 所示,请在方框中空白处填上相应化合物的分子式。

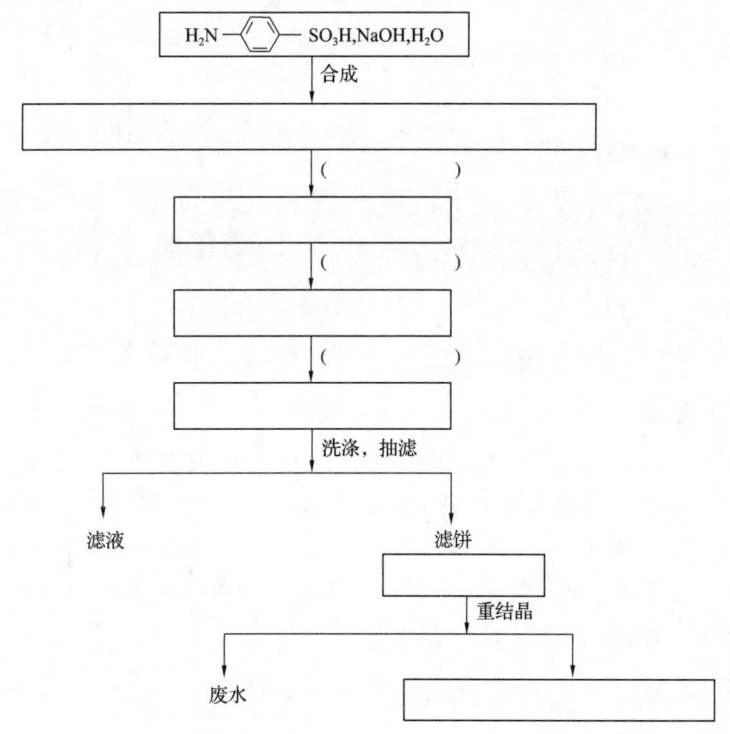

图 4-17　甲基橙的制备操作流程

3.复习加热技术、低温操作技术、过滤、洗涤和重结晶等基本操作技术。

八、思考题

1.在本实验中,重氮盐的制备为什么要控制在 0~5 ℃进行？偶合反应为什么在弱酸性介质中进行？

2.对氨基苯磺酸进行重氮化反应时,为什么要先加碱使其转为盐？

3.N,N-二甲基苯胺与重氮盐偶合为什么总是在氨基的对位上发生？

4.本实验中一共排放几次废水和废渣,有哪几种处理方案？

实训 4-17　苯甲醇和苯甲酸的制备

一、目的要求

1.了解通过坎尼扎罗反应由苯甲醛制备苯甲醇和苯甲酸的基本原理和方法；

2.进一步熟悉巩固洗涤、萃取、简单蒸馏、减压过滤和重结晶操作；

3.掌握低沸点、易燃的有机溶剂的蒸馏操作。

二、实验原理

芳香醛和其他无 α-氢原子的醛在浓的强碱溶液作用下,发生坎尼扎罗反应,一分子醛被氧化成羧酸(在碱性溶液中成为羧酸盐),另一分子醛则被还原成醇。本实验是应用坎尼扎罗反应,以苯甲醛为反应物,在浓氢氧化钠溶液的作用下生成苯甲醇和苯甲酸。

主反应：

$$2 \, C_6H_5CHO + NaOH \longrightarrow C_6H_5COONa + C_6H_5CH_2OH$$

$$C_6H_5COONa \xrightarrow{H^+} C_6H_5COOH$$

副反应：

$$2 \, C_6H_5CHO + O_2 \longrightarrow 2 \, C_6H_5COOH$$

三、实验用品

苯甲醛(C.P.)　氢氧化钠(C.P.)　浓盐酸(1∶1)　乙醚(C.P.)　饱和亚硫酸氢钠溶液　10% 碳酸钠溶液　无水硫酸镁或无水碳酸钾(C.P.)　刚果红试纸　活性炭　沸石　锥形瓶(150 mL)　圆底烧瓶(100 mL)　尾接管　接收器　蒸馏头　温度计　分液漏斗　烧杯　短颈漏斗　玻璃棒　布氏漏斗　吸滤瓶　天平　量筒(10mL,25 mL)　回流冷凝管　水浴锅　空气冷凝管　抽滤装置

四、实验步骤

1.合成反应——歧化反应

在 150 mL 锥形瓶中,配制 9 g 氢氧化钠(C.P.)和 9 mL 水的溶液,冷却至室温后,加入 10 mL 新蒸馏过的苯甲醛,不断用力振摇使充分混合,得白色糊状物。装回流冷凝管,加热回流 1 h,间歇振摇直至苯甲醛油层消失,反应物变透明。

2.苯甲醇的制备

(1)萃取、分离

反应物中加入足够量的水(最多 15 mL),不断振摇,使其中的苯甲酸盐全部溶解。将溶液倒入分液漏斗中,每次用 10 mL 乙醚萃取三次苯甲醇。水层保留好,供制备苯甲酸用。

(2)洗涤醚层

合并上层的乙醚提取液,分别用 8 mL 饱和亚硫酸氢钠溶液、16 mL 10%碳酸钠溶液和 16 mL 水洗涤。分离出上层的乙醚提取液,用无水硫酸镁干燥。

(3)普通蒸馏

将干燥的乙醚溶液滤入圆底烧瓶,连接好普通蒸馏装置,投入沸石后用温水浴加热,蒸出乙醚(回收),然后直接加热,当温度上升到 140 ℃,稍冷却后改用空气冷凝管,收集 204～206 ℃的馏分。

2.苯甲酸的制备

(1)酸化

乙醚萃取后的溶液,用 1∶1 的浓盐酸酸化使刚果红试纸变蓝,充分搅拌,冷却使苯甲酸析出完全,抽滤,得到的苯甲酸粗产品为白色粉末状固体。

(2)重结晶

用沸水溶解产品稍冷却,加活性炭并加热煮沸,趁热过滤,冷却抽滤,得白色片状苯甲酸固体。

五、实验指南

1.本反应是两相反应,充分振摇是关键。

2.苯甲醛必须是新蒸馏过的,且分批加入,每加一次都应用软木塞塞紧瓶塞,用力振荡,若温度过高,可将反应瓶放入冷水浴中冷却,如此反复至反应物成白色蜡状,可放置过夜。

3.蒸馏乙醚时要求:检查仪器各接口安装是否严密;接收瓶用冷水浴冷却;尾接管支管连接一橡皮管并通入水槽;用电热套小火加热或水浴加热。

4.蒸馏苯甲醇时,当温度上升至 140 ℃时,更换冷凝管。

5.水层如果酸化不完全,会使苯甲酸不能充分析出,导致产物损失。

六、安全环保提示

1.蒸馏乙醚时,因其沸点低,易挥发,易燃,蒸气可使人失去知觉。

2.浓碱操作时需小心,尽量不要沾到皮肤上,否则应及时冲洗。

3.乙醚易燃,使用时远离明火。

七、预习指导

1.查阅资料并进行有关计算后,填写表 4-19。

表 4-19　　　　　　　　　　　实验数据记录表 17

品　名	$M/$ $g·mol^{-1}$	m.p./ ℃	b.p./ ℃	$\rho/$ $g·cm^{-3}$	水溶性	使用规格	投　料　量		理论产量
							质量(体积)/g(mL)	n/mol	
苯甲醛		—							—
氢氧化钠溶液									—
乙醚									—
亚硫酸氢钠溶液	—	—	—	—	—				—
碳酸钠溶液	—								—
硫酸镁									—
盐酸溶液	—								—
苯甲醇							—	—	
苯甲酸			—				—	—	

2.本实验的操作流程如图 4-18 所示,请在方框中空白处填上相应化合物的分子式。

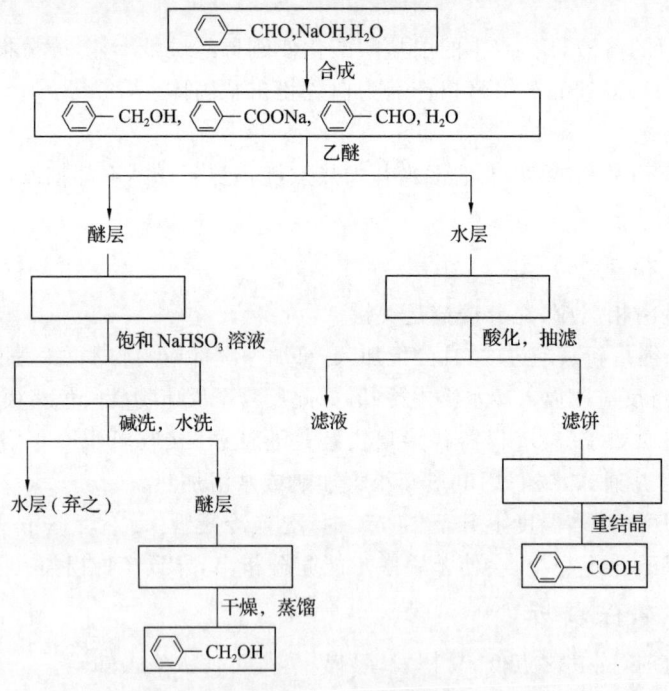

图 4-18　苯甲醇和苯甲酸的制备操作流程

3.复习加热技术、回流技术、普通蒸馏技术、重结晶和过滤技术等内容。

八、思考题

1.在本实验所用的回流装置中,为什么采用空气冷凝管?

2.本实验在精制产品时,曾先后加入氢氧化钠溶液和浓盐酸,试分析精制原理并写出有关反应方程式。

3.本实验根据什么原理来分离纯化苯甲醇和苯甲酸这两种产物？

实训 4-18　邻氨基苯甲酸的制备

一、目的要求

1.学习霍夫曼酰胺降级反应制备邻氨基苯甲酸的方法；
2.熟练掌握重结晶法精制固体产品的操作技术；
3.熟悉并掌握低温操作技术。

二、实验原理

酰胺与氯或溴在碱溶液中作用，生成比原酰胺少一个碳原子的伯胺，是制备伯胺的方法之一，该反应称为霍夫曼酰胺降级（重排）反应。本实验就是利用邻苯二甲酰亚胺为原料，通过霍夫曼酰胺降级反应制备邻氨基苯甲酸，其反应方程式如下：

$$\text{邻苯二甲酰亚胺} + Br_2 + 5NaOH \longrightarrow \text{邻氨基苯甲酸钠} + 2NaBr + Na_2CO_3 + 2H_2O$$

$$\text{邻氨基苯甲酸钠} + CH_3COOH \longrightarrow \text{邻氨基苯甲酸} + CH_3COONa$$

三、实验用品

蒸发皿　研钵　锥形瓶(100 mL)　电磁搅拌器　冰盐浴　烧杯(250 mL)　水浴锅　温度计(360 ℃)　邻苯二甲酰亚胺　溴　氢氧化钠　浓盐酸　冰醋酸　饱和亚硫酸氢钠　石蕊试纸　天平　量筒(150 mL)　移液管　减压过滤芯装置　滴管

四、实验步骤

1.制取次溴酸钠

在 100 mL 锥形瓶中，用 7.5 g 氢氧化钠和 30 mL 水配制成碱液，将此锥形瓶放入冰盐浴中，冷却至 $-5\sim0$ ℃。向碱液中一次加入 2.1 mL 溴，振荡锥形瓶，使溴全部反应。此时温度略有升高。将制成的次溴酸钠冷却到 0 ℃ 以下，放置备用。在另一小锥形瓶中，用 5.5 g 氢氧化钠和 20 mL 水配制另一碱液。

2.合成邻氨基苯甲酸

取 6 g 研细的邻苯二甲酰亚胺，加入少量水调成糊状物，一次全部加到冷的次溴酸钠溶液中，开动电磁搅拌器。反应混合物应保持在 0 ℃ 左右。从冰盐浴中取出锥形瓶，再继续搅拌直到反应物转为黄色清液（约 5 min）。

把配制好的氢氧化钠溶液全部迅速加入，反应温度自行升高，将反应混合物在水浴中加热到 80 ℃ 约 2 min，加入 2 mL 饱和亚硫酸氢钠溶液。冷却，减压过滤。

3. 中和、抽滤

把滤液倒入 250 mL 烧杯中，放在冰水浴中冷却。在不断搅拌下小心地滴加浓盐酸，使溶液恰呈中性（pH＝7，用石蕊试纸检验，约需 15 mL 盐酸），然后再缓慢地滴加 5～7 mL 冰醋酸，使邻氨基苯甲酸完全析出。减压过滤，用少量冷水洗涤，晾干。产量约为 4 g。

4. 重结晶

灰白色粗产品用水进行重结晶，可得无色片状晶体。称重，计算产率，测定熔点。

五、实验指南

1. 邻苯二甲酰亚胺可以按下述方法制备：在 100 mL 二口烧瓶中，放入 10 g 邻苯二甲酸酐和 10 mL 浓氨水，装上空气冷凝管及一支 360 ℃ 温度计。先在石棉网上加热，然后用小火直接加热，温度逐渐升到 300 ℃。间歇摇动烧瓶，用玻璃棒将升华进入冷凝管的固体物质推入烧瓶里，趁热把反应物倒入搪瓷盘中，冷却后的固体放在研钵中研成粉末。产量约 8 g，熔点 232～234 ℃。

2. 加入亚硫酸氢钠溶液的目的是还原剩余的次溴酸。

3. 邻氨基苯甲酸既能溶于碱，又能溶于酸，故过量的盐酸会使产物溶解。若加入过量的盐酸，需加氢氧化钠中和。

4. 邻氨基苯甲酸的等电点 pI 为 3～4。为使邻氨基苯甲酸完全析出，必须加入适量的醋酸。

六、安全环保提示

1. 溴为剧毒性、强腐蚀性试剂，取用时应特别小心。在实验前，仔细阅读有关的安全和急救说明。取溴操作必须在通风橱中进行，戴防护眼镜及橡皮手套，并且注意不要吸入溴蒸气。

2. 邻氨基苯甲酸具有中等毒性，能刺激皮肤及黏膜。可燃，可升华。

3. 实验过程中产生的废液应统一处理。

七、预习指导

1. 查阅资料并进行有关计算后，填写表 4-20。

表 4-20　　　　　　　　　　　实验数据记录表 18

品名	$M/$ $g·mol^{-1}$	m.p./ ℃	b.p./ ℃	$\rho/$ $g·cm^{-3}$	水溶性	使用规格	投料量 质量(体积) $/g(mL)$	n/mol	理论产量
邻苯二甲酰亚胺			—		—				—
溴		—							
氢氧化钠									
冰醋酸									
饱和亚硫酸氢钠									
邻氨基苯甲酸			—				—	—	—

2.本实验的操作流程如图 4-19 所示,请在方框中空白处填上相应化合物的分子式。

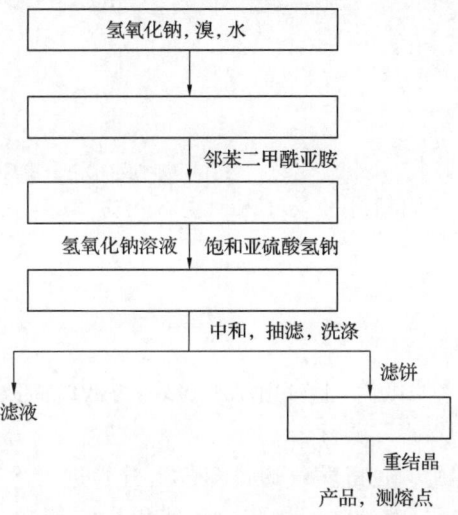

图 4-19　邻氨基苯甲酸的制备操作流程

3.复习低温操作技术、加热技术、电磁搅拌、重结晶和过滤技术等内容。

八、思考题

1.在本实验中,溴和氢氧化钠溶液的量不足或过量有什么不好?

2.邻氨基苯甲酸的碱溶液,加入盐酸使之呈中性后,为什么不再加盐酸而是加适量的冰醋酸使邻氨基苯甲酸完全析出?

实训 4-19　从茶叶中提取咖啡因

一、目的要求

1.了解从茶叶中提取咖啡因的原理和方法;

2.掌握使用索氏提取器进行天然产物有效成分的提取;

3.初步掌握利用升华提取固体化合物的操作技术。

二、实验原理

茶叶中含有多种生物碱,其中以咖啡碱(又称咖啡因)为主,占 1%～5%。

含结晶水的咖啡因是无色针状结晶,味苦,能溶于水、乙醇、氯仿等。在 100 ℃即失去结晶水,并开始升华,120 ℃时升华相当显著,至 178 ℃时升华很快。无水咖啡因的熔点为 234.5 ℃。

咖啡因是嘌呤的衍生物,其结构式为:

为了提取茶叶中的咖啡因,往往选用适当的溶剂(氯仿、乙醇、苯等),利用索氏提取器(溶剂的回流及虹吸作用的原理)连续萃取。然后蒸去溶剂,即得粗咖啡因。然后在碱性介质(CaO)中进行常压升华,可得到纯度较高的咖啡因。

三、实验用品

索氏提取器　蒸发皿　玻璃漏斗　圆底烧瓶(150 mL)　沸石　水浴锅　温度计

嘌呤 咖啡因(1,3,7-三甲基-2,6-二氧嘌呤)

(300 ℃)　滤纸　　刮刀　　酒精灯　茶叶末　生石灰粉　95％乙醇　冷凝管　石棉网　棉花　量筒(100 mL)

四、实验步骤

1. 提取

称取茶叶末 10 g，装入滤纸筒，上口用滤纸盖好，将滤纸筒放入索式提取器中，在圆底烧瓶内加 95％乙醇 80 mL，放入沸石。

用水浴加热使乙醇沸腾。乙醇蒸气通过蒸气上升管进入冷凝管，蒸气被冷凝为液体滴入索氏提取器中积聚起来，溶液流回烧瓶。经过多次虹吸，咖啡因被富集到烧瓶中。

回流 2～3 h 后，当索式提取器内溶液的颜色变得很淡时，即可停止回流。待索式提取器内的溶液刚刚虹吸下去时，立即停止加热。

2. 蒸馏

将仪器改成蒸馏装置，蒸馏回收抽提液中的大部分乙醇。

3. 中和、除水

将残留液倾入蒸发皿中，拌入 4 g 生石灰粉，搅成浆状，在蒸汽浴上蒸干，除去水分，使成粉末状，然后移至石棉网上用酒精灯小火加热，焙烧片刻，直至固体混合物变为疏松的粉末状，水分全部除去为止。冷却后，擦去沾在边上的粉末，以免升华时污染产品。

4. 升华

在装有粗咖啡因的蒸发皿上，放一张穿有许多小孔的圆滤纸，再把玻璃漏斗盖在上面，漏斗颈部塞一小团疏松的棉花。

在石棉网上或沙浴上小心地将蒸发皿加热，逐渐升高温度，使咖啡因升华(温度不能太高，否则滤纸会炭化变黑，一些有色物质也会被带出来，使产品不纯)。咖啡因通过滤纸孔，遇到漏斗内壁，重新冷凝为固体，附在漏斗内壁和滤纸上。当观察到纸上出现大量白色针状晶体时，停止加热。自然冷却到 100 ℃ 左右，揭开漏斗和滤纸，仔细地把附在纸上及漏斗内壁上的咖啡因用刮刀刮下。将蒸发皿中的残渣加以搅拌，重新放好滤纸和漏斗，用大火再加热片刻，使升华完全。此时火不能太大，否则蒸发皿内大量冒烟，产品既受污染，又遭损失。

合并两次升华所收集的咖啡因，称量，测熔点。

五、实验指南

1. 索式提取器是利用溶剂回流和虹吸原理，使固体物质连续不断地为纯溶剂所萃取的仪器。溶剂沸腾时，其蒸气通过侧管上升，被冷凝管冷凝成液体，滴入套筒中，浸润固体物质，使之溶于溶剂中，当套筒内溶剂液面超过虹吸管的最高处时，即发生虹吸，流入烧瓶中。通过反复的回流和虹吸,从而将固体物质富集在烧瓶中。索式提取器为配套仪器,其中任一部件损坏都会导致整套仪器的报废,特别是虹吸管极易折断,所以在安装仪器和实验过程中必须特别小心。

2.用滤纸包茶叶末时要严实,防止茶叶末漏出堵塞虹吸管。滤纸包的大小要合适,既能紧贴套管内壁,又能方便取放,且其高度不能超出虹吸管高度。

3.回流提取时,应控制好回流速度,一般两小时内虹吸 8～10 次。

4.若套筒内萃取液的颜色浅,即可停止萃取。

5.浓缩萃取液时不可蒸得太干,以防转移损失,否则因残液很黏而难于转移,造成损失。

6.拌入生石灰要均匀,生石灰的作用除吸水外,还可中和除去部分酸性杂质(如鞣酸)。

7.升华操作直接影响到产物的质量与产量。升华的关键是控制温度,温度过高,将导致被烘物冒烟炭化,或产物变黄,造成损失。

8.刮下咖啡因时要小心操作,防止混入杂质。

9.咖啡因的升华提纯也可采用减压升华装置。将粗咖啡因放入具支试管的底部,把装好的仪器放入油浴中,浸入的深度以直形冷凝管的底部与油表面在同一水平面为宜。冷凝管通入冷却水,开动流水泵进行抽气减压,并加热油浴至 180～190 ℃。咖啡因升华凝结在直形冷凝管上。升华完毕,小心取出冷凝管,将咖啡因刮到洁净的表面皿上。

六、安全环保提示

1.索式提取器的虹吸管极易折断,装置仪器和取拿时必须特别小心。

2.乙醇易燃,易挥发,注意防火。

七、预习指导

1.查阅有关茶叶、生物碱、咖啡因等方面的资料。

2.了解脂肪提取器的构造、原理、安装和使用方法。

3.复习固体化合物的提取、常压升华、减压升华、普通蒸馏等基本操作技术。

4.本实验的操作流程如图 4-20 所示,请在方框中空白处填上相关化合物的分子式。

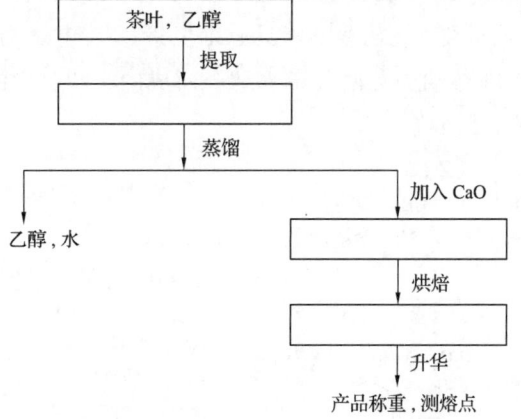

图 4-20 从茶叶中提取咖啡因的操作流程

八、思考题

1. 索氏提取器萃取的原理是什么？它和一般的泡浸萃取比较有哪些优点？
2. 从茶叶中提取出的粗咖啡因有绿色光泽，为什么？
3. 加入氧化钙的作用是什么？
4. 进行升华操作时应注意什么问题？

实训 4-20　从绿色植物中提取植物色素

一、目的要求

1. 熟悉从绿色植物中提取天然色素的原理和方法；
2. 掌握分液漏斗的使用和萃取操作；
3. 了解柱色谱分离的基本原理，掌握柱层析的操作技术。

二、实验原理

植物光合作用是自然界最重要的现象，它是人类所利用能量的主要来源。在把光能转化为化学能的光合作用的过程中，叶绿体色素起着重要的作用。植物体内的叶绿体色素有叶绿素和类胡萝卜素两类，主要包括叶绿素 a、叶绿素 b、β-胡萝卜素和叶黄素四种。它们所呈现的颜色和在叶绿体中的含量大约比例见表 4-21。

表 4-21　　　　　　植物体内叶绿体色素的种类、颜色及含量

项目 \ 色素名称	叶绿素		类胡萝卜素	
	叶绿素 a	叶绿素 b	β-胡萝卜素	叶黄素
颜色	蓝绿色	黄绿色	橙黄色	黄色
在叶绿体内各色素含量比例	3	1	2	1
	3		1	

胡萝卜素($C_{40}H_{56}$)有三种异构体，即 α-胡萝卜素、β-胡萝卜素和 γ-胡萝卜素，其中 β-胡萝卜素含量较多，也最重要。β-胡萝卜素具有维生素 A（结构式如下）的生理活性，其结构是两分子的维生素 A 在链端失去两分子水结合而成的。叶黄素的分子式为 $C_{40}H_{56}O_2$，结构式如下，在绿叶中含量较高。

β-胡萝卜素 (R=H)
叶黄素　　　(R=OH)

维生素 A

叶绿素 a($C_{55}H_{72}MgN_4O_5$)和叶绿素 b($C_{55}H_{70}MgN_4O_6$),结构式如下。它们都是吡咯衍生物与金属镁的络合物,是植物光合作用所必需的催化剂。叶黄素因为分子中含有羟基,较易溶于醇,在石油醚中溶解度较小。叶绿素和胡萝卜素的分子中含有较大的烃基而易溶于醚和石油醚等非极性溶剂。本实验利用这一性质,用石油醚-乙醇混合溶剂作萃取剂,将绿色植物中的天然色素浸取出来,然后将浸取液用柱色谱法进行分离。

叶绿素 a(R=CH_3)
叶绿素 b(R=CHO)

柱色谱法是分离、纯化和鉴定有机物的重要方法。它是根据混合物中各组分的分子结构和性质(极性)来选择合适的吸附剂和洗脱剂,从而利用吸附剂对各组分吸附能力的不同及各组分在洗脱剂中的溶解性能的不同而达到分离目的。

柱色谱法通常是在玻璃层析柱中装入表面积很大、经过活化的多孔性或粉末状固体吸附剂(常用的吸附剂有氧化铝、硅胶等)。当混合物溶液流过吸附柱时,各组分同时被吸附在柱的上端,然后从柱顶不断加入溶剂(洗脱剂)洗脱。

在植物色素中,胡萝卜素极性最小,当用石油醚-丙酮洗脱时,随溶剂流动较快,第一个被分离出来;叶黄素分子中含有两个羟基,增加洗脱中丙酮的比例,便随溶液流出;叶绿素分子中极性基团较多,可用正丁醇-乙醇-水混合溶剂将其洗脱。

三、实验用品

研钵　布氏漏斗　层析柱　抽滤瓶　铁架台　石英砂　脱脂棉(厚度 5 cm)　分液漏斗(250 mL)　水浴锅　正丁醇　新鲜的绿色植物叶　苯　乙醇(95%)　硅胶板　氧化铝　石油醚(60～90 ℃)　丙酮　水泵　量筒(125 mL)　无水硫酸钠　玻璃棒　滤纸　滴管　锥形瓶

四、实验步骤

1.色素的提取

(1)萃取、分离

取 5 g 新鲜的绿色植物叶子在研钵中捣烂,用 20 mL(2∶1)的石油醚-乙醇浸取,减压过滤。滤渣放回研钵中,重新加入 10 mL(2∶1)石油醚-乙醇浸取,抽滤。再重复以上操作一次。

(2)洗涤

合并三次浸取液,滤液转移到 250 mL 的分液漏斗中,加等体积的水洗涤一次,洗涤时要轻轻振荡,以防止乳化,弃去下层的水-乙醇层。石油醚层再用等体积的水洗涤两次,以除去乙醇和其他水溶性物质。

(3)干燥

有机相用无水硫酸钠干燥后转移到另一锥形瓶中保存,取一半做柱层析分离,其余做薄层分析。

2.色素的分离

(1)色谱柱的装填

将 20 g 氧化铝与 20 mL 石油醚搅拌成糊状,并将其慢慢加入预先加了一定石油醚的色谱柱中,同时打开活塞,让石油醚流入接收瓶中,不时地用带橡胶的玻璃棒敲打色谱柱,以稳定的速度装柱,使色谱柱装得均匀,装好的柱子不能有裂缝和气泡,并在上面放 0.5 cm 厚的石英砂或小滤纸,并不断地用石油醚洗脱,以使色谱柱流实,然后放掉过剩的溶剂,直到溶剂面刚好到达石英砂或滤纸的顶部,关闭活塞。

(2)柱层析分离

将得到的萃取液中的一半用滴管加入柱顶,打开活塞,让溶剂滴下,待溶剂面刚好到达石英砂或滤纸的顶部时,再用滴管加入几毫升石油醚。然后用 9∶1 的石油醚-丙酮(约用 50 mL)脱洗,当第一个橙黄色带流出时,换一个接收瓶接收,得到橙黄色溶液,即胡萝卜素;换用 7∶3 的石油醚-丙酮(约用 20 mL)洗脱,当第二个棕黄色带流出时,换一个接收瓶,接收叶黄素;再换用 3∶1∶1 的正丁醇-乙醇-水洗脱(约用 30 mL),分别接收叶绿素 a(蓝绿色)和叶绿素 b(黄绿色)。

(3)薄层层析分析

在 10 cm×4 cm 的硅胶板上,分离后的胡萝卜素点样用 9∶1 的石油醚-丙酮展开,可出现 1~3 个黄色斑点。分离后的叶黄素点样,用 7∶3 的石油醚-丙酮展开,一般可呈现 1~4 个点,取 4 块板,一边点色素提取液点,另一边分别点柱层分离后的 4 个试液,用 8∶2 的苯-丙酮展开,或用石油醚展开,观察斑点的位置并排列出胡萝卜素、叶绿素和叶黄素的 R_f 值的大小。

五、实验指南

1.叶绿体色素对光、温度、氧气环境、酸碱及其他氧化剂都非常敏感。色素的提取和分析一般都要在避光、低温及无酸碱等干扰的情况下进行。必要时应抽干充氮保存。

2.乙醚使用前应重蒸除去过氧化物。

3.菜叶应尽量研细。通过研磨,使溶液与色素充分接触,并将其浸取出来。

4.叶黄素易溶于醇,在石油醚中的溶解度较小,所以在浸取液中含量较低,以致有时不易从柱中分离出来。

5.应注意氧化铝在整个实验过程中始终保持在溶剂液面以下。

6.层析柱装填紧密与否,对分离效果影响很大。若柱中留有气泡或各部分松紧不均匀(更不能有断层)时,会影响渗透速度和显色的均匀。

六、安全环保提示

石油醚易挥发、易燃,实验室要保持良好的通风条件,不得靠近明火操作。

七、预习指导

1.查阅有关植物色素方面的资料。

2.了解脂肪提取器的构造、原理、安装和使用方法。

3.复习固体化合物的萃取、柱色谱分离、减压过滤、低沸易燃物质的蒸馏、干燥等基本操作技术。

4.本实验的操作流程如图 4-21 所示,请在方框中空白处填上相关化合物的名称。

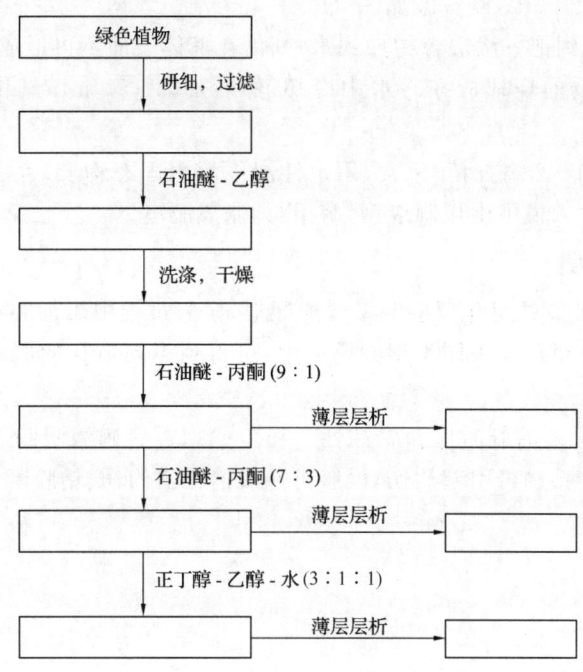

图 4-21 从绿色植物中提取植物色素的操作流程

八、思考题

1.试比较叶绿素、叶黄素和胡萝卜素三种色素的极性,为什么胡萝卜素在层析柱中移动最快?

2.绿色植物中主要含有哪些色素?

3.本实验中,一共排放了多少废水和废渣?有何治理方案?

趣味实验4 彩色肥皂的制备

一、主要仪器与试剂

1.仪器

烧杯(100 mL)　移液管　玻璃棒　电炉　石棉网　水浴锅　布氏漏斗　抽滤瓶　模子　天平　量筒(10 mL,25 mL,250 mL)　滴管

2.试剂

植物油　乙醇　40%氢氧化钠溶液　氯化钠饱和溶液　蒸馏水　定性滤纸　香精/色素

二、操作步骤

1.在 100 mL 烧杯中加入 6 g 植物油、5 mL 乙醇和 10 mL 40%氢氧化钠溶液。

2.在搅拌下,用小火或热水浴给烧杯中的液体微微加热。在加热过程中,倘若酒精和水被蒸发而减少应随时补充,以保持原有体积,直到混合物变稠。为此可预先配制酒精和水(1∶1)的混合液 20 mL,以备添加。

3.继续加热,直到把一滴混合物加到水中时,在液体表面不再形成油滴为止。

4.把盛有混合物的烧杯放在冷水中冷却,然后加入 150 mL 氯化钠饱和溶液,充分搅拌。

5.向其中加入 1～2 滴香精/色素,用定性滤纸滤出固态物质,弃去含有甘油的溶液,把固态物质挤干,放入模子中压制成型,晾干,即制成肥皂。

三、实验说明

1.利用脂肪或油脂的皂化反应制备普通肥皂,实验过程中添加香精/色素可改变肥皂的外观,过滤后的滤饼加入不同类型的模子中,可得到不同形状的肥皂,能够满足不同年龄段人群的需求。

2.氢氧化钠有强烈的刺激性和腐蚀性。粉尘或烟雾会刺激眼睛和呼吸道、腐蚀鼻中隔,皮肤和眼睛直接接触可引起灼伤,误服可造成消化道灼伤、粘膜糜烂、出血和休克等。

第五章

基于工作任务的有机化学品实验开发技术

第一节 概 述

有机化学品实验开发工作是将原料经化学反应和物理变化转化为预期产品的过程，一般包括三大块七个环节，这些环节相互关联交叉，形成有机化学品开发的一般程序，如图 5-1 所示。

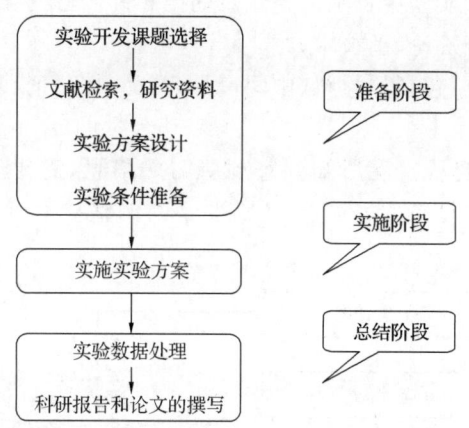

图 5-1 有机化学品实验开发程序

一、实验开发课题选择

选准一个好的课题，对化学品开发至关重要。化学品的开发过程是不断提出问题和解决问题的过程，选题是化学品研究与开发的起点，集中体现了选题者的科学思维、理论认识、实践能力以及要达到的预期结果。因此，它是整个开发过程中带有根本性、战略性的一步。只有合理地选题，才能达到预期的目标。从某种意义上说，选题的合理性决定实验的成败。课题来源一般分为计划课题、企业委托课题、自选课题三种形式。通常，有机化学品实验开发的选题必须遵守以下几项原则：

(1)具有科学根据、研究价值、一定的新颖性和现实可行性。

(2)符合培养目标的要求，通过努力，能在规定的时间内完成。高职高专的选题研究，应更加注意应用性。

(3)符合学生实际及实验条件实际，分析检测可以方便地实现。

(4)最好能满足生产一线的要求,有一定的经济价值。
(5)原料来源丰富、价格低廉、工艺步骤少,原料的利用率高、副产物少。
(6)实验条件相对温和,易于在实验室实现。
(7)相对安全,排放的废物少或能够综合利用。
(8)相关资料齐全,或比较容易检索到相关资料。

二、文献检索,研究资料

课题确立后,首先应该围绕课题目标进行相关文献的检索与研究。有资料表明,在研究性课题实施的过程中,收集信息和信息研究在整个科研工作中所占的工作和时间比例为50%,做实验时间占35%,数据处理和撰写报告时间占8%,计划思考时间占7%。

1.文献检索的主要内容

文献检索应针对研究课题进行,主要搜集的内容有:

(1)国内外的研究情况,包括已做哪些工作,取得哪些成果,存在哪些问题,问题的关键以及发展动向;

(2)实验方法、检测方法及实验技术,包括原料及工艺路线、可能的副反应和副产物、实验中的主要影响因素、实验中特别需要注意的内容和当心的操作等;

(3)与课题有关的新理论、新技术;

(4)有关的基础数据,包括原材料、中间产品、产品、催化剂和溶剂的理化性质等。

2.文献检索步骤

当接到新课题后,要从一无所知到查到所需的信息,需要经过六个重要的步骤,如图5-2所示,缺一不可。在检索过程中,还需要不断调整检索策略,甚至需要将课题重新定位,调整方向。

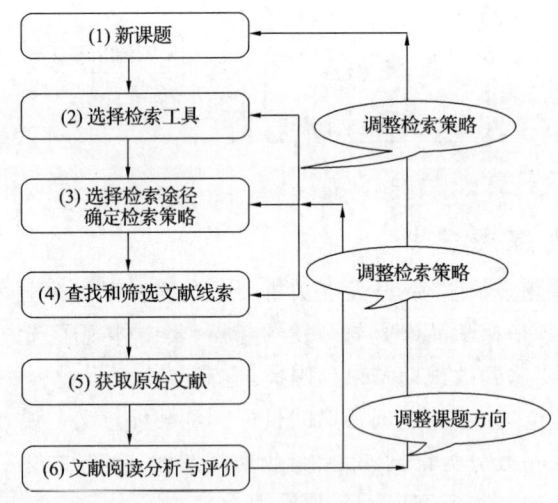

图5-2 信息检索的六个重要步骤

(1)全面分析课题

在以上各个检索步骤中,最易被检索者忽视的是检索前的课题分析,以为有了主题词就能检索到一切,结果往往不尽如人意。面对一个一无所知的新课题,如果不对其作分析就匆匆忙忙去检索,犹如在错误方向上奔跑的人,速度越快,离目的地越远。因此在开始检索之前,一定要对该课题所属的学科范畴、相关背景知识、研究目的、检索要求充分了解;对课题涉及的名词术语,如该物质的学名、俗名、商品名、同义词、分子式等尽可能了解清楚,特别是在用非母语检索工具之前,这些名词术语的花样繁多的英文表达更是不能疏漏。总而言之,对新课题的了解越多,所走的弯路就越少。因此通过检索前的课题分析,得到尽可能多的与课题相关的信息和背景知识是至关重要的。

首选手册、百科全书、专著等三次文献作为分析课题的手段,因为这些是该领域的学术专家和权威对以往研究的总结,既有高度又有深度和广度,让人对该领域的研究有一种全局的了解和把握,同时可以对背景知识和相关名词术语作全面的了解。

【例5-1】 对课题"铂重整"一无所知,不知所属什么领域,更不知从何查起。由《化工辞典》查得"铂重整(Platforming)是利用铂催化剂使环烷烃转换为芳香烃的过程"。此时可知此课题的研究领域属石油化工,但仍然不知道如何得到这方面的论著。

由《中国图书资料分类法》知,石油化工领域的图书分类号为 TQ203。由图书馆联机书目查询系统查得,符合条件的有《 基本有机化工 * * * 》等论著。另外,可以利用《Kirk-Othmer Encyclopedia of Chemical Technology》作进一步深入的了解,因为该大全上的工艺往往是当时(编大全时)世界上最先进的方法,最后还可以用《化学文摘》CA 的 General Subject 检索途径进入,由 Platforming 检索出最新的文献。

当然对于比较新颖、三次文献没有描述的课题,可以直接由《中国期刊网》《重庆维普数据库》和网络作为检索起点。

总而言之,课题分析是一切后续检索的基础,利用三次文献分析课题是不可或缺的关键一步。

(2) 正确选择检索工具

目前检索工具种类繁多,各具特色,它们收录的文献学科、类型、国别、语种范围均各有侧重。应根据课题的特点选择检索工具。

如美国的《化学文摘》(Chemical Abstracts,简称 CA),收录的文献以化学化工为主(包括生物、材料、冶金等),信息量大,它收集的文献占全世界化学文献总量的 98%。

美国的《工程索引》(Engineering Index,简称 EI),偏重工程,不报道纯理论,会议论文收录得多,是世界四大文献索引之一。

美国的《科学引文索引》(Science Citation Index,SCI)则收录涵盖所有学科、侧重基础理论研究方面的文章,它的文献品位高,可信度大,并可以对文章的水平、著者的学术水平作出评价,寻找热点课题。

在信息高度发达的今天,科研人员面对的问题不再是没有信息,而是信息过多、过滥。怎样在众多的信息中,取其精华,去其糟粕,分清良莠,评出伯仲是科研人员非常重要的任务,这样不仅能避免时间和精力上的极大浪费,更重要的是可以避免误入歧途。SCI 就是一种能帮助科研人员"沙里淘金"的检索工具,它的大量统计数据(如文章的被引用次数、期刊的影响因子等)还是有相当科学依据的。

对于创新含量比较高的课题,应多查 SCI,而应用性课题可以多查 CA 和专利。当然,应尽可能全面使用各种检索工具进行检索,以避免漏查,这样查文献花的时间看似多了,但比起盲目做实验花的时间还是少得多。

(3)正确选择检索途径

有了计算机检索后,对检索途径的选择不像手检时那么严格了,大多数电子检索工具增加了"自由词"的检索途径,如 CA 中的"Word Index"和 EI 中的"Word/Phrase Index",它不像"标识词"那样严格,即只要在文章中出现过,就能被检索到,这给初学者或者是初次涉及这个领域的研究者来说是一个福音。但是由于是自由词,文章著者的随意性会导致检索者的漏检,这需要检索者把该课题所有可能出现的自由词考虑全了,才不至于漏检,显然这是非常困难的。而"标识词"是具有专业水平的标引人员从文献的内容或题目中抽选出的,经过规范处理,用以描述文献内容特征的词和词组,因此用它检索就可以避免漏检。如 CA 的"登记号(CAS RN)""普通主题(General Subject)""化学物质(Compound)"以及 EI 的"Subject Headings"和"Major Subject Headings"检索途径均是由标引人员规范处理过的检索途径。

【例 5-2】 用 CA on CD 的 13 次累计索引检索聚四氟乙烯方面的文章。

检索结果:

1."Word Index": ① PTFE　　　　　　　　　　2395 篇
　　　　　　　　② Polytetrafluoroethylene　　946 篇
　　　　　　　　③ Polytetraflouroethylene　　7 篇
　　　　　　　　④ Polytetrafloroethylene　　　1 篇
　　　　　　　　⑤ Polytetrafluorethylene　　　1 篇
　　　　　　　　⑥ Teflon　　　　　　　　　　　534 篇

2."CAS RN":[9002－84－0]　　　　　　　　6604 篇

3."Compound": Ethene, Tetrafluoro, Homopolymer 6604 篇。

显然,用"自由词""Word Index"检索出的文章比用它的"标识词"化合物"Compound"或 CAS 登记号"CAS RN"途径检索出的要少得多。

"自由词"顾名思义是非常自由的,文章著者往往根据自己的习惯和爱好来表达,如 1 中的①、②、⑥,即使无意间拼写错误,检索工具也会原封不动放上去,如 1 中的③、④、⑤;而"标识词"意味着规范,它是专业人员将表达文献内容特征的词抽选出来,并经过重新处理得出的,显然用它检索就可以避免人为的错误和随意性,提高检准率和检全率。

因此我们可以得出这样一个结论,检索初期选用"自由词"这样相对宽松的检索途径比较合适,而对课题深入了解后,应采用"标识词"这样比较正规的检索途径。

尤其是对于化学物质确定的课题,采用 CAS 登记号检索是一条既准、又全又快的最佳途径。

(4)正确选择检索词,确定检索策略

检索词的选取是检索过程的灵魂。只有检索词选取恰当,才能取得满意的检索效果。检索词的选取要符合两个要求:一是能准确、完整地表达检索课题的内容,二是要符合数据库的输入要求。而同一个检索词,在不同的字段进行检索,会得到不同的检索结果。因此要根据宽进严出的原则,通过检索词在不同字段的组合来提高检准率和检全率。检索词的选取可以遵循以下几个原则:

①准确定位:概念不能太大也不能太小。概念太大还是太小其实要视检索结果而定,不断调整的。概念太大可以利用逻辑运算加以限制,比较容易。而概念太小要变大,需要较多的专业知识。

【例 5-3】 寻找分离甲醇的新方法。

如果用"甲醇分离"这个概念则太大。如果已知传统的方法有萃取精馏、加盐精馏、减压精馏等,则其检索式可为"(甲醇 and 分离)not (萃取精馏 or 加盐精馏 or 减压精馏)",这样将概念缩小了。

【例 5-4】 钯膜的制备。

检索词:palladium(钯), membrane(膜), prepar*

检索策略 1:palladium membrane and prepar*,检全率很低,仅几篇。

检索策略 2:palladium and membrane and prepar* 查到的篇数变多,这是因为文献中"钯"与"膜"不一定是一个词组,例如"采用热分解法钯的膜层形成";

检索策略 3:palladium and membrane ,发现检索结果显著变多,因为"制备"(prepar*)是个泛指的词,它可由许多相近的词替代,如"利用喷雾法在陶瓷支撑体上镀钯"这个题目里就用了"镀",应尽可能少用;但是该方法的结果是检准率降低很多。

阅读检索结果,发现许多所检文章的题目中出现"反应器"类的字眼,而这又不是课题所需,因此,

检索策略 4:palladium and membrane not react* 检索后,检准率果然提高了几倍。

以上两个例子是检索式中使用了"逻辑非 NOT"排除了无关概念,提高了检准率。

②多主题概念的课题,检索词以"简"为主。对于多主题概念的课题,也只有一个词或少数几个是核心词,那么以必须使用的关键词为核心词。

【例 5-5】 "针对│激光│辐射源│的│单站│无源测距│系统│"的核心词是"测距",其他的词都是限定"测距"的。

限定词可根据检索情况而决定取舍。

③尽可能将概念相同或相近的词了解全面。有很多的词有近义词、同义词或缩写或俗名,如前面提及的艾滋病——艾滋病、爱滋病;碳纤维——碳纤维、炭纤维;聚四氟乙烯——PTFE,Polytetrafluoroethylene, Teflon,F-4;设备——Apparatus, Equipment, Device;汽车——Car, Automobile, Vehicle。如果只知其一,不知其二,漏检则是避免不了的。

又如,在化学化工中,将混合物分离其实是为了提纯,如果接到一课题是"乙醇的分离",若只使用分离(Separation)这个词,而忘记分离的目的是提纯和纯化(Purification, Refine),漏检的结果是可想而知的。

【例 5-6】 "超声波在污水处理中的应用"。

超声波是指频率介于 20 kHz~2 MHz,人耳听不到的声波。以往超声波只用于医疗诊断、清洗、探测等方面。目前,超声波在饮用水、工业污水污泥处理中具有很大的应用潜力。

1.中文关键词:超声波、污水

检索策略 1:超声波 and 污水   18 篇

检索策略 2:(超声波 or 声化学)and(污水 or 废水)   41 篇

不言而喻,检索策略 2 更好一些。

2.英文关键词

污水及废水:waste water 、wastewater 、sewage

处理:treatment 、disposal

超声波:Ultrasound 或 Ultrasonic wave

检索策略 3:

Ultrasonic wave AND wastewater treatment   4 篇

Ultrasound AND Wastewater disposal   0 篇

Ultrasound AND Wastewater treatment   51 篇

Ultrasound AND sewage treatment   2 篇

检索策略 4:

Ultras * AND [(wastewater or waste water or sewage) And (treat * or disposal)]   80 篇

显然,检索策略 4 更简捷而全面。

④少用或不用对课题检索意义不大的词。数据库建库所选用的"标识词"往往是以表达文献主题特征为准则,不用对课题检索意义不大的词。因此检索人员想与机器对话,首先要知道这个做法,在使用时尽可能保持检索语言与标引语言一致。

不用词义泛指过大的词,如:展望、趋势、现状、近况、动态;应用、作用、利用、用途、用法;开发、研究、影响、效率。少用词义延伸过大的词,若一定得用,必须将它们尽可能全地用"或"组合起来,以免漏检,如,"制造"——制备(Preparation)、生产(Manufacture)、合成(Synthesis)、加工、工艺;"提炼"——精炼、提取、回收、利用、萃取;"性能"——Property(Ies), Performance, Behavior。

⑤正确应用检索词词干加上通配符。在英文检索词中特别需要注意的是,一个检索词可有多种同义映射,既可上溯至它的母词,也可以衍生到它的派生词。如果该检索词有同一词干 A 和若干个不同后缀的词,但均能表达检索词的意思,则应该用词干再加上通配符 A * 或 A?(CA、SCI 和 EI 的通配符为" * "),这样就能比较全面地表达检索思想,而又不累赘。

但是如果由于词干加上通配符 A * 或 A?使得很多无关的结果误检了进来,则只能用"or"将每一个相关词网罗进去。

(5)查找和筛选文献线索

当经历了前面一系列检索得到结果时,通过阅读文摘,往往会发现检索结果并不尽如人意,或相关性较差,或检索结果太多或太少,这时需要如图 5-2 那样调整检索策略了。

如果是相关性较差,就要重新分析课题,找出隐含在课题题名后面的相关检索词,比较好的方法是,先从检索结果中选出你认为相关性高的几篇文献线索,得到它们的原文,然后研读,找出它们所表达的关键词,然后再用这些关键词去检索。

如果是检索结果太多,则需要细化检索,即缩小检索范围,采取的措施有:①提高检索词的专指度,选用下位词或专指性较强的自由词检索。②将检索词的检索范围限定在篇名、主题词、关键词字段,或进行出版时间、语种、文献类型等的限定;③用 NOT 算符排除无关的术语和词组;④把增加的概念用 AND 算符加入检索式中;⑤浏览部分中间检索结果,从检出的记录中选取新的检索词对中间结果进行限制。

如果是检索结果太少,则需要扩展检索范围,采取的措施有:①对已确定的检索词进行其同义词、同义的相关词、缩写和全称检索,保证文献的检全率,防止漏检;②利用系统的助检手段和功能,有的系统提供树形词表浏览,使我们可以用规范词、相关词、更广义的上位词进行扩展;③降低检索词的专指度,选用上位词或相关词检索;④选用在所有字段或文摘字段中检索;⑤去除文献类型、年份、文种等文献外表特征的限定;⑥删除检索策略中某一次要概念;⑦用 OR 算符把增加的同义词或相关词连接起来;⑧利用截词;⑨选择更合适的数据库进行查找。

对于比较满意的检索结果,就要尽可能得到原文,否则只阅读文摘,往往会望文生义,功亏一篑。在获取原文之前应搞清该信息的类型。一般来说,期刊的特征是有刊名、卷、期、起迄页码、出版年度和国际标准刊号 ISSN;专利的特征是国别代号、专利号、申请日期(Appl)特别是有 IPC 分类号的字样;会议记录的特征有 Proc.、Symp.、Conf.、Congr.等字样,另外还有会议的届次、年份、出版年份等;学位论文有 Diss.字样。

(6) 获取原始文献

检索的目的就是为了获取具有参考价值的原始文献,但一些本可以获取的原始文献,由于不熟悉其获取的方法和技巧而被放弃,这对科研是很大的损失。原始文献的获取可以分为直接获取、间接获取和向原文著者求助的方法。

直接获取比较简单,在全文数据库中如中国期刊网、维普、万方、Elsevier 电子期刊全文库(SDOS)、PQDD 博士论文全文库、Springer-Link 全文期刊、美国化学学会(ACS)数据库、中国专利、欧洲专利,均可以直接获得电子版的原始文献。

间接获取比较复杂,在此过程中有两个关键步骤:一是期刊名和会议名的缩略语转化为全名;二是查找出期刊的馆藏地点。

在原始文献的获取中,我们可以遵守"先电子后印刷""先近后远"的原则。"先电子后印刷",由于数字化出版物更新快、查询输出非常方便,所以成为广大研究者最为喜欢的获取方式,甚至是唯一的方式。在此,需要特别指出的是,由于现在的检索者习惯于电子资源的检索和获取,对印刷版的资料日渐淡忘,或者由于印刷版的原文索取比较麻烦就放弃了,事实上这是资源的极大浪费,就中文文献来说,电子版的文献最早是 1989 年的,因此,如果为了图省事,就完全有可能与重要的文献失之交臂。"先近后远",获取印刷版原始文献时,可以在网上先查所在单位的图书馆馆藏;如果没有,再在网上查本地其他大学或市图书馆的馆藏;再没有,可以利用联合目录数据库,到中国国家图书馆或国家科技图书文献中心等信息机构查询。

(7) 文献阅读与分析评价

得到了原文,就完成了图 5-2 所示(1)~(5)个步骤。现在,进入文献阅读阶段,这是文献检索中最重要的一步,也是文献检索的目的所在,只有通过阅读文献,才能知道目前该领域国内外研究的现状、存在的问题、解决的办法与原理以及还存在什么问题,进一步寻找研究的创新点,进一步调整与明确课题方向。

但阅读文献不仅是检索的终极目标,也是进一步检索的新起点、新平台,这是因为,通过阅读文献,可以从引用的参考文献中得到其他极有启发的文献,它们与课题的相关性往往比用一般检索词检索得到的相关性要大得多,而且有多篇是该领域的经典之作;通过阅读文献,可以得知此领域的领军人物、课题组及最重要的杂志,从而追踪他们的文献,一个检索者如果能从一般普通的检索词检索变为普通检索加跟踪权威和知名杂志的文章,这便是他文献检索上质的飞跃;通过阅读文献,知道该领域惯用的关键词表达式,再调整原来的检索策略重新检索。

但经常会发生的情况是,在阅读了大量原文后,研究者往往会发现:对于同一个问题,不同作者会有不同的实验结果、不同的解释、不同的结论,有时甚至有截然相反的观点;而当研究者严格按照文献叙述重复前人实验时,有时竟然发现有很大的出入。那么到底哪篇文章中的数据、结论更可信?哪个更值得你去参考?这就需要对文献进行分析与评价。

实际上,从众多文献中查找出与研究相关的信息,不仅是检索与搜集的过程,也是分析与评价的过程。在课题的进展中既要注重查阅文献,也要学会筛选文献,在接受一个信息之前,对其做出判断可以达到事半功倍的效果。对文献的分析与评价,可以有以下原则:

①一般来说,发表这篇文章的期刊的影响因子越高,其可信度越大;这篇文章被引用的次数越多,可信度越大。

②作者及所在课题组对该领域研究得越多、越深,可信度也越大;作者的知名度与其发表文章的数量和质量是密切相关的,知名度高的作者一般都是某学科的学术带头人,他的科研硕果累累,所以发表文章的数量多、质量高,其理论与实验的积淀是相当深厚的。因此该领域权威提出来的观点,更加需要关注。

③学术专著、手册、百科全书、辞典、教科书等科技图书上的原理、数据比较成熟,可信度比较大。如德国的《Beilstein有机化学大全》和《Gmelin无机化学大全》是全世界最令人信服的数据,它在编纂时,不是将各个研究者发表在各种杂志上的数据罗列在一起,而是这些数据需由相关机构重新验证,只有在两者数据一致的情况下,才能将其列入大全。

④由实验证据直接得到的结论比推测出来的结论更具有说服力。在众多文献中,我们也许会发现一些有争议的观点,难以取舍,这就要看观点的来源了。应该说,由实验证据直接得到的结论比推测出来的结论更具有说服力。如果这样还不能判断,就需要学会从分歧中发现问题:前人的结论可能是正确的,但论据不充分;结论可能是错误的,但研究过程或研究方法可能有启发;前人的争论焦点,可能是问题的关键所在,也可能只在表面现象上争吵不休,并未触及问题的实质;前人的理论依据及史料依据,可能是准确无误并十分丰富的,也可能是篡改文献,贫乏薄弱得不足以为据。

总之,通过对原始文献阅读、分析和评价,取其精华,去其糟粕,去伪存真,就可以让文献真正成为我们前进的垫脚石而不是绊脚石。

通过对原始文献阅读、分析和评价,往往检索思路会有所改变,甚至课题方向会有所调整,此时需要重新分析课题,走向新的循环。

【例5-7】 课题"气相火焰燃烧合成纳米材料及其机理研究"。

1.课题背景

纳米材料在化学物理性质、磁性光学性能及催化性能等方面与常规粒子相比有着明显的差异。目前制备纳米材料方法主要可分为固相法、液相法和气相法。

气相法又可分为气相冷凝法(PVD)、化学气相沉积法(CVD)、等离子体法、气相燃烧合成法等。其中气相燃烧合成是近几年发展起来的先进纳米颗粒材料的合成技术,根据燃烧区域的不同又可分为火焰反应器和热壁反应器。气相火焰燃烧法的反应是在火焰中进行的,对原料的要求不高,产物不需要经过高温煅烧,可以大大减少团聚,是一种值得研究开发的纳米粉体制备技术。

2.检索词

中英文检索词:气相(gas-phase);火焰(flame);燃烧(combustion);合成(synthesis);纳米材料(nano-material)。

根据原理,为了提高检全率,应尽可能将同义词、近义词、缩写和全称写全,或用词干加上通配符表示;少用或不用对课题检索意义不大的词如合成、制备等,如果不得不用,则尽可能将意思相近的词都加进去。

改进中英文检索词:气相(gas-phase);火焰(flame);燃烧(combust *);合成[合成(synthesi *,compos *),制备(preparat *),制造(manufactur *),生产(produc *)];纳米材料[纳米材料(nano-material *, nano material *),纳米颗粒(nanoparticle *,nano powder *),纳米(nano *)]。

3.检索过程

中文检索以《中国期刊网》为例,其检索过程如下:

检索策略 1:摘要＝"气相"and 摘要＝"火焰"and 摘要＝"燃烧"and 摘要＝"纳米材料",检索结果:1 篇。

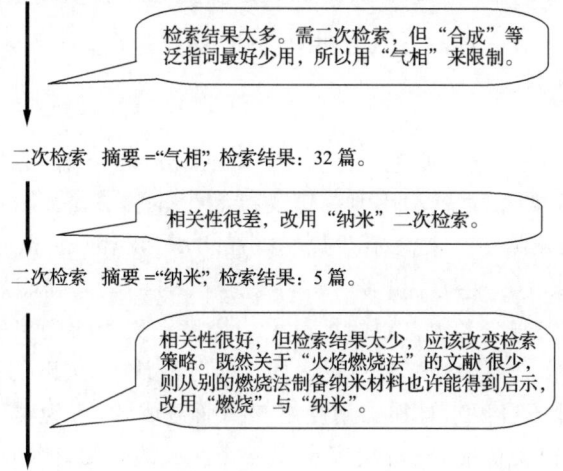

检索策略 2:摘要＝"火焰"and 摘要"燃烧",检索结果:1245 篇。

二次检索 摘要＝"气相",检索结果:32 篇。

二次检索 摘要＝"纳米",检索结果:5 篇。

检索策略 3:摘要＝"燃烧"and 篇名＝"纳米",检索结果:69 篇。

检索策略 4:作者＝"陈世柱"and 机构＝"中南工业大学",检索结果:11 篇。

> 发现文章的关键词有"雾化""氧化燃烧""气相合成""喷雾燃烧"等，可以尝试。

检索策略 5：摘要＝"雾化"or 摘要＝"喷雾"and 摘要＝"燃烧"and 摘要＝"纳米"，检索结果：11 篇。

4．文献阅读分析与评价

随着课题的逐渐深入，对于文献查阅越来越有目的性，刚开始查文献多数是为了更多地了解课题，但到后来多数是为了解决一些实验中遇到的实际问题，如本课题的实验中要求利用气相燃烧合成法在陶瓷膜衬底上涂一层膜，这其实是上述检索的再细化和深化。

经过检索，得到两篇比较有价值的文献，一篇是丹麦研究者 Thybo S 于 2004 年 4 月在《Journal of Catalysis》上发表的《Flame spray deposition of porous catalysts on surfaces and in microsystems》(简称文章 1)，另一篇是发表在内蒙古某大学学报上的《SnO_2 薄膜的喷涂法制备》(简称文章 2)，这两篇文章采用的涂膜方式十分类似，都是一种热喷涂的方法，其中都有关于衬底温度控制的论述，而两个作者却有两种完全不同的看法，前一篇的作者认为："衬底的温度高一些较好，喷涂前最好对衬底进行一下加热"，但后一篇作者却认为"衬底的温度低一些更利于提高喷涂效果"。那么到底衬底的温度是高好还是低好呢？

在这种情况下，我们就要用文章的被引次数(Time Cited)以及文章所发表的期刊影响因子来分析。文章 1 的被引次数为 1 次，由于检索这篇文章的时间与文章发表的时间仅相差半年，所以用引用次数还难以判断。《Journal of Catalysis》的影响因子为 3.276，在此领域应该还是比较高的，而内蒙古某大学学报目前还没有被 SCI 收录，因此我们更偏向于认可文章 1 中作者的观点。

5．课题方向的调整

该课题需要用气相燃烧法合成一种超导材料 YBaCuO，在 EI 中输入关键词"flame"and "YBaCuO" 结果查到了两篇文献。其中一篇文献《Aerosol processing of YBaCuO superconductors in a flame reactor》来源于杂志《Journal of Materials Research》，利用 Elsevier Science 可以得到原文。文献中介绍了用甲烷空气的扩散火焰能燃烧合成制备得到超导材料 YBaCuO，但当研究者用自制的扩散火焰烧嘴在文中所列出的实验条件下却合成不出 YBaCuO，这是什么原因呢？经过反复研读和分析认为，失败的最大可能性就是研究者所设计的烧嘴尺寸不合要求且加工精度不够高而造成的，因为对于这种气相燃烧合成而言，烧嘴的设计是很关键的，它直接决定了燃烧合成的效果。因此，此时该课题检索的重点就要转向"烧嘴设计"方面的相关资料了，而烧嘴的设计是一个相对成熟的技术，可以先检索手册、专著等三次文献。科研就是这么一步一步深入，文献检索的策略随之不断改变。

三、实验方案设计

在进行完文献检索、阅读评价后，在前人工作的基础上，需要结合研究项目的目的和要求制定出实验方案，实验方案是实验工作的指南。实验方案的主要内容有：

1.实验技术路线的选择

在进行实验技术路线的选择时要考虑以下几个原则：①原料价廉、易得；②有技术优势，比如工艺过程比较简单、操作条件比较温和、操作控制容易等；③得到的产品质量好、收率高；④有较大的经济效益；⑤有利于环保。

2.实验流程的设计

工艺技术路线确定之后，就需要对实验流程进行设计。在进行实验流程设计时，首先应画出流程示意图，简明地标出由原料到产品的过程中各种物质的流向和经历的加工步骤，从而了解每个操作单元或设备装置的功能以及相互间的关系、副产物和三废的产生及其处理方法等重要的工艺和工程信息，为实验方案的实施、设备的选型、流程的组织、安装、调试等提供依据。

3.实验内容的拟定

实验内容的拟定，首先要确定实验指标，然后分析影响实验指标的因素，找出这些影响因素与实验指标之间的关系。

实验指标，又称目标函数，是指达到实验目的而必须通过实验来获取的一些表征实验研究对象特征的参数。如在化工生产过程中的转化率、产品产量、质量、成本等。实验指标的确定必须紧紧围绕着实验目的来确定。实验目的不同，研究的着眼点不同，实验指标也不一样。比如，都是进行催化剂的实验研究，如果实验是侧重于评价催化剂的性能，则往往以催化剂活性、选择性和寿命这三项作为实验指标；如果实验的目的是测定催化剂的宏观物理性质，则实验指标就确定为催化剂颗粒直径及粒径分布、机械强度、比表面积和孔结构等。

实验因子，又称实验因素，是指那些可能对实验指标产生影响，可在实验中直接测定的一些独立变量（或参数）。如温度、压强、搅拌强度、原料组成、配比、流量等。

4.实验设计

实验内容的拟定及完成实验流程的设计与安装之后，即可着手具体的实验研究工作。首先，应根据确定的实验指标和实验因子，进行实验设计，以求用最少的实验次数，得到最佳的实验结果。实验设计一般可分为单因素实验设计、正交实验设计等。

5.实验操作步骤

从原料到开发产品要经过许多步骤才能完成，在实验研究方案中需要拟定出具体的实验操作步骤。例如，原料如何获取，原料是否需要预处理，物料以什么顺序或以什么方式加入反应器，用什么反应装置，产品如何收集，产品是否需要精制，反应过程中排出的"三废"的处理等，在实验方案中都要仔细地考虑和安排。

6.分析检测方法的确定

实验技术路线中涉及到的原料、中间品到产品都要求有可靠的分析检测方法。对检测方法的要求主要有设备简单、操作方便、准确度高、重现性好等。分析检测结果要能够为实验流程的优化提供依据。

四、实验条件准备

根据实验方案，选定实验和分析的仪器和设备，确定所需的试剂和试剂的规格及用量，购置、准备、调试好实验所需用品，以保证实验的顺利进行。

实验所用试剂最好选用纯试剂,如化学纯级。纯试剂杂质少,能本质地反映出反应条件和原料配比对产品收率的影响,为选择合适的催化剂、最佳反应条件和最佳配比提供可靠的依据,减少研制新产品的阻力。在用纯试剂研制新产品取得成功的基础上,可逐一改用工业原料。

五、实施实验方案

设计规划好实验方案后,进入实验室,完成设计中的各个实验。实验中,应该按操作规程,大胆而仔细地操作,认真观察现象、准确测量并读取数据、及时做好记录。对于实验中出现的各种现象要认真分析,及时处理。

实验记录应包括实验时间、地点、气温、大气压强、合作人员、过程与现象、数据、结论等内容。一个实验完成后,应对实验中获得的数据、现象及结果进行认真仔细地研究与分析,必要时及时对实验方案进行调整。全部实验完成后,应及时进行实验结果的处理,通过分析比较、归纳等,形成图表,作出结论,得出最佳(或相对较优)工艺条件或配方。如果得不到这样的结果,应该总结原因,及时调整方案,进行新一轮的实验工作。

上述工作均达到方案预设的目标后,可以结束实验。实验结束,要及时检查和清洗仪器,清点试剂、仪器和设备,处理好实验产品和副产物,打扫和整理工作场地。

六、实验数据处理

在专题实验中,每天都要对实验现象、数据进行处理,及时整理、分析和归纳,以作为后序实验的参考,并做出评价,以便及时调整实验进度和实验方案。实验结果表达可以采用文字或图表的形式。

实验数据表又分两类,一类为实验原始记录表,一类为实验结果表。实验原始记录表是将所有的实验数据,包括中间和最后的实验及计算结果记录于表格中。实验结果表是将实验过程中得出的结论,即变量之间的依从关系以表的形式列出,这就是列表法。将实验的因变量与自变量的依从关系以曲线图的形式表示出来,就是图形表示法。

七、科研报告和论文的撰写

实验报告或科研论文是毕业专题实验成果的表达形式。从课题本身看,成果的表达是实验者工作的全面总结和提高,是为了让别人了解自己的工作;从科研工作来看,是实验者科技创作的一次实践,对其未来的工作具有重要意义。

1.实验研究报告的撰写格式与特点

(1) 实验研究报告的撰写格式

①课题名称。

②实验者姓名及工作(学习)单位。

③实验研究目的。

④实验研究原理和方法。

⑤实验流程和设备。

⑥实验操作步骤、分析方法。

⑦实验情况记录,列出实验的原始数据及观察到的各种实验现象。

⑧实验数据处理,将原始数据进行计算和整理,得到实验结果。通常结果以表、图等

形式表示。

⑨实验研究结果的分析和讨论,根据实验现象的观察,结合有关理论和实践,对所得实验结果的可靠性、规律性等进行分析和讨论,阐明自己的观点和见解。

⑩参考文献,列出实验报告中引用的文献出处。

(2)撰写实验研究报告的特点

①纪实性。撰写实验研究报告实质上是对实验进行系统的、全面的记录和总结,因此纪实性很强,对实验流程、设备、操作步骤、分析方法、实验内容等均要作详细的叙述。

②客观、真实性。撰写实验研究报告不要求理论上做出许多分析和论述,但要求客观、真实地反映实验结果和问题,列出的数据多为原始数据,对观察到的实验现象记录得比较详细。

③整理好实验数据是关键。一项实验研究会做出许多实验数据,如何将实验数据整理归纳出有规律、有意义的结果,并用适当的方式(如图、表等)表达出来,是撰写好一篇实验研究报告的关键所在。

2.科技论文的撰写格式和内容

科技论文和科技报告常常因学科、研究项目、研究过程与研究结果等不同而采用多种结构格式。下面介绍最常见的科技论文的结构格式:

(1)标题

标题就是论文的题目。它应当是文章内容的高度概括,是文章内容的"窗口",是读者寻觅有用资料的向导,同时也是图书、资料管理人员进行分类时的重要依据。为此,标题应具备准确性、简洁性和鲜明性,其字数不宜超过 20 个汉字,如果有些细节必须放进标题,可以分成主标题和副标题。

(2)作者姓名、工作(学习)单位、邮编号码

(3)摘要

摘要是对论文的内容准确概括而不加注释或评论的简短陈述,应反映论文的主要信息。摘要包括研究目的、研究方法、研究成果和结论。摘要应具有独立性和完整性。摘要一般不含图表、化学结构式和非公用的符号或者术语,若采用非标准的术语、缩写词和符号等,均应在第一次出现时给予说明。中文摘要一般不少于 300 个汉字。

(4)关键词

在摘要之后写的关键词一定要能反映文章的特点,是文章中最精粹的词和术语。以便图书资料人员进行文章分类或方便读者查询。一篇文章一般要求 3~5 个关键词。

(5)前言

前言,又名引言、绪论等,是科技论文和科技报告的"帽子"。它的作用是引出所论问题的来龙去脉,回答为什么要写这篇论文,向读者解释论文的主题、目的、背景及意义。

前言中应包括以下主要内容:

①说明论文的主题、目的、性质和范围。

②说明研究论文的背景,即指明该项研究前人或近年来已经做了哪些工作,现在进展到何种程度,以及还有哪些问题尚待解决;对有关文献进行评述,使读者了解该项研究在所属领域中所处的位置和重要程度,目的是回答为什么要开展这项研究,使读者可以据此

判断是否有必要阅读此文。

③概述研究所采用的实验方法或实验途径，只需写出实验方法或途径的名称，不用展开论述。

④主要研究结果及成果的意义，即对研究进行自我评价。这要求措辞恰当，实事求是，既不要过分谦虚，也不要夸大其词。在前言中太谦虚是写作上的错误。

前言的篇幅因文章的性质而异，一般学位论文的前言较长，有的可近万字，而在杂志上发表的科技论文，其前言都比较短，一万字的文章只需 300~500 字即可。总之，前言要求简明扼要，条理清楚，容易理解。

(6) 正文

正文是科技论文的主体和核心部分，需要花力气去组织撰写，做到既准确又鲜明生动，观点与材料需有机统一起来，逻辑性强。

正文的撰写与文章的内容有关，没有固定的形式，以实验研究为主的科技报告和科技论文，其正文一般包括以下内容：

①说明实验所用原材料，包括实验材料的来源、数量、技术要求。若实验原材料需经过处理才能使用时，需说明处理的方法及处理过程，必要时还需列出材料的化学组成和物理性质。

②实验所用设备、仪器和装置等。如果是通用设备，只需说明规格型号即可。如果是自制设备，则需要给出实验装置图，并详细说明测试、计量所用仪器的精度。

③实验方法及过程。若是采用他人的方法，只需写出方法的名称，并在右上角标出参考文献的序号，以备读者查阅。如果是自己设计的新方法或新流程，应作比较详细的介绍，但亦要突出重点，写出主要操作步骤即可。

叙述实验过程时，通常采用研究工作的逻辑顺序，而不采用自己实验时间先后顺序。如果实验由一系列实验组成，那么每项实验都将编排序号，逐项都要有"材料说明""实验过程的说明"等内容，且都需按要求逐一说明。

在叙述实验材料、实验设备、实验仪器及实验方法时，其详略程度应以读者能再现实验，得出与文中结果相符为准。如果是公开发表的文章，凡属于专利及保密方面的内容应该删去，或使用代号等方式表示。

④实验结果与分析。这部分内容是论文的关键，一是要本着实事求是、严肃的科学态度来写，要注意划清事实与推理的界限；二是要将作者本人的工作结果和观点与他人的工作结果与观点严格区分开来。

实验结果包括实验中测得的数据和观察到的现象。但应该是其中经过整理和加工，最能反映事物本质的数据或现象，并制成图、表或拍成照片。分析是指从理论上或从机理方面对实验所取得的结果进行剖析或解释，阐明自己的新发现或新见解。在实验结果与分析中还要说明结果的可信度、再现性、误差以及与理论或解析结果的比较、经验公式的建立、指出尚存在的问题及今后发展的可能性等。

实验结果与讨论通常要逐项探讨，合起来写。内容较多时，也可分开写，自成一节。在理论性和解析性文章中，这部分内容主要是论证。

(7) 结论和建议

结论,又名总结或结束语,是研究结果的逻辑发展,是整篇文章的归宿,是研究过程的结晶,也是读者最关心的部分。结论必须完整、准确和鲜明。

写结论时应注意以下几个要点:

①抓住本质,揭示事物发展的客观规律和内在联系,结论不是研究结果与分析的重复,而是在研究结果与分析的基础上,经过概念、判断、推理的过程而形成的总观点。

②突出重点,观点分明。

③大胆而严肃地评价研究成果的理论意义和应用价值,但措辞要恰当,不要任意夸大。

④文字要精炼、准确,不要使用"大概""可能""大约""差不多"等模棱两可的词语。

⑤没有确实的结论或建议时,不要勉强杜撰凑合,但也切不要漏过任何一条真正的结论,若得不出明确的结论时,要指明有待进一步探讨。

(8) 参考文献

参考文献是论文不可缺少的组成部分,它反映论文中有关内容的科学依据和作者尊重他人研究成果的严肃态度,同时向读者提供有关信息的出处。参考文献列出的只限于那些与论文有关的、作者阅读过的、最主要的并且在公开出版物上发表的文献或网上下载的资料,而对于私人通信信件和未发表的著作,不宜作为参考文献列出。

(9) 致谢

通常在论文结束之前,对在研究过程及文章撰写过程中曾给予资助、指导、支持和帮助的人或部门致以谢意。要求措辞诚挚、谦虚有礼。

(10) 附录

附录是论文正文的补充项目。有些材料编入正文会有损编排的条理性和逻辑性,但对正文内容又是非常重要的补充,为了整篇论文的完整性,这些材料可以作为附录编排于参考文献之后。

放入附录的内容主要有:详细数据、数学推导、实例、证明、照片、辅助表格及图片,推荐的附属读物及其他与主要内容密切相关的资料等。总之,凡是放在正文中显得臃肿、累赘而舍去又不利于深入理解论文内容的部分以及必要的说明性资料等,均可放入附录中。

附录的序号用 A、B、C 等表示,如附录 A、附录 B。附录中的公式、图和表的编号分别用图 A1、图 A2、表 A1、表 A2 等表示。

第二节　实验设计方法

在我们进行化学研究和化学产品开发时,经常要通过实验与观测来寻找研究对象的变化规律,通过对规律的研究来达到各种目的,如怎样选取最合适的配方、配比;寻找最好的操作和工艺条件;找出产品的最合理的设计参数,使产品的质量最好,产量最多,或在一定条件下使成本最低,消耗原料最少,生产周期最短等。通过科学的实验设计,能够用较少的实验次数达到预期的实验目的,大大节省人力和物力的消耗,随之合理地分析和处理伴随实验过程所产生的大量数据,才能获得研究对象的变化规律,达到科研和生产的目的。

一、单因素优选法

单因素优选法主要用于只有一个因素影响结果的实验。根据其数学原理的不同,它们又可分为对分法、黄金分割法和分数实验法等若干种方法。这些不同的方法可根据不同的问题和情况进行选择。

1. 对分法

对分法的思路是:每次实验都安排在实验范围的中点进行。即:实验点=1/2(上限+下限)。因此,又称取中法、平分法。对分法的应用步骤是:

(1) 取试验范围(a,b)的中点$C_1=1/2(a+b)$作为实验点,进行第一次实验。

(2) 对第一次实验的结果进行评判,如果实验点取值偏高,则去掉中点以上的一半,如果实验点取值偏低,则去掉中点以下的一半。

(3) 在留下的区间内,取新的中点C_2,进行第二次实验,对实验结果进行评判,重复上述步骤,直到实验结果达到满意。

这种方法的优点是每做一次实验便可以去掉一半,且取点方便,适用于预先已经了解所考察因素对指标的影响规律,能够从一个实验的结果直接分析出该因素的值是取大了还是取小了的情况。例如,确定消毒时加氯量的实验,可以采用对分法。

2. 优选法

在单因素实验中,若只需找出因素x的最适宜值,使实验指标最好,则采用优选法。数学上,就是求极值的问题。

(1) 0.618法

将第一、二个实验点安排在实验范围内的 0.618 和 0.382 位置上,使两个实验点的间距之比为 0.382/0.618=0.618,以后新加的实验点的间距与保留点的间距之比仍维持在上述比例,此法称为 0.618 法,也叫黄金分割法。

0.618 法的做法是:设实验点范围为(a,b)。

①第一个实验点安排在(a,b)的 0.618 位置上,即:
$$x_1 = 左端点值 + 0.618(右端点值 - 左端点值)$$

②第二个实验点安排在第一个实验点的对称点上,即:
$$x_2 = 左端点值 + 0.382(右端点值 - 左端点值)$$

③比较$f(x)$值,缩小实验范围:

若$f(x_1) > f(x_2)$,去掉实验范围(x_2,b);

若$f(x_1) < f(x_2)$,去掉实验范围(x_1,b);

……

直到$x_n - x_{n-1} = e$ 或 $f(x_n) = f(x_{n-1})$。

注意:实验范围的左、右端点数值随实验范围的缩小而变化。

【例 5-8】 有两种物质 A 和 B,反应生成一种良好的低凝润滑剂,用 0.618 法找出最佳配比。

解:设 A 物质的浓度在 0~100% 范围内变化,实验结果是润滑油的凝固温度。实验布点设计如图 5-3 所示。

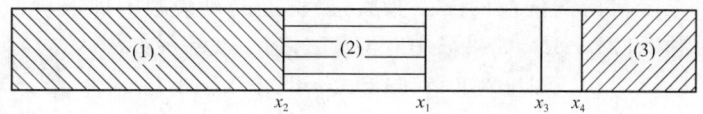

图 5-3 实验布点设计图

第一个实验点 x_1 为 61.8% 的 A，反应生成的润滑油降凝剂使润滑油的凝固点为 -38 ℃。

x_1 的对称点 x_2 为 38.2% 的 A，制得的润滑油降凝剂使润滑油的凝固点为 -28 ℃。

比较两次实验结果，第一个实验点优于第二个实验点，因此去掉 A 为 (0, 38.2%) 的范围，在 (38.2%, 100%) 范围内寻找 x_1 的对称点 x_3，再比较实验结果，如此反复寻找最优配比，实验结果见表 5-1。

表 5-1　　　　　　　　　　　　配方比较表

实验点	A 物质的浓度/%	润滑油的凝固点/℃	结果比较
x_1	61.8	-38	比 x_2 好
x_2	38.2	-28	比 x_1 差
x_3	76.4	-60	比 x_1 好
x_4	85.4	-36	比 x_3 差
x_5	70.8	-62	比 x_3 好
x_6	67.4	-62	与 x_5 一样

由表 5-1 可见，最佳配方为 70.8% 的 A 物质和 29.2% 的 B 物质，或 67.4% 的 A 物质和 32.6% 的 B 物质，它们加入后使润滑剂凝固点降到 -62 ℃。

(2) 分数法

当实验点只能安排在一些离散的点上（如机床的转速有若干档）时，可采用分数法近似代替 0.618 法。

分数法也适合单峰函数的方法，它和 0.618 法的不同之处在于要求预先给出实验总数或者是已经知道实验范围和精确度，这时实验总数就可以算出来。在这种情况下，用分数法比用 0.618 法更方便。

首先介绍一下费波那契 (Fibonacci) 数列：设 $F_0 = 1, F_1 = 1, F_{n+2} = F_n + F_{n+1} (n \geqslant 0)$，可得到数列 $\{F_n\}$：1, 1, 2, 3, 5, 8, 13, 21, 34, 55, 89, 144, ……，此数列称为费波那契奇数列。再设 $\{G_n\} = \dfrac{F_n}{F_{n+1}} (n = 1, 2, 3, \cdots)$，则可得到一个新的数列 $\{G_n\}$：$\dfrac{1}{2}, \dfrac{2}{3}, \dfrac{3}{5}, \dfrac{5}{8}, \dfrac{8}{13}, \dfrac{13}{21}, \dfrac{21}{34}, \dfrac{34}{55}, \cdots$，当 $n \to \infty$ 时，$G_n \to 0.618$，因此数列 $\{G_n\}$ 中任何一个分数都可作为 0.618 的近似数。

分数法的一般步骤是：

①根据实验范围确定实验次数，如果实验范围有 K 个等级，则从数列 $\{G_n\}$ 中找出不小于 K 的最小分母对应的 G_n，则实验次数等于 n；

②第一个实验点取在 G_n 的分子上；

③以后按 0.618 法找对称点，继续做实验。

【例 5-9】 某金属的酸洗液的配方实验,要优选的是硫酸的加入量。由过去的经验已知,优选范围是 0~21 mL。如果采用 0.618 法,第 1 次硫酸的加入量应为

$$(21-0)\times 0.618+0=12.978\text{(mL)}$$

但是,进行实验的量杯只能准确到 1 mL,而且实际上硫酸的加入量须改变 1 mL 以上才会引起较明显的变化,因此可以采用分数法来解决问题。

首先按实验要求和可能做到的精确度(此例中为 1 mL)将实验范围(此例中为 0~21 mL)分成 21 等份,则 $K=21$。

对照数列可发现,21 恰好是上述分数列第 6 项的分母,这就表明实验总次数最多只有 6 次。把这个分数的分子 13 取作第一个实验点,即第一次加入硫酸 13 mL,如图 5-4 所示。

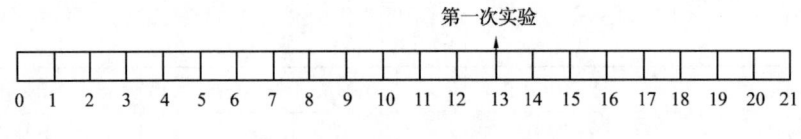

图 5-4 第一次实验

第二次实验仍用 0.618 法中的对折方法,取得对称点为 8,即第二次实验加入 8 mL 硫酸,如图 5-5 所示。

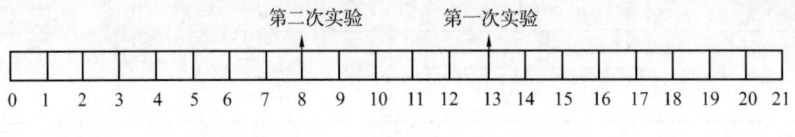

图 5-5 第二次实验

将两次实验的结果进行比较后,剪去一段,再对折纸条决定下一个实验点。这样经过 6 次实验就一定能找出最佳点来。

二、正交实验设计

在实际生产中遇到的问题一般都比较复杂,包含多种因素,而每个因素又有不同状态交织在一起,为了找出合适的生产条件,就要对每个因素的不同状态进行实验,这就是多因素问题。

正交实验设计是一种安排多因素实验的科学方法,它根据正交配置的原则,从各因子各水平的可行域空间中选择最有代表性的搭配来组织实验,综合考虑各因素的影响。

正交实验设计主要解决多因素实验中的以下三个问题:①确定因素对指标的影响顺序;②确定每个因素的最佳水平;③确定因素水平的最佳搭配。

正交实验设计是利用正交表来安排实验,计算和分析实验结果。

1.正交实验设计的基本概念

(1)指标

每进行一次实验时,首先要明确实验的目的或目标是什么,用什么指标来衡量实验的效果。如棉花的产量以亩产量表示,棉花的品质则以棉毛纤维长度、手感和颜色等指标来考核。像这种用来衡量实验效果的一个特征量就称为指标。

指标分为两大类:一类是定量指标——直接用数量表示的指标,如产量、时间、强度、长度等;另一类是定性指标——不能直接用数量表示,只能凭感觉器官来评定的指标,如

纤维的手感、颜色以及食品的口感等。在正交实验设计中，为了便于对实验结果进行分析，常用评分法将定性指标量化，将其转变为定量指标。因此，以后对这两类指标不加以区别。

按考核指标的个数，实验可分为单指标实验和多指标实验。当考核实验的结果只有一个指标时，就是单指标实验，这时指标就是目标。当考核实验的结果有多个指标时，就是多指标实验，目标由这几种指标共同组成。例如，对洗衣粉的配方进行实验时，它的实验目标就有两项指标，一是洗涤效果，二是生产成本。这样，最终的实验结果就应当由这两项指标的综合评价结果来决定。

(2)因素

因素也称为因子，它是指直接影响实验结果的需要进行考察的不同原因或成分。如，在提高化工产品转化率的实验中可以发现，反应温度、反应时间、投料量、搅拌速度、原料品质等都对实验指标产生影响，因此，它们都可以列为考察的因素。

在实验中可以人为调节和控制的因素称为可控因素；由于自然原因、技术和设备条件限制，不能人为调节和控制的因素称为不可控因素。正交实验设计中只对可控因素进行考察，因此今后提到的因素统指为可控因素。

由于正交实验设计是专为多因素优选而设计的实验方法，所以应该充分利用它在不增加实验次数的前提下，能够考虑多个因素的特点。除了事先可以完全肯定作用很小的因素不加考察外，其他因素应尽可能排到正交表中去进行考察，从而增加出现好结果的机会。

(3)位级

需要考察的因素在实验中人为地规定了若干种不同的状态或水平，以观察它们对实验指标的影响。因素变化的各种状态或水平就称为因素的位级，国内有一些教材中也将位级称为水平。如，反应温度取 30 ℃、40 ℃、50 ℃，则它就是一个 3 位级的因素；投料量取 50 g、60 g、70 g、80 g、90 g，则它就是一个 5 位级的因素；催化剂的种类分别用盐酸、硫酸、硝酸、磷酸，则它就是一个 4 位级的因素。

在正交实验设计中合理地确定位级是十分重要的，它可以在有限次的实验中获得尽可能好的结果。那么，在实验前应当如何确定位级呢？通常是这样考虑的：如果已经有了一定的经验，掌握了部分文献和资料，就可以在小范围内选取和确定位级。如果一点经验也没有，又缺乏文献资料做参考时，位级的范围应尽量取得大一些，以避免遗漏实验中的优越条件。

因素的选取和位级的确定不只是用数学方法就能解决的，它需要实验者根据实际情况、专业知识、情报资料、生产经验及判断能力等来确定。

在正交实验设计中，因素一般用大写英文字母 A、B、C、D、⋯ 来表示；位级用阿拉伯数字 1、2、3、4、⋯ 来表示。如，A_1 表示 A 因素的 1 位级；B_2 表示 B 因素的 2 位级等。

2.正交表

(1)正交表的格式

在正交实验设计中，常把正交表写成表格的形式，并在水平数左旁写上行号(实验号，即处理号)，在其右上方写上列号(因素号)。为使用方便和便于记忆，正交表的名称一般简记为：

$$L_n(m_1 \times m_2 \times \cdots \times m_k)$$

其中,L 为正交表代号,n 代表正交表的行数或实验处理组合数,即利用该正交表安排实验时,应实施的实验处理组合数;$m_1 \times m_2 \times \cdots \times m_k$ 表示正交表共有 k 列(最多可安排的因素数),每列的水平数分别为 $m_1, m_2, \cdots, m_k$。任何一个名为 $L_n(m_1 \times m_2 \times \cdots \times m_k)$ 的正交表都有一个对应的表格,用于安排实验方案和分析实验结果。

(2)正交表的类型

正交表是一种特殊的表格,它是正交实验设计中安排实验和分析测试结果的基本工具,可分为两种表格,即等水平正交表和混合水平正交表。

①等水平正交表

在 $L_n(m_1 \times m_2 \times \cdots \times m_k)$ 中,若 $m_1 = m_2 = \cdots = m_k$,则称为等水平正交表,简记作 $L_n(m^k)$,其中 L 为正交表代号,n 为正交表横行数(需要做的实验次数),m 为位级数,k 为正交表纵列数(能安排的最多因素数)。例如:

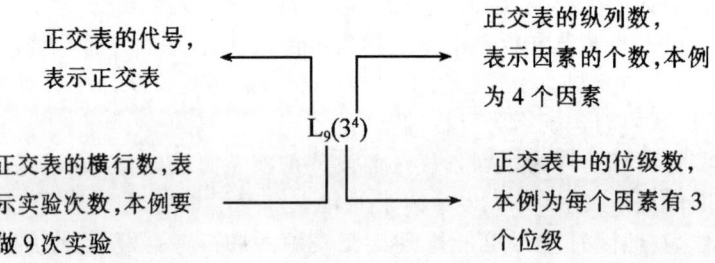

常用的等水平正交表如下:

2 水平正交表:$L_4(2^3), L_8(2^7), L_{16}(2^{15}), \cdots$

3 水平正交表:$L_9(3^4), L_{27}(3^{13}), L_{81}(3^{41}), \cdots$

4 水平正交表:$L_{16}(4^5), L_{64}(4^{21}), \cdots$

5 水平正交表:$L_{25}(5^6), L_{125}(5^{31}), \cdots$

正交表 $L_9(3^4)$ 见表 5-2。

表 5-2　　　　　　　　　　正交表 $L_9(3^4)$

实验号	列 号			
	1	2	3	4
1	1	1	1	1
2	1	2	2	2
3	1	3	3	3
4	2	1	2	3
5	2	2	3	1
6	2	3	1	2
7	3	1	3	2
8	3	2	1	3
9	3	3	2	1

表 5-2 中,$L_9(3^4)$ 表示 4 因素 3 水平实验,按照正交表设计实验次数为 9 次,如果进行全面实验至少要做 64 次,可见正交设计大大减少了实验次数。

②混合水平正交表

在 $L_n(m_1 \times m_2 \times \cdots \times m_k)$ 中,若 $m_1,m_2,\cdots,m_k$ 不完全相等,则称为混合水平正交表。其中最常用的是 $L_n(m_1^{k_1} \times m_2^{k_2})$ 型混合水平正交表。其中 $m_1^{k_1}$ 表示,水平数为 m_1 的有 k_1 列;$m_2^{k_2}$ 表示,水平数为 m_2 的有 k_2 列。用这类正交表安排实验时,水平数为 m_1 的因素最多可安排 k_1 个,水平数为 m_2 的因素最多可安排 k_2 个。

科学实践中,由于实验条件所限,某因素不能多取水平;有时需要重点考察的因素可多取水平,而其他因素水平数可适当减少。混合正交表正是用来设计该类实验的,即各因素的水平数不完全相同的正交表。表 5-3 是一张混合水平正交表,此表最多可安排 4 水平的因素 1 个和 2 水平的因素 4 个。常用的混合水平正交表有:$L_8(4^1 \times 2^4)$,$L_{16}(4^1 \times 2^{12})$,$L_{16}(4^1 \times 2^9)$,$L_{16}(4^4 \times 2^3)$。

表 5-3　　　　　　　正交表 $L(4^1 \times 2^4)$

实验号	列号			
	1	2	3	4
1	1	1	1	1
2	1	2	2	2
3	2	1	1	2
4	2	2	2	1
5	3	1	2	2
6	3	2	1	2
7	4	1	2	2
8	4	2	1	1

(3) 正交表的基本性质

①正交性。正交表的正交性主要表现在:任一列中各元素(水平)出现次数相等;任何两列的同行元素构成的元素对为一个"完全对",且每种元素对出现次数相同。

②代表性。由于正交表的任一列的不同水平都会出现,实验中包含了所有因素的所有水平,同时,由于正交表的任何两列的所有水平都出现,且相互配合,使得对任意两个因素的所有水平信息及任两个因素间的组合信息无一遗漏。因此,尽管用正交表安排的是部分实验方案,但却能了解到全面实验的情况,从这个意义来说,正交实验可以代表全面实验。由于正交表的正交性,正交实验的实验点(处理组合)必然均衡地分布在全面实验之中,因而具有很强的代表性。所以,由部分实验寻找的最优条件与全面实验所寻找的最优条件,应该有一致的趋势。

③综合可比性。由于正交表的正交性,使得任意因素的不同水平具有相同的实验条件,这就保证了在每列因素的各个水平的效应中,最大限度地排除了其他因素的干扰,从而可以综合比较该因素不同水平对实验指标值的影响,把这种特性称为综合可比性。

不可否认正交实验作为部分实施实验,相对于全面实施实验来说,具有减少处理组合数、缩小实验规模、提高实验效率的优点。但是,正交设计也有其不足的一面,如果设计不当,会出现某些因素效应与其他因素的交互效应相混杂的问题。解决该问题的方法是在正交实验设计中通过巧妙的表头设计而达到避免重要因素的效应与重要的交互效应相互混杂的目的。

正交实验设计的基本步骤如图 5-6 所示。

图 5-6 正交实验设计的基本步骤

3.正交实验和极差分析

在正交实验设计中,为了分清影响因素的主次,选择各因素的最优水平,需对实验结果进行极差分析和方差分析。

下面以表 5-4 为例讨论正交实验结果的极差分析方法。

表 5-4 正交实验极差分析

实验号	列号水平			实验指标 y_i
	1	2	3	
1	1	1	1	y_1
2	1	2	2	y_2
3	2	1	2	y_3
4	2	2	1	y_4
$\sum(1)$	y_1+y_2	y_1+y_3	y_1+y_4	
$\sum(2)$	y_3+y_4	y_2+y_4	y_2+y_3	
k_i	2	2	2	
$\sum(1)/k_j = K_1$	$(y_1+y_2)/k_1$	$(y_1+y_3)/k_2$	$(y_1+y_4)/k_3$	
$\sum(2)/k_j = K_2$	$(y_3+y_4)/k_1$	$(y_2+y_4)/k_2$	$(y_2+y_3)/k_3$	
R	max{K}−min{K}	max{K}−min{K}	max{K}−min{K}	

表中,$\sum(1)$ 为第 j 列"1"水平所对应的实验指标的数值之和;$\sum(2)$ 为第 j 列"2"水平所对应的实验指标的数值之和;k_j 为同一水平出现的次数,等于实验的次数除以每列的水平数;K_1 为第 j 列"1"水平所对应的实验指标的平均值;K_2 为第 j 列"2"水平所对应的实验指标的数值之和;R 为第 j 列的极差,等于第 j 列各水平对应的实验指标平均值中的最大值减去最小值。

通过极差分析法,可以得到以下几个结论:

(1) 可以判断各因素对指标的影响顺序。极差 R_j 值反映了因素对指标影响的大小,R_j 愈大,表示该因素对指标的影响愈大,反之,则愈小。

(2) 可以得到适宜的因素水平搭配。k_j 反映了因素的某水平对指标产生效应的大小,若将同一因素不同水平效应的值逐一进行比较,就能找出该因素的最优水平。

(3) 获得最优水平搭配。

(4) 实验指标随各因素的变化趋势。

【例5-10】 煅烧某种矿石，要求分解效果好。已知影响矿石分解的因素有分解温度、保温时间、出炉温度。试找出分解率最高时的生产条件。

根据正交实验安排的原则，制订实验计划：

①确定矿石分解率为考查指标。

②选择因素和水平，见表5-5。

③选用 $L_4(2^3)$ 正交表。

④将因素、水平安排在正交表上，按每个实验编号对应的因素水平值进行实验，将实验结果写在正交表中，见表5-6。

表5-5　　　　　　　　　　因素和水平表

因素	分解温度/℃	保温时间/h	出炉温度/℃
水平	800	6	400
	820	8	500

表5-6　　　　　　　　　　实验结果极差分析

试验号	因素水平			实验指标
	分解温度/℃ A	保温时间/h B	出炉温度/℃ C	分解率/%
1	1(800)	1(6)	1(400)	90
2	1(800)	2(8)	2(500)	85
3	2(820)	1(6)	2(500)	45
4	2(820)	2(8)	1(400)	70
$\sum(1)$	175	135	160	
$\sum(2)$	115	155	130	
$\sum(1)/2=K_1$	87.5	67.5	80	
$\sum(2)/2=K_2$	57.5	77.5	65	
极差 R	30	10	15	
最优水平	A_1	B_2	C_1	
因素影响顺序		A>C>B		

⑤通过极差分析可以看出，各因素对分解率的影响顺序为分解温度最大，出炉温度次之，保温时间最小。

各因素的最优水平：A以1水平为最好，B以2水平最好，C以1水平最好，于是找出的最优实验条件：分解温度800 ℃，保温时间8 h，出炉温度400 ℃。

⑥通过实验验证最优条件。若该条件下的指标是最好的，即可确定为该实验的最优条件。若实验结果不及正交表中的指标，说明因数间可能存在交互作用，还需进一步研究。

【例5-11】 在研制铁红时，要求产品中铅Pb含量最低，已知铁红的制备条件中，液固比 l/s、浸出时间 τ、浸出温度 t 等对铁红中铅Pb含量有影响，试找出铅Pb含量最低时的最优生产条件。

①该例的实验目的是找出含铅Pb含量最低时的生产条件，即实验考察指标是铅Pb含量。

②影响铅Pb含量的因素有液固比 l/s、浸出时间 τ(min)、浸出温度 t(℃)。

各因素的考察范围是：l/s　　　6～10

　　　　　　　　　　　τ(min)　　30～60

　　　　　　　　　　　t(℃)　　　30～90

设每个因素取 3 个水平，各因素所取的水平值见表 5-7。注意：各因素水平不按大小顺序编码，可以随机化，以避免高水平的（或低水平的）都碰在一起。

表 5-7　　　　　　　　　　　　　　因素和水平表

因素	l/s(A)	τ(C)	t(B)
水平	10	45	30
	8	30	60
	6	60	90

③根据水平数和因素个数选用正交表 $L_9(3^4)$，将实验安排写在正交表上，见表 5-8。设每个编号实验做两次，其实验结果见表 5-9。

表 5-8　　　　　　　　用 $L_9(3^4)$ 表安排三因素三水平实验方案

实验号	因素水平				实验号	因素水平			
	1(l/s)	2(t)	3(τ)	4		1(l/s)	2(t)	3(τ)	4
1	1(10)	1(30)	1(45)	1	6	2(8)	3(90)	1(45)	2
2	1(10)	2(60)	2(30)	2	7	3(6)	1(30)	3(60)	2
3	1(10)	3(90)	3(60)	3	8	3(6)	2(60)	1(45)	3
4	2(8)	1(30)	2(30)	3	9	3(6)	3(90)	2(30)	1
5	2(8)	2(60)	3(60)	1					

注：第 4 列没有安排因素，可以划掉。

表 5-9　　　　　　　　　　　铁红实验结果极差分析

实验号	研制铁红的实验条件			实验结果铁红含 Pb 量/%		
	A(l/s)	B(t/℃)	C(τ/min)	第 1 次	第 2 次	共　计
1	A_1(10)	B_1(30)	C_1(45)	0.75	0.68	1.43
2	A_1(10)	B_2(60)	C_2(30)	0.50	1.07	1.57
3	A_1(10)	B_3(90)	C_3(60)	0.98	0.56	1.54
4	A_2(8)	B_1(30)	C_2(30)	0.77	0.72	1.49
5	A_2(8)	B_2(60)	C_3(60)	0.53	0.56	1.09
6	A_2(8)	B_3(90)	C_1(45)	0.61	1.22	1.83
7	A_3(6)	B_1(30)	C_3(60)	2.53	1.55	4.08
8	A_3(6)	B_2(60)	C_1(45)	1.21	1.15	2.36
9	A_3(6)	B_3(90)	C_2(30)	1.15	1.28	2.43
$\sum$(1)	4.54	7.00	5.62			
$\sum$(2)	4.41	5.02	5.49			
$\sum$(3)	8.87	5.80	6.71			
$\sum$(1)/6 = K_1	0.76	1.17	0.94			
$\sum$(2)/6 = K_2	0.74	0.84	0.92			
$\sum$(3)/6 = K_3	1.48	0.97	1.12			
极差 R	0.74	0.33	0.20			
最优水平	A_3	B_1	C_3			
因素影响顺序	A>B>C					

④由表 5-9 分析可知，A(l/s)的影响大于 B(t)，B(t)的影响大于 C(τ)。A 以 3 水平为最好，B 以 1 水平最好，C 也以 3 水平为好，于是找出的最优条件：$l/s=6$，$\tau=45$ min，$t=90$ ℃。

⑤在此条件下，实验结果是否一定最好？几个条件间是否有交互作用？因此在此条件下进行验证实验，实验结果显示制得的铁红含 Pb 量在 0.3% 以下，实验结果最好。

实际工作中常遇到多指标的极差分析，即每个实验结果同时有几个指标都要进行极差分析。例如，指标 x、y、z 都受因素 a、b、c 的影响，即：

$$x=f(a,b,c), y=\varphi(a,b,c), z=G(a,b,c)$$

对这类问题，在进行极差分析时可采用以下两种方法：一种方法是将各指标独立进行计算分析，各因素的最优条件先按各指标独立进行分析确定，再以该实验的最主要（或最重要）的指标为基础，按指标的重要顺序综合考虑，求大同存小异地综合出最优条件；另一种方法是先将几个指标综合成一个综合指标 u，$u=\varphi(x,y,z)$，每次实验结果按综合指标进行处理分析，求出使综合指标达到最佳值的最优条件。

4.有交互作用的正交实验

(1)交互作用

在一个实验中，不仅各个因素起作用，而且因素之间有时会联合起来起作用，相互促进，这种作用就叫作交互作用。

例如，在合成橡胶生产中，催化剂用量和聚合反应温度对转化率的影响都很大，四次实验结果见表 5-10。

表 5-10　　催化剂用量和聚合反应温度对转化率的影响　　单位：%

催化剂用量/mL	聚合温度	
	30 ℃	50 ℃
2	87.6	75.5
4	84.8	96.2

对于这种情况，我们无法确定催化剂用 4 mL 比 2 mL 好，或是聚合温度 50 ℃ 比 30 ℃ 好。因为当催化剂用量为 4 mL 时，50 ℃ 确实比 30 ℃ 好，转化率高(11.4%)；然而当催化剂用量为 2 mL 时，50 ℃ 又比 30 ℃ 差，转化率低(12.1%)。同样，当温度为 30 ℃ 时，2 mL 比 4 mL 好，而温度为 50 ℃ 时，2 mL 又比 4 mL 差。由此可见，温度与催化剂用量如何搭配得好是主要的。

(2)有交互作用的正交表表头设计

因为交互作用是由基本因素派生的，所以当因素间有交互作用时，因素不能在正交表上任意安排，必须考虑交互作用列，即把交互作用看成一个单独的因子而在正交表上占据一列。许多正交表都附有相应的交互作用列表，利用它可以找出正交表中任意两个因素的交互作用列。

在表 5-11 所示的 $L_8(2^7)$ 交互作用表中，带括号的数字是基本因素所在的列号，如(1)表示基本因素在第 1 列；不带括号的数字是交互作用项所在的列，如 2 表示交互作用项在第 2 列。在此表中,一个基本因素所在的行与另一个基本因素所在的列的交点,即这两列因素的交互作用列号。例如,要确定处于(1)列和(2)列的两因素之间的交互作用项的列数,由于(1)在表中的第 1 行,(2)在表中的第 2 列,则它们的交点在第 3 列;同理,处于(1)列的因素与处于(4)列的因素间的交互作用在第 5 列,而处于(2)列的因素与处于(4)列的因素间的交互作用在第 6 列。

表 5-11　　　　　　　　　$L_8(2^7)$ 二列间的交互作用列表

列号	1	2	3	4	5	6	7	列号	1	2	3	4	5	6	7
1	(1)	3	2	5	4	7	6	5					(5)	3	2
2		(2)	1	6	7	4	5	6						(6)	1
3			(3)	7	6	5	4	7							7
4				(4)	1	2	3								

如,有 A、B、C 三因素,且存在交互作用 A×B、A×C、B×C,因此可以认为共有 6 个因素,假设各基本因素取两个水平,所以可选 $L_8(2^7)$ 正交表。根据表 5-11 的原则设计的 $L_8(2^7)$ 正交表的表头见表 5-12。

表 5-12　　　　　　　　　$L_8(2^7)$ 表头设计

列号	1	2	3	4	5	6	7
因素	A	B	A×B	C	A×C	B×C	

对有交互作用的正交实验设计,应特别注意不能把不同的因素(包括交互作用)安排在同一列中,如果做不到这一点,就需要采用更大的正交表。如四个因素 A、B、C、D 的所有交互作用都要考虑,选用 $L_8(2^7)$ 就会发生重叠,见表 5-13,这时应选用更大的 $L_{16}(2^{15})$ 正交表,见表 5-14。

表 5-13　　　　　　　　　$L_8(2^7)$ 表头设计

列号	1	2	3	4	5	6	7
因素	A	B	A×B C×D	C	A×C B×D	B×C A×D	D

表 5-14　　　　　　　　　$L_{16}(2^{15})$ 表头设计

列号	1	2	3	4	5	6	7	8	9	10	11	12	13	14	15
因素	A	B	A×B	C	A×C	B×C		D	A×D	B×D		C×D			

【例 5-12】　乙酰胺苯碘化反应实验。

实验目的:确定提高乙酰胺苯产率的最佳工艺条件。

因素和水平见表 5-15。该实验为 4 因素 2 水平实验,若考虑反应温度与反应时间的交互作用 A×B,反应温度与硫酸浓度的交互作用 A×C,反应时间与硫酸浓度的交互作用 B×C,则选用正交表 $L_8(2^7)$,表头设计和实验设计见表 5-16,按表 5-16 进行的实验结果见表 5-17。

表 5-15　　因素和水平表

因素	反应温度/℃ A	反应时间/h B	硫酸浓度/% C	操作方法 D
水平	50(A_1) 70(A_2)	1(B_1) 2(B_2)	17(C_1) 27(C_2)	搅拌(D_1) 不搅拌(D_2)

表 5-16　　实验安排

实验号	因素水平						
	1 A	2 B	3 A×B	4 C	5 A×C	6 B×C	7 D
1	A_1(50℃)	B_1(1h)		C_1(17%)			D_1(搅拌)
2	A_1	B_1		C_2(27%)			D_2(不搅拌)
3	A_1	B_2(2h)		C_1			D_2
4	A_1	B_2		C_2			D_1
5	A_2(70℃)	B_1		C_1			D_2
6	A_2	B_1		C_2			D_1
7	A_2	B_2		C_1			D_1
8	A_2	B_2		C_2			D_2

表 5-17　　实验结果

实验号	因素水平							产率(y)/%
	1 A	2 B	3 A×B	4 C	5 A×C	6 B×C	7 D	
1	1	1	1	1	1	1	1	65
2	1	1	1	2	2	2	2	74
3	1	2	2	1	1	2	2	71
4	1	2	2	2	2	1	1	73
5	2	1	2	1	2	1	2	70
6	2	1	2	2	1	2	1	73
7	2	2	1	1	2	2	1	62
8	2	2	1	2	1	1	2	67
$\sum(1)$	283	282	268	268	276	275	273	
$\sum(2)$	272	273	287	287	279	280	282	
$\sum(1)/4=K_1$	70.75	70.50	67.00	67.00	69.00	68.75	68.25	
$\sum(2)/4=K_2$	68.00	68.25	71.75	71.75	69.75	70.00	70.50	
极差 R	2.75	2.25	4.75	4.75	0.75	1.25	2.25	
最优水平	A_1	B_1		C_2			D_2	
因素影响顺序			A×B,C>A>B,D>B×C>A×C					

由表 5-17 可知，硫酸浓度 C 和 A×B 交互作用的极差最大，其次是反应温度 A，再次是反应时间 B 和操作方法 D，而 A×C 和 B×C 交互作用最小，可以不考虑。下面将 A、B

不同水平组合的结果进行比较,看哪一个组合效果比较好。A 与 B 各水平的组合共有 4 种:A_1B_1、A_1B_2、A_2B_1、A_2B_2,每种组合条件下都有两个实验结果,取其平均值来进行比较,见表 5-18。

表 5-18　　　　　　　　反应温度 A 和反应时间 B 交互作用二元表

因素水平	A_1	A_2
B_1	$\dfrac{y_1+y_2}{2}=\dfrac{65+74}{2}=69.5$	$\dfrac{y_5+y_6}{2}=\dfrac{70+73}{2}=71.5$
B_2	$\dfrac{y_3+y_4}{2}=\dfrac{71+73}{2}=72.0$	$\dfrac{y_7+y_8}{2}=\dfrac{62+67}{2}=64.5$

比较这四个值,以 A_1B_2 最大,A_2B_1 略小,故取 A_1B_2 或 A_2B_1 组合为好。

综上所述,选定最佳操作条件为 $A_1B_2C_2D_2$ 或 $A_2B_1C_2D_2$,即反应温度 50 ℃,反应时间 2 h,硫酸浓度 27%,不搅拌;或反应温度 70 ℃,反应时间 1 h,硫酸浓度 27%,不搅拌。

由上例可以总结出交互作用的处理方法:

(1)如果在安排实验前,考虑到因素 A 和 B 可能会有交互作用,那么,在进行表头设计时要注意避免混杂,使交互作用与因素不在某一列上重叠;

(2)实验结果的计算分析按通常的正交表一样进行,交互作用所在列相应的极差大小就反映出交互作用对指标的影响;

(3)交互作用对指标影响大的,分析因素的水平搭配时应采用二元表。

实训 5-1　肉桂酸的制备

一、课题名称

肉桂酸的制备

二、文献检索,研究资料

1.肉桂酸的性能、用途及开发前景

通过查阅相关文献得到肉桂酸的如下信息:

化学名:3-苯基-2-丙烯醛,β-苯基丙烯醛

别　　名:桂酸,桂皮酸

英文名:3-phenyl-2-propenoic acid,cinnamic acid

分子式:$C_9H_8O_2$

相对分子质量:148.17

结构式:⌬—CH=CH—COOH

本品为白色或淡黄色微细针状结晶性粉末,具有桂皮香味和蜂蜜花香,有顺式和反式两种异构体,其中天然品为反式。熔点 133 ℃(反式),沸点 300 ℃,闪点 100 ℃,相对密度

(d_4^{15})1.245 0,溶于热水、乙醇(1 g 溶于 6 mL)、甲醇(1 g 溶于 5 mL)、乙醚、丙酮、氯仿、冰醋酸、苯以及大多数非挥发性油类,微溶于冷水(1 g 溶于 2 000 mL),易燃,可随蒸气挥发。天然肉桂酸(反式)存在于苏合香酯、桂皮油、秘鲁香脂油、罗勒油等。

肉桂酸除自身可作香料外,是一种重要的有机化工中间体,广泛应用于医药(如可以合成心可安、心痛平等)、香料、塑料、感光材料、缓蚀剂、聚氯乙烯热稳定剂、多胺苯甲酸酯交联剂、己内酰胺阻燃剂,也可用于合成负片型感光树脂,如聚乙烯醇肉桂酸酯、聚乙烯氧肉桂酸乙酯和侧基为肉桂酸酯的环氧树脂等。最大的用途是合成 L-苯丙氨酸。新型甜味剂阿斯巴甜(Aspartame)是由 L-天门冬氨酸、L-苯丙氨酸组成的。目前肉桂酸需求量每年以 15%～20%的速度迅速增长,它还是合成药品心可安的重要中间体,也用于植物生长促进剂、长效杀菌剂、果品蔬菜的防腐剂和测定铀、钒及分离钍的试剂,用途极其广泛,另外,肉桂酸作为目前手性化合物中间体,市场需求成倍增长。发展肉桂酸及其相关产品将具有广阔的市场前景。

2.原料及工艺路线选择

资料表明,肉桂酸的合成路线主要有以下几种:

(1)由苯甲醛与乙酸酐在碳酸钾的存在下共热而得,反应方程式为

$$\text{Ph-CHO} + (CH_3CO)_2O \xrightarrow[\triangle]{K_2CO_3} \text{Ph-CH=CHCOOH} + CH_3COOH$$

(2)苯甲醛与丙二酸为原料,通过发生 Knoevenagel 缩合反应合成肉桂酸,其反应方程式如下:

$$\text{Ph-CHO} + CH_2(COOH)_2 \xrightarrow[\text{催化剂}]{\text{碱}} \text{Ph-CH=CHCOOH} + CO_2\uparrow + H_2O$$

(3)以苯乙烯和四氯化碳为原料合成肉桂酸,其反应方程式如下:

$$\text{Ph-CH=CH}_2 + CCl_4 \xrightarrow{\text{催化剂}} \text{Ph-CH(Cl)-CH}_2(CCl_3)$$

$$\text{Ph-CH(Cl)-CH}_2(CCl_3) + 2H_2O \xrightarrow{\text{催化剂}} \text{Ph-CH=CHCOOH} + 4HCl$$

(4)苄叉二氯-无水醋酸钠法,反应方程式为

$$\text{Ph-CHCl}_2 + 2CH_3COONa \xrightarrow[\text{四氢化萘}]{\text{吡啶,190 ℃}} \text{Ph-CH=CHCOOH} + 2NaCl + CH_3COOH$$

(5)苯甲醛-丙酮法,其合成路线如下:

$$\text{Ph-CHO} + CH_3COCH_3 \xrightarrow{NaOH} \text{Ph-CH=CHCOCH}_3$$

$$\xrightarrow{NaOCl} \text{Ph-CH=CHCOONa} \xrightarrow{H_2SO_4} \text{Ph-CH=CHCOOH}$$

通过对以上五种工艺分析比较,由苯甲醛与乙酸酐在碳酸钾的存在下共热制备肉桂酸的合成线路,具有原料易得、合成路线简单、不用有机溶剂、产率较高、工艺成熟、易于实验等优点,因此,本实验选择此工艺路线。

3.主要原料及产品的理化常数见表 5-19。

表 5-19　　　　　　　　主要原料及产品的理化常数

品名	M/ ($g \cdot mol^{-1}$)	m.p./ ℃	b.p./ ℃	ρ/ ($g \cdot cm^{-3}$)	水溶性	使用规格
苯甲醛	106.13	—	179	1.050	微溶于水	c.p. 新蒸馏
乙酸酐	102.09	−73	139	1.080	水解	c.p.
碳酸钾	138.19	891	—	2.430	易溶于水	c.p.
氢氧化钠	40.01	318.4	1 390	2.130	易溶于水	10%
浓盐酸	36.47	—	—	1.190	—	1∶1
肉桂酸	148.17	133	300	1.245	溶于热水	—

三、实验方案设计

1.实验技术路线的选择

经分析比较,选用由苯甲醛与乙酸酐在碳酸钾的存在下共热制备肉桂酸的合成线路。

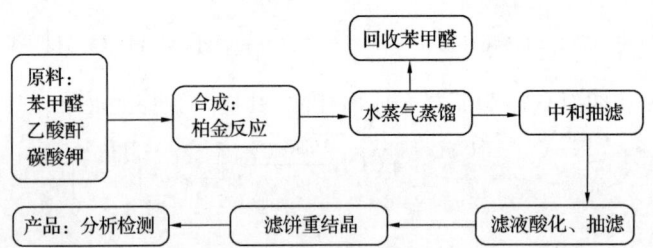

2.实验流程的设计

原料:苯甲醛、乙酸酐、碳酸钾 → 合成:柏金反应 → 水蒸气蒸馏 → 回收苯甲醛
水蒸气蒸馏 → 中和抽滤 → 滤液酸化、抽滤 → 滤饼重结晶 → 产品:分析检测

3.实验内容的拟定

(1)原料配比对肉桂酸产率的影响。

(2)反应时间对肉桂酸产率的影响。

(3)催化剂用量对肉桂酸产率的影响。

根据上述条件,找出由苯甲醛与乙酸酐在碳酸钾的存在下共热制备肉桂酸的最佳适宜条件。

4.正交实验设计

(1)根据实验目的,确定实验目标

实验目的:寻求肉桂酸合成的最佳实验方案。

考核指标:肉桂酸产率(越大越好)。

(2)制定因素位级表

根据资料数据,拟定本实验的因素位级表,见表 5-20。

表 5-20　　　　　　　　　　　　　　本实验的因素位级表

水平	因素		
	原料配比 A $[n(醋酸酐):n(苯甲酸)]$	反应时间 B/min	催化剂用量 C/mol
1	1:1	45	0.02
2	1:1.25	75	0.03
3	1:1.5	105	0.04

（3）选择正交表

这是一个 3 因素 3 水平的实验任务，故可选正交表 $L_9(3^4)$。

（4）实验安排（表 5-21）

表 5-21　　　　　　　　　　　　　肉桂酸制备正交实验安排表

实验号	因素水平			实验方案
	原料配比 A	反应时间 B	催化剂用量 C	
1	A_1	B_1	C_1	$A_1B_1C_1$
2	A_1	B_2	C_2	$A_1B_2C_2$
3	A_1	B_3	C_3	$A_1B_3C_3$
4	A_2	B_2	C_3	$A_2B_2C_3$
5	A_2	B_3	C_1	$A_2B_3C_1$
6	A_2	B_1	C_2	$A_2B_1C_2$
7	A_3	B_3	C_2	$A_3B_3C_2$
8	A_3	B_1	C_3	$A_3B_1C_3$
9	A_3	B_2	C_1	$A_3B_2C_1$

5.实验操作步骤

（1）合成反应

在干燥的 250 mL 三颈烧瓶中依次加入选定实验方案中计量的研细的无水碳酸钾、新蒸馏过的苯甲醛和乙酸酐，摇匀。三颈烧瓶的中颈安装空气冷凝管，一侧颈插温度计，其汞球应插入液面下，另一侧颈配上塞子。用电热套缓慢加热至 140 ℃，回流规定的时间。

（2）水蒸气蒸馏

安装水蒸气蒸馏装置，将未反应的苯甲醛蒸出，直至馏出液无油珠。

（3）中和、抽滤

取下三颈烧瓶，向其中加入 20 mL 氢氧化钠溶液，振摇，使肉桂酸全部溶解。抽滤，将滤液转入 250 mL 烧杯中，冷却至室温。在搅拌下用浓盐酸酸化至刚果红试纸变蓝，置于冰水浴中冷却后抽滤，压紧，抽干，称量。

（4）重结晶

粗产品用热水（每克粗产品加 50 mL 水）溶解。稍冷却加入约 1 g 活性炭脱色，煮沸，趁热用保温漏斗过滤。滤液在冰水浴中充分冷却，抽滤，产品于表面皿上自然晾干，称量并计算产率。

6.分析检测方法确定

（1）原料分析

①苯甲醛：测定折射率，已知苯甲醛的折射率 $n_D^{20}=1.5456$。

②乙酸酐:乙酸酐的含量分析方法参见 GB/T 10668—1989,也可用折射率测定,已知乙酸酐的折射率 $n_D^{20} = 1.390\ 4$。

(2)产品分析检测

选择下列方法之一进行产品分析。

①红外光谱结构分析 IR 谱图,如图 5-7 所示。

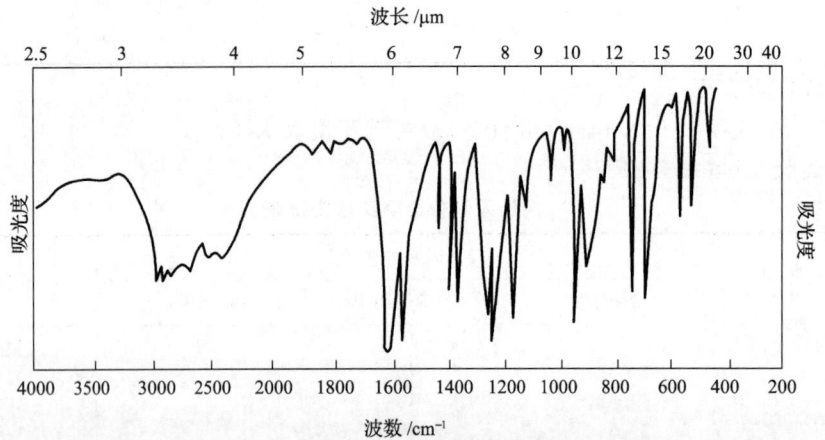

图 5-7 肉桂酸的标准红外光谱

②用熔点测定法进行产品分析。纯肉桂酸(反式)为白色片状晶体,熔点为 133 ℃。

四、实验用品

三颈烧瓶(250 mL) 空气冷凝管 水蒸气蒸馏装置 减压过滤装置 表面皿 烧杯(250 mL) 温度计(200 ℃) 保温漏斗 电热套 阿贝折射仪 苯甲醛(C.P.) 乙酸酐(C.P.) 无水碳酸钾(C.P.) 氢氧化钠溶液(10%) 活性炭 浓盐酸(1∶1) 刚果红试纸 pH 试纸

五、实施实验方案

认真完成设计中的九个实验方案,每个方案做两次。实验中,应该按操作规程,仔细操作,认真观察现象、准确测量并读取数据、及时做好记录。对于实验中出现的各种现象要认真分析,及时处理,认真总结,及时调整方案,进行新一轮实验工作。实验时要注意安全,保持桌面清洁整齐。

六、实验数据处理(略)

七、科研报告和论文的撰写(略)

八、实验指南、安全环保提示

(1)苯甲醛容易自动氧化而生成苯甲酸,这不但影响反应的进行,而且混在产品中不易除去,影响产品的质量。故使用前一定要蒸馏,收集 176~180 ℃馏分。乙酸酐放久后因吸潮和水解而有乙酸生成,严重影响反应,所以使用时也要预先蒸馏,收集 137~140 ℃馏分。

(2)缩合反应宜缓慢升温,以防苯甲醛氧化。反应开始后,由于逸出二氧化碳,有泡沫出现,随着反应的进行,会自动消失。

(3)回流装置所用仪器必须是干燥的,无水碳酸钾也应烘干至恒重,否则将会使乙酸酐水解而导致实验失败。

(4)水蒸气蒸馏所用热水应预先烧好,以便节省实验时间。

(5)乙酸酐有毒,并有较强的刺激性,使用时应注意安全,避免将其蒸气吸入体内。

(6)苯甲醛和乙酸酐对皮肤有强烈的刺激作用,取用时应小心。

(7)实验产品肉桂酸应集中回收。

实训 5-2　十二烷基硫酸钠的制备与纯度测定

一、实验背景

十二烷基硫酸钠是阴离子硫酸酯类表面活性剂的典型代表,易溶于水,无毒,熔点为 180~185.9 ℃,并在 185 ℃ 开始分解。由于它具有良好的乳化性、起泡性、水溶性、可生物降解性、耐碱、耐硬水以及在较宽 pH 的水溶液中稳定和易于合成、价格低廉等特点,一直被广泛地应用于化妆品、洗涤剂、纺织、造纸、采油等工业,还可应用于正负离子表面活性剂复配体系的性质、胶团催化、分子有序组合体等基础研究方面。

二、提示

1.常用的十二烷基硫酸钠制备方法

(1)由月桂醇与氯磺酸进行磺化反应,生成磺酸酯,然后用氢氧化钠与磺酸酯进行中和反应,生成十二烷基硫酸钠。其反应方程式如下:

$$C_{12}H_{25}OH + ClSO_3H \longrightarrow C_{12}H_{25}OSO_3H + HCl\uparrow$$

$$C_{12}H_{25}OSO_3H + NaOH \longrightarrow C_{12}H_{25}OSO_3Na + H_2O$$

(2)由月桂醇与氨基磺酸进行磺化反应,生成十二烷基硫酸铵,然后用氢氧化钠与十二烷基硫酸铵进行反应,生成十二烷基硫酸钠。其反应方程式如下:

$$C_{12}H_{25}OH + NH_2SO_3H \xrightarrow[CO(NH_2)_2]{H_2SO_4} C_{12}H_{25}OSO_3NH_4$$

$$C_{12}H_{25}OSO_3NH_4 + NaOH \longrightarrow C_{12}H_{25}OSO_3Na + NH_3 \cdot H_2O$$

2.十二烷基硫酸钠的纯度测定

(1)十二烷基硫酸钠分析参见 GB/T 15963—1995。

(2)十二烷基硫酸钠在强酸性溶液中水解生成十二醇和硫酸,反应方程式如下:

$$2C_{12}H_{25}OSO_3Na + 2H_2O \xrightarrow{H_2SO_4} 2C_{12}H_{25}OH + H_2SO_4 + Na_2SO_4$$

通过样品和空白实验所消耗的 NaOH 标准溶液的体积差,可求出十二烷基硫酸钠的质量分数。

(3)熔点测定,十二烷基硫酸钠的理论熔点为 180~185.9 ℃。

三、要求

1.进行市场调研,了解十二烷基硫酸钠的市场开发前景。

2.查阅相关文献,拟定合理的制备路线。合理的制备路线应包括以下内容:(1)合适的原料配比;(2)满足实验要求的合成装置;(3)反应温度、反应时间等主要参数;(4)合适的分离、提纯手段和操作步骤;(5)产物的鉴定方法。

3.列出实验所需要的所有仪器(含设备和玻璃仪器)和试剂。对某些特殊试剂的使用和保管方法应在实验前特别注意,试剂的配制方法应预先查阅有关手册。

4.实验中可能出现的问题及对应的处理方法。

5.按正交实验法设计实验方案,找出最佳工艺条件。

6.找出十二烷基硫酸钠的质量标准,并对产品进行分析检测。

四、参考文献

[1] 强亮生,王慎敏.精细化工综合实验[M].哈尔滨:哈尔滨工业大学出版社,2004

[2] 陈联群,李春兰,叶莲,等.十二烷基硫酸钠的提纯与纯度测定[J].内江师范学院学报,2005,20(6):35-37

[3] 周艳,黄宏志,丁正学,等.十二烷基硫酸钠制备方法的探讨[J].实验技术与管理,2006,23(3):41-43

[4] 陈敏,崔庆飞.氨基磺酸法合成十二烷基硫酸钠综合实验[J].实验技术与管理,2007,24(4):35-37

实训 5-3　邻苯二甲酸二丁酯的合成、提纯与检测

一、实验背景

邻苯二甲酸二丁酯(DBP)是具有果香味的无色、无毒的透明液体,熔点为 $-25\ ℃$,沸点为 $340\ ℃$,闪点为 $171\ ℃$,折射率 n_D^{20} 为 1.492,蒸气压低,不溶于水,易溶于大多数有机溶剂,是一种良好的增塑剂,对于多种树脂具有很强的溶解能力,主要用于聚氯乙烯(PVC)的加工,使制品柔软性良好;也是硝基纤维素的优良增塑剂,凝胶能力强;对于硝基纤维素涂料,有良好的软化作用和优良的稳定性、耐挠曲性、黏合性、防水性;还可用作醋酸乙烯、醇酸树脂、乙基纤维素和氯丁橡胶的增塑剂;也用于制造油漆、黏合剂、人造革、印刷油墨、安全玻璃、赛璐珞、染料、杀虫剂、香料的溶剂和织物润滑剂、天然或合成橡胶以及有机玻璃的增塑剂等,用途非常广泛,需求量大,是较常用的增塑剂。由于其相对廉价且加工性好,在国内使用非常广泛,其产量占我国增塑剂总量的 20% 以上。因此,人们正在不断地寻找更好的催化剂及其最佳的制备工艺参数,来提高其产率及质量。

二、提示

1.制备原理

邻苯二甲酸二丁酯是由邻苯二甲酸酐和正丁醇在催化剂的作用下反应制得的。

2.实验流程

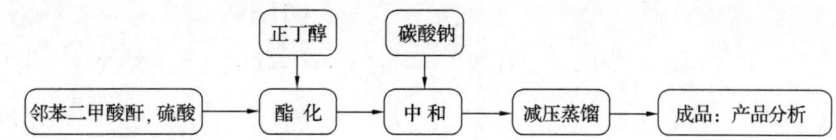

3.邻苯二甲酸二丁酯质量标准 GB/T 11405—1989

三、要求

1.查阅文献了解邻苯二甲酸二丁酯制备方法的研究和发展现状。

2.查阅相关文献,拟定合理的制备路线。合理的路线应包括以下内容:(1)合适的原料配比;(2)满足实验要求的合成装置;(3)反应温度、反应时间等主要参数;(4)合适的分离、提纯手段和操作步骤;(5)产物的鉴定方法。

3.列出实验所需要的所有仪器(含设备和玻璃仪器)和试剂。对某些特殊试剂的使用和保管方法应在实验前特别注意,试剂的配制方法应预先查阅有关手册。

4.实验中可能出现的问题及对应的处理方法。

5.设计实验方案,并通过正交实验确定最佳工艺条件。

四、参考文献

[1] 章思规.精细有机化学品技术手册(上册)[M].北京:科学出版社,1992:627—628

[2] 熊文高,俞善信,刘淑云.对甲苯磺酸催化合成邻苯二甲酸二丁酯[J].甘肃教育学院学报(自然科学版),2000,14(4):37—39

[3] 杨志成,章小芬.大孔强酸性阳离子树脂催化合成增塑剂DBP的研究[J].离子交换与吸附,1989,14(4):366—372

[4] 阎道亮,周涛.阳离子交换树脂催化合成邻苯二甲酸二丁酯[J].信阳师范学院学报(自然科学版),1989,2(1):37—39

[5] 俞善信,文瑞明,丁亮中.硫酸氢钠催化合成邻苯二甲酸二丁酯[J].精细石油化工进展,2000,1(11):10—12

实训 5-4 汽油抗震剂甲基叔丁基醚的制备

一、实验背景

甲基叔丁基醚,分子式为 $CH_3OC(CH_3)_3$,是一种优良的高辛烷值汽油添加剂和抗爆剂,沸点为 55.2 ℃,与水互溶。1973 年,意大利阿尼克公司建成了世界上第一套生产甲基叔丁基醚的工业装置。其后,甲基叔丁基醚作为无铅汽油添加剂而获得迅速发展。

甲基叔丁基醚作为无铅汽油添加剂,具有优良的抗爆性,它与汽油的混溶性好,吸水少,毒性很小,对环境无污染。近十年由于环境保护的要求提高,限制了四乙基铅的使用,甲基叔丁基醚作为四乙基铅的绿色替代产品在欧美获得了广泛的应用。

二、提示

在实验室中,甲基叔丁基醚既可用威廉逊制醚法制备,也可用醇脱水法制备。其反应方程式如下：

$$(CH_3)_3C-ONa + CH_3X \longrightarrow (CH_3)_3C-OCH_3 + NaX$$

$$(CH_3)_3C-OH + CH_3OH \longrightarrow (CH_3)_3C-OCH_3 + H_2O$$

通常，醇脱水制醚主要用于制备对称醚。但是，叔丁醇在酸催化下容易形成较稳定的碳正离子，继而与甲醇作用生成混合醚，反应方程式如下：

$$(CH_3)_3C-OH \xrightarrow{H^+} (CH_3)_3C-\overset{+}{O}H_2 \xrightarrow{-H_2O} (CH_3)_3C^+$$

$$(CH_3)_3C^+ + CH_3OH \longrightarrow (CH_3)_3C-\overset{+}{O}(H)-CH_3 \xrightarrow{-H^+} (CH_3)_3C-OCH_3$$

该反应是可逆反应，为提高产率，可以使原料过量或在反应过程中不断蒸出产物或水。由于在生成混合醚的同时，还会产生硫酸酯、两分子醇之间脱水生成的单醚或醇分子内部脱水生成烯烃等副产物。所以在反应过程中控制反应条件，尤其是反应温度甚为重要。

甲基叔丁基醚为无色透明液体，一般产率在50%以上。

三、要求

1. 以正丁醇和甲醇为原料，以一定浓度的硫酸为催化剂制备甲基叔丁基醚。
2. 查阅相关文献，拟定合理的制备路线。
3. 合理的路线应包括以下内容：(1)合适的原料配比；(2)满足实验要求的合成装置；(3)反应温度、反应时间等主要参数；(4)合适的分离、提纯手段和操作步骤；(5)产物的鉴定方法。
4. 列出实验所需要的所有仪器(含设备和玻璃仪器)和试剂。对某些特殊试剂的使用和保管方法应在实验前特别注意，试剂的配制方法应预先查阅有关手册。
5. 实验中可能出现的问题及对应的处理方法。

四、参考文献

[1] 周科衍,高占先.有机化学实验[M].4版.北京:高等教育出版社,2006
[2] 杜志强.综合化学实验[M].北京:科学出版社,2005
[3] 航道耐.甲基叔丁基醚生产和应用[M].北京:中国石化出版社,1993

附　录

附录一　常用元素的相对原子量表

元素名称	原子量	元素名称	原子量	元素名称	原子量
银 Ag	107.8682(2)	铁 Fe	55.845(2)	氧 O	15.9994(3)
铝 Al	26.981538(2)	氢 H	1.00794(7)	磷 P	30.973761(2)
钡 Ba	137.327(7)	汞 Hg	200.59(2)	铅 Pb	207.2(1)
溴 Br	79.904(1)	碘 I	126.90447(3)	钯 Pd	106.42(1)
碳 C	12.0107(8)	钾 K	39.0983(1)	铂 Pt	195.078(2)
钙 Ca	40.078(4)	镁 Mg	24.3050(6)	硫 S	32.065(6)
氯 Cl	35.453(2)	锰 Mn	54.938049(9)	硅 Si	28.0855(3)
铬 Cr	51.9961(6)	氮 N	14.0067(7)	锡 Sn	118.710(7)
铜 Cu	63.546(3)	钠 Na	22.989770(2)	锌 Zn	65.409(4)
氟 F	18.9984032(5)	镍 Ni	58.6934(2)		

附录二　常用酸碱溶液质量分数、相对密度和溶解度表

1. 常用酸溶液

质量分数/%	盐 酸		硫 酸		硝 酸	
	相对密度 d_4^{20}	溶解度*	相对密度 d_4^{20}	溶解度	相对密度 d_4^{20}	溶解度
1	1.0032	1.003	1.0051	1.005	1.0036	1.004
5	1.0230	5.087	1.0118	2.024	1.0256	5.128
10	1.0474	10.47	1.0661	10.56	1.0543	10.54
15	1.0725	16.095	1.1020	16.53	1.0842	16.26
20	1.0980	21.96	1.1394	22.79	1.1150	22.30
25	1.1238	28.10	1.1786	29.46	1.1469	28.67
30	1.1492	34.48	1.2185	36.56	1.1800	35.40
35	1.1699	41.095	1.2579	44.10	1.2140	42.49
40	1.1980	47.92	1.3028	52.11	1.2463	49.85
45			1.3476	60.91	1.2783	57.52
50			1.3951	69.76	1.3100	65.50
55			1.4453	79.49	1.3393	73.66
60			1.4983	89.90	1.3667	82.00
65			1.5533	101.0	1.3913	90.43
70			1.6105	112.7	1.4134	98.94
75			1.6692	125.2	1.4337	107.5
80			1.7272	138.2	1.4521	116.2
85			1.7786	151.2	1.4686	124.8
90			1.8144	163.3	1.4826	133.4
95			1.8337	174.2	1.4932	141.9
100			1.8305	183.1	1.5129	151.3

* 100 mL 水溶解的克数,下同。

2. 常用碱溶液

质量分数/%	氢氧化钠		碳酸钠		氨 水	
	相对密度 d_4^{20}	溶解度*	相对密度 d_4^{20}	溶解度	相对密度 d_4^{20}	溶解度
1	1.0095	1.010	1.0086	1.009	0.9939	9.94
2	1.0207	2.041	1.0190	2.038	0.9895	19.79
4	1.0428	4.171	1.0398	4.159	0.9811	39.24
6	1.0648	6.389	1.0606	6.364	0.9730	58.38
8	1.0869	8.695	1.0816	8.653	0.9651	77.21
10	1.1089	11.09	1.1029	11.03	0.9575	95.75
12	1.1309	13.57	1.1244	13.49	0.9501	11.40
14	1.1530	16.14	1.1463	16.05	0.9430	132.0
16	1.1751	18.80	1.1682	18.50	0.9362	149.8
18	1.1972	21.55	1.1905	21.33	0.9295	167.3
20	1.2211	24.30	1.2132	24.26	0.9229	184.6
22	1.2411	27.30			0.9164	201.6
24	1.2629	30.31			0.9101	218.4
26	1.2848	33.40			0.9040	235.0
28	1.3064	36.40			0.8980	251.4
30	1.3279	39.84			0.8920	267.6
32	1.3490	43.17				
34	1.3696	46.57				
36	1.3900	50.04				
38	1.4101	53.58				
40	1.4300	57.20				
42	1.4494	60.87				
44	1.4685	64.61				
46	1.4873	68.42				
48	1.5065	72.31				
50	1.5253	76.27				

3. 实验室部分浓酸、浓碱溶液

试剂名称	相对密度 d_4^{20}	质量分数/%	浓度/(mol·L^{-1})
盐酸	1.18~1.19	36~38	11.6~12.4
硝酸	1.39~1.40	65~68	14.4~15.2
硫酸	1.83~1.84	95~98	17.8~18.4
磷酸	1.69	85	14.6
高氯酸	1.67~1.68	70~72	11.7~12.0
氢氟酸	1.13~1.14	40	22.5
氢溴酸	1.49	47	8.6
冰醋酸	1.05	99.0	17.4
氨水	0.88~0.90	25~28	13.3~14.8

附录三　常用有机溶剂在水中的溶解度

溶剂名称	温度/℃	在水中溶解度	溶剂名称	温度/℃	在水中溶解度
庚烷	15.5	0.005%	硝基苯	15	0.18%
二甲苯	20	0.011%	氯仿	20	0.81%
正己烷	15.5	0.014%	二氯乙烷	15	0.86%
甲苯	10	0.048%	正戊醇	20	2.6%
氯苯	30	0.049%	异戊醇	18	2.75%
四氯化碳	15	0.077%	正丁醇	20	7.81%
二硫化碳	15	0.12%	乙醚	15	7.83%
醋酸戊酯	20	0.17%	醋酸乙酯	15	8.30%
醋酸异戊酯	20	0.17%	异丁醇	20	8.50%
苯	20	0.175%			

附录四 常用正交表

1. $L_4(2^3)$

实验号	列号水平		
	1	2	3
1	1	1	1
2	1	2	2
3	2	1	2
4	2	2	1

2. $L_9(3^4)$

实验号	列号水平			
	1	2	3	4
1	1	1	1	1
2	1	2	2	2
3	1	3	3	3
4	2	1	2	3
5	2	2	3	1
6	2	3	1	2
7	3	1	3	2
8	3	2	1	3
9	3	3	2	1

3. $L_8(2^7)$

实验号	列号水平							实验号	列号水平						
	1	2	3	4	5	6	7		1	2	3	4	5	6	7
1	1	1	1	1	1	1	1	5	2	1	2	1	2	1	2
2	1	1	1	2	2	2	2	6	2	1	2	2	1	2	1
3	1	2	2	1	1	2	2	7	2	2	1	1	2	2	1
4	1	2	2	2	2	1	1	8	2	2	1	2	1	1	2

$L_8(2^7)$ 二列间的交互作用列表

			列	号		
1	2	3	4	5	6	7
(1)	3	2	5	4	7	6
	(2)	1	6	7	4	5
		(3)	7	6	5	4
			(4)	1	2	3
				(5)	3	2
					(6)	1
						(7)

4. $L_{12}(2^{11})$

实验号	列号水平											实验号	列号水平										
	1	2	3	4	5	6	7	8	9	10	11		1	2	3	4	5	6	7	8	9	10	11
1	1	1	1	1	1	1	1	1	1	1	1	7	2	1	2	2	1	1	2	2	1	2	1
2	1	1	1	1	1	2	2	2	2	2	2	8	2	1	1	2	2	2	1	1	1	1	2
3	1	1	2	2	2	1	1	1	2	2	2	9	2	1	1	2	2	1	2	2	1	2	1
4	1	2	1	2	2	1	2	2	1	1	2	10	2	2	2	1	1	1	1	2	2	1	2
5	1	2	2	1	2	2	1	2	1	2	1	11	2	2	1	2	1	2	1	1	2	2	1
6	1	2	2	2	1	2	2	1	2	1	1	12	2	2	1	1	2	1	2	1	2	2	1

5. $L_{16}(2^{15})$

实验号	列号水平															实验号	列号水平														
	1	2	3	4	5	6	7	8	9	10	11	12	13	14	15		1	2	3	4	5	6	7	8	9	10	11	12	13	14	15
1	1	1	1	1	1	1	1	1	1	1	1	1	1	1	1	9	2	1	2	1	2	1	2	1	2	1	2	1	2	1	2
2	1	1	1	1	1	1	1	2	2	2	2	2	2	2	2	10	2	1	2	1	2	2	1	2	1	2	1	1	2	1	2
3	1	1	2	2	2	2	1	1	1	1	2	2	2	2	2	11	2	1	2	2	1	1	2	1	2	2	1	2	2	1	1
4	1	1	2	2	2	2	2	2	2	2	1	1	1	1	1	12	2	1	2	2	1	2	1	2	1	2	1	2	1	1	2
5	1	2	2	1	1	2	2	1	1	2	2	1	1	2	2	13	2	2	1	1	2	1	2	1	2	2	1	2	1	2	1
6	1	2	2	1	2	2	2	1	1	2	2	1	1	2	1	14	2	2	1	1	2	1	2	2	1	1	2	1	2	1	2
7	1	2	2	2	2	1	1	1	2	2	2	2	1	1	2	15	2	2	1	1	2	2	1	1	2	1	1	1	1	1	2
8	1	2	2	2	1	1	2	2	1	1	1	1	2	2	1	16	2	2	1	2	1	2	2	1	2	1	2	1	2	2	1

$L_{16}(2^{15})$ 二列间的交互作用列表

					列		号												列		号								
1	2	3	4	5	6	7	8	9	10	11	12	13	14	15	1	2	3	4	5	6	7	8	9	10	11	12	13	14	15
(1)	3	2	5	4	7	6	9	8	11	10	13	12	15	14								(8)	1	2	3	4	5	6	7
	(2)	1	6	7	4	5	10	11	8	9	14	15	12	13									(9)	3	2	5	4	7	6
		(3)	7	6	5	4	11	10	9	8	15	14	13	12										(10)	1	6	7	4	5
			(4)	1	2	3	12	13	14	15	8	9	10	11											(11)	7	6	5	4
				(5)	3	2	13	12	15	14	9	8	11	10												(12)	1	2	3
					(6)	1	14	15	12	13	10	11	8	9													(13)	3	2
						(7)	15	14	13	12	11	10	9	8														(14)	1

6. $L_{20}(2^{19})$

实验号	列号水平 1 2 3 4 5 6 7 8 9 10 11 12 13 14 15 16 17 18 19	实验号	列号水平 1 2 3 4 5 6 7 8 9 10 11 12 13 14 15 16 17 18 19
1	1 1 1 1 1 1 1 1 1 1 1 1 1 1 1 1 1 1 1	11	2 1 2 1 1 1 1 2 2 1 2 2 1 1 2 2 2 2 1
2	2 2 1 1 2 2 2 2 1 2 1 2 1 1 1 1 2 2 1	12	1 2 1 1 1 1 2 2 1 2 2 1 1 1 2 2 2 2 1 2
3	2 1 2 2 2 2 1 2 1 1 1 1 2 2 1 1 2 2	13	2 1 1 1 2 2 1 2 2 1 1 1 2 2 2 1 1 1 2
4	1 2 1 2 2 2 2 1 2 1 1 1 1 2 2 1 1 2 2	14	1 1 1 2 2 1 2 2 1 1 1 2 2 2 1 1 1 2 2
5	1 2 2 2 2 1 2 1 1 1 1 2 2 1 2 1 2 2 1	15	1 1 1 2 2 1 2 2 1 1 1 2 2 2 1 2 1 2 1
6	2 2 2 1 2 1 1 1 1 2 2 1 2 1 2 2 1 1 1	16	1 1 2 2 1 2 2 1 1 1 2 2 2 1 2 1 2 1 1
7	2 2 2 1 1 1 1 2 2 1 2 1 2 2 1 1 1 1 2	17	1 2 2 1 2 2 1 1 1 2 2 2 1 2 1 2 1 1 1
8	2 2 1 2 1 1 2 2 1 2 2 1 1 2 1 1 1 2 2	18	2 2 1 2 2 1 1 1 2 2 2 1 2 1 2 1 1 1 1
9	2 1 2 1 1 2 2 1 2 2 1 1 2 1 1 1 2 2 2	19	2 1 2 2 1 1 1 2 2 2 1 2 1 2 1 1 1 1 2
10	1 2 1 2 1 1 1 2 2 1 2 2 1 1 2 2 2 2	20	1 2 2 1 1 2 2 2 2 1 2 1 2 1 1 1 1 2 2

附录五 常用有机试剂的配制

1. 饱和亚硫酸氢钠溶液

在 100 mL 40%亚硫酸氢钠溶液中,加入不含醛的无水乙醇 25 mL,混合后如有少量的亚硫酸氢钠晶体析出,必须滤去。此溶液不稳定,容易被氧化和分解,因此不能保存很久,宜实验前配制。

2. 卢卡斯(Lucas)试剂

把 34 g 熔融的无水氯化锌溶解在 23 mL 浓盐酸中,配制时必须加以搅拌,并把容器放在冰水浴中冷却,以防氯化氢逸出。卢卡斯试剂适用检验己醇以下的低级一元醇。

3. 托伦(Tollen)试剂

取 1 mL 5%硝酸银溶液于一洁净的试管中,加入 1 滴 10%氢氧化钠溶液,然后滴加 2%氨水,边加边振荡,直至沉淀刚好溶解为止。配制托伦试剂时应防止加入过量的氨水,否则将生成雷酸银(AgONC)$_2$,受热后将引起爆炸,试剂本身即失去灵敏性。

托伦试剂久置后将析出黑色的氮化银 AgN 沉淀,它受震动时分解会发生猛烈爆炸,有时潮湿的氮化银也能引起爆炸,因此托伦试剂必须现用现配。

4. 斐林(Fehling)试剂

斐林试剂 A:将 34.6 g 硫酸铜晶体($CuSO_4 \cdot 5H_2O$)溶于 500 mL 水中,混浊时过滤。

斐林试剂 B:称取酒石酸钾钠 173 g,氢氧化钠 70 g 溶于 500 mL 水中。

上两种溶液要分别存放,使用时取等量混合试剂 A 和试剂 B 即可。

5. 席夫(Schiff)试剂

方法一:在 100 mL 热水里溶解 0.2 g 品红盐酸盐(也称碱性品红或盐基品红)。放置冷却后,加入 2 g 亚硫酸氢钠和 2 mL 浓盐酸,再用蒸馏水稀释到 200 mL。

方法二:取 0.5 g 品红盐酸盐溶于 500 mL 蒸馏水中,使其全部溶解。另取 500 mL 蒸馏水通入二氧化硫使其饱和。将两种溶液混合均匀,静置过滤,应呈无色溶液,存于密闭的棕色瓶中。

6.α-萘酚酒精试剂

取 10 g α-萘酚溶于 20 mL 95％酒精中,再用 95％酒精稀释至 100 mL。使用前配制。

7.β-萘酚溶液

取 4 g β-萘酚溶于 40 mL 5％的氢氧化钠溶液中。

8.碘化汞钾(K_2HgI_4)试剂

把 5％碘化钾溶液逐滴加入 10 mL 5％氯化汞溶液中,边加边搅拌,加至初生成的红色沉淀(HgI_2)完全溶解为止。

9.铬酸试剂

将 20 g 三氧化铬(CrO_3)加到 20 mL 浓硫酸中,搅拌成均匀糊状,然后将糊状物小心地倒入 60 mL 蒸馏水中,搅拌均匀得到橘红色澄清透明溶液。

10.氯化亚铜氨溶液

取 1 g 氯化亚铜加入 1~2 mL 浓氨水和 10 mL 水中,用力摇动后,静置片刻,倾出溶液,在溶液中投入一块铜片或一根铜丝。

11.碘液

将 25 g 碘化钾溶于 100 mL 蒸馏水中,再加入 12.5 g 碘搅拌使碘溶解。

12.碘-碘化钾溶液

取 10 g 碘化钾溶于 45 mL 水中,再加入 5 g 研成粉末的单质碘。

13.溴水溶液

取 15 g 溴化钾溶于 100 mL 蒸馏水中,加入 3 mL(约 10 g)溴液,摇匀即可。

14.二苯胺-硫酸溶液

称取 0.5 g 二苯胺,溶于 100 mL 浓硫酸中。

15.2,4-二硝基苯肼溶液

取 3 g 2,4-二硝基苯肼,溶于 15 mL 浓硫酸中,将此酸性溶液慢慢加入 70 mL 95％乙醇中,再加入蒸馏水稀释到 100 mL。过滤,取滤液保存于棕色瓶中。

16.苯肼试剂

取 5 g 苯肼盐酸盐溶于 100 mL 水中,必要时可微热助溶,然后加入 9 g 醋酸钠搅拌,使溶解。如溶液呈深色,加少许活性炭脱色,存于棕色瓶中。醋酸钠在此起缓冲作用,可调节 pH 在 4~6 范围内,这对成脎最为有利。

17.淀粉溶液

取 2 g 可溶性淀粉与 5 mL 水混合,将此混合液倾入 95 mL 沸水后,搅拌均匀并煮沸,可得透明的胶体溶液。

18.胶状淀粉溶液

用 15 mL 冷水和 1.0 g 淀粉充分搅拌均匀,勿有块状物存在。然后将此悬浮物倒入

135 mL 沸水中,继续加热几 min 即得胶状淀粉溶液。

19.间苯二酚溶液

溶解 0.5 g 间苯二酚于 1 L 4 mol/L 盐酸中。

20.蛋白质溶液

取一个鸡蛋,两头各钻一小孔,竖立,使蛋清流入烧杯内,加约 50 mL 水,搅拌溶解。在漏斗中放几层湿润的纱布,过滤,滤液即蛋白质溶液。

21.0.1%茚三酮的乙醇溶液

将 0.05 g 茚三酮溶于 62.5 mL 95%乙醇中。

附录六 常用有机溶剂的沸点及相对密度

名称	b.p./℃	d_4^{20}	名称	b.p./℃	d_4^{20}
甲醇	64.9	0.7914	苯	80.1	0.8786
乙醇	78.5	0.7893	甲苯	110.6	0.8669
乙醚	34.5	0.7137	二甲苯(o、m、p)	140.0	—
丙酮	34.5	0.7899	氯仿	61.7	1.4832
乙酸	117.9	1.0492	四氯化碳	76.5	1.5940
乙酸酐	139.5	1.0820	二硫化碳	46.2	1.263240
乙酸乙酯	77.0	0.9003	正丁醇	117.2	0.8089
二氧六环	101.7	1.0337	硝基苯	210.8	1.2037

附录七 水蒸气压力表*

t/℃	p/mmHg	t/℃	p/mmHg	t/℃	p/mmHg	t/℃	p/mmHg
0	4.579	15	12.788	30	31.824	85	433.600
1	4.926	16	13.634	31	33.695	90	525.760
2	5.294	17	14.530	32	35.663	91	546.050
3	5.685	18	15.477	33	37.729	92	566.990
4	6.101	19	16.477	34	39.898	93	588.600
5	6.543	20	17.535	35	42.175	94	610.900
6	7.013	21	18.650	40	55.324	95	633.900
7	7.513	22	19.827	45	71.880	96	657.620
8	8.045	23	21.068	50	92.510	97	682.070
9	8.609	24	22.377	55	118.040	98	707.270
10	9.209	25	23.756	60	149.380	99	733.240
11	9.844	26	25.209	65	187.540	100	760.000
12	10.518	27	26.739	70	283.700		
13	11.231	28	28.349	75	289.100		
14	11.987	29	30.043	80	355.100		

* 表中数据温度范围 0~100℃,1mmHg=(1/760)atm=133.322Pa。

附录八 常用共沸混合物

1. 常见二元共沸混合物

组分		共沸点/℃	共沸物质量组成		组分		共沸点/℃	共沸物质量组成	
A(沸点)	B(沸点)		A	B	A(沸点)	B(沸点)		A	B
水(100℃)	苯(80.6℃)	69.3	9%	91%	乙醇(78.3℃)	苯(80.6℃)	68.2	32%	68%
	甲苯(231.08℃)	84.1	19.6%	80.4%		氯仿(61℃)	59.4	7%	93%
	氯仿(61℃)	56.1	2.8%	97.2%		四氯化碳(76.8℃)	64.9	16%	84%
	乙醇(78.3℃)	78.2	4.5%	95.5%		乙酸乙酯(77.1℃)	72	30%	70%
	丁醇(117.8℃)	92.4	38%	62%					
	异丁醇(108℃)	90.0	33.2%	66.8%					
	仲丁醇(99.5℃)	88.5	32.1%	67.9%	甲醇(64.7℃)	四氯化碳(76.8℃)	55.7	21%	79%
	叔丁醇(82.8℃)	79.9	11.7%	88.3%		苯(80.6℃)	58.3	39%	61%
	烯丙醇(97.0℃)	88.2	27.1%	72.9%					
	苄醇(205.2℃)	99.9	91%	9%	乙酸乙酯(77.1℃)	四氯化碳(76.8℃)	74.8	43%	57%
	乙醚(34.6℃)	110(最高)	79.76%	20.24%		二硫化碳(46.3℃)	46.1	7.3%	92.7%
	二氧六环(101.3℃)	87	20%	80%					
	四氯化碳(76.8℃)	66	4.1%	95.9%	丙酮(56.5℃)	二硫化碳(46.3℃)	39.2	34%	66%
	丁醛(75.7℃)	68	6%	94%		氯仿(61℃)	65.5	20%	80%
	三聚乙醛(115℃)	91.4	30%	70%		异丙醚(69℃)	54.2	61%	39%
	甲酸(100.8℃)	107.3(最高)	22.5%	77.5%	己烷(69℃)	苯(80.6℃)	68.8	95%	5%
	乙酸乙酯(77.1℃)	70.4	8.2%	91.8%		氯仿(61℃)	60.0	28%	72%
	苯甲酸乙酯(212.4℃)	99.4	84%	16%	环己烷(80.8℃)	苯(80.6℃)	77.8	45%	55%

2. 三元共沸混合物

组分（沸点）			共沸物质量组成			共沸点/℃
A	B	C	A	B	C	
水(100℃)	乙醇(78.3℃)	乙酸乙酯(77.1℃)	7.8%	9.0%	83.2%	70.3
		四氯化碳(76.8℃)	4.3%	9.7%	86%	61.8
		苯(80.6℃)	7.4%	18.5%	74.1%	64.9
		氯仿(61℃)	3.5%	4.0%	92.5%	55.6
	正丁醇(117.8℃)	乙酸乙酯(77.1℃)	29%	8%	63%	90.7
	异丙醇(82.4℃)	苯(80.6℃)	7.5%	18.7%	73.8%	66.5